JN239760

拡大する情報空間と放送メディアの未来

民放連研究所客員研究員会［編］

勁草書房

まえがき

　本書が刊行された 2024 年は、元旦に発生した能登半島地震をはじめ、激甚な災害が多数発生し、各地に大きな被害をもたらした。政治の世界では、首相の交代に伴い衆議院解散総選挙が行われ、米国においては新大統領が誕生した。他方、地政学的緊張はますます高まり、収束の兆しが見えないロシアによるウクライナ侵攻、混とんとする中東紛争、欧州を中心とした極右勢力の台頭など、その後の激動を予感させる年であった。国内外をめぐる情勢はこれまで以上に先を見通せない状況に陥っている。

　人々の生活に目を向けると、新型コロナウイルス感染症が 5 類に移行し、日常を取り戻した一方で、リモートワークやオンライン会議なども定着し、生活様式やそれを支える社会基盤も時代に対応して変化している。メディア・コミュニケーションの世界では、コロナ禍以前より、ソーシャルメディア（SNS）やインターネット上の動画投稿・配信サービスなどの普及が進み、デジタルはもはや日常生活に欠かせないものとなった。さらに、近年急速に進化している生成 AI 技術は、私たちの生活やビジネスに革新的変化をもたらす可能性を秘めている。

　こうしたデジタル空間の拡大・深化は、私たちの生活をより便利に、より豊かにする一方、アテンションエコノミーの拡大による偽・誤情報の氾濫や、いわゆる「エコーチェンバー」や「フィルターバブル」といった現象により、社会の分断を激化させるリスクも孕んでいる。

　放送メディアは、国民の知る権利に応え、非常時災害時には国民の生命・財産を守るという、情報のライフラインの役割を果たしてきた。デジタル空間が拡大・深化し、誰もが情報の発信者となりうる現代においても、信頼できる情報を正確に発信する担い手の存在は、健全な民主主義社会にとって必要不可欠である。他方、放送をはじめ伝統メディアは、視聴者のニーズやライフスタイルの多様化、競合メディアの登場など、いわゆるメディア視聴環境の変化に直

面しているのも事実である。

　社会の期待により一層応えていくために、放送メディアみずからがその役割を問い直し、その変化に的確に対応していく必要がある。

　本書は、このような社会背景と問題意識のもと、民放連研究所客員研究員会の研究員 11 名と、その研究協力者 2 名が、それぞれ自身の学術的関心に基づき、放送あるいはメディアが抱えるさまざまな課題に対して、どのように対処すべきかを分析した成果をまとめたものである。各研究員の関心分野は多様であるが、本書では、「変革期の視聴者とメディア利用行動」、「DX 時代の報道・制作」、「放送・コンテンツを巡る制度と産業の変化」という 3 つの視点から研究成果を体系的にまとめている。

　第 I 部「変革期の視聴者とメディア利用行動」では、地域に根差すローカル民放事業者の経営基盤が揺らぐなか、地域住民のエンゲージメントによる地域放送の維持可能性について検証し（第 1 章）、人々のメディア利用実態やメディアに対する意識・イメージと公共放送の視聴および支払意思との関係性を分析し（第 2 章）、さらに、テレビ離れが進む Z 世代のメディア利用行動と政治・政策に関する情報を得る手段について考察している（第 3 章）。

　第 II 部「DX 時代の報道・制作」では、報道・ニュースにおけるグラフィックな映像等の取扱いに関するルール・基準の現状整理と課題を提示し（第 4 章）、コンテンツとしてのテレビドラマの魅力と開発の経緯、その担い手である脚本家の発掘に関する課題を整理し（第 5 章）、さらに、放送と同じ伝統メディアである新聞のデジタル化への対応と外部プラットフォームとの関係について考察している（第 6 章）。

　第 III 部「放送・コンテンツを巡る制度と産業の変化」では、経営学の観点から本業の成熟化とその対応について整理したうえで、放送事業者の将来に向けた長期戦略および課題を考察し（第 7 章）、米国の事例を参照しつつ、周波数オークションに関する議論と課題を論じ（第 8 章）、ドイツにおける公共放送の制度改革に関する経緯と議論を紹介し（第 9 章）、さらに、日本の映像文化政策の参考にされることが多いフランスの映画産業政策について批判的検討を加えている（第 10 章）。

　それぞれの調査研究は、それぞれの学術的関心に基づき、独自に進められた

ものであるが、定期的に開催された客員研究員会会合での発表と議論を通じて、知見を共有した。また、客員研究員会では、現場感覚を失わないよう、ローカルエリアにおける放送を中心としたメディア状況に関するフィールド調査を定期的に実施し、その成果も研究に反映してきた。

　本書が、拡大する情報空間のなかで、放送メディアのあり方の方向性を示唆し、その価値の確認に向けた一助になれば、研究員一同、幸いである。

客員研究員会を代表して

民放連研究所客員研究員会座長

三友仁志

2022-23 年度　民放連・研究所「客員研究員会」の構成

●客員研究員（50 音順、敬称略）
内山　　隆（青山学院大学総合文化政策学部　教授）
奥村　信幸（武蔵大学社会学部　教授）
奥村　倫弘（東京都市大学メディア情報学部　教授）
音　　好宏（上智大学文学部　教授）
春日　教測（東洋大学経済学部　教授）
河島　伸子（同志社大学経済学部　教授）
菊池　尚人（慶應義塾大学大学院メディアデザイン研究科　特任教授）
宍戸　常寿（東京大学大学院法学政治学研究科　教授）
中町　綾子（日本大学芸術学部　教授）
林　　秀弥（名古屋大学大学院法学研究科　教授）
○三友　仁志（早稲田大学国際学術院大学院アジア太平洋研究科　教授）
渡邊　久哲（上智大学文学部　教授）

●事務局
民放連研究所

○は客員研究員会の座長
肩書は、2024 年 4 月時点

目　次

I　変革期の視聴者とメディア利用行動

第1章
地域住民のエンゲージメントによる地域放送の維持[1]

三友仁志・大塚時雄

第1節　はじめに——伝統的ビジネスモデルの限界と地域放送

1953 年に民間テレビジョン放送（民間放送）が開始されて以来、テレビは国民の知る権利を支える社会基盤として機能してきた。地上波放送という共通の技術的基盤の上に、受信料収入によって支えられる日本放送協会（NHK）と、広告を主たる財源とする民間放送とが共存する二元体制により、多様な情報コンテンツを多元的に提供するテレビメディアの役割を果たしている。

民間放送は、在京キー局を中心に、各地方のネットワーク系列局（ローカル局）、さらには系列に属さない独立U局により構成されるが、このうちネットワーク系列局は、在阪および在名の準キー局を含め、100 社以上が存在している。県域に限定された放送エリアと系列という縦横の枠組みの中で、約半世紀の間に多数のローカル局が存在するに至ったことは、わが国の放送産業の発展の特異性を表している[2]。

地域に複数の放送局が存在することは、地域における情報の多様性を確保するうえで重要である。キー局ニュースネットワークから提供される情報に加え、ローカル局による自主制作番組が地域情報の発信、流通に寄与している。ただし、キー局の5波すべてを提供できる地域は限られており、3波しか提供できない地域も 8 県に及び、地域間の情報格差の要因ともなっている。

県域という地理的に限定された範囲の中で、事業の維持に十分なスポンサーを得ることは、社会経済情勢や視聴者の嗜好の変化により、困難となる可能性

を秘めている。近年、ネット系コンテンツへの視聴傾向が強まっており、いわゆるテレビ離れが進むにつれ、広告費支出もネット系メディアへの傾斜が強まっている。その結果、赤字社の拡大[3]、あるいは営業利益の大幅な減少がみられるようになってきた。さらに、地方においては、人口減少や地場産業の衰退などの影響を受け、広告収入の減少傾向が強まっており、その影響はより深刻となっている。放送のようなプラットフォーム型の産業は、経済学で言う「二面性市場」の性格を有し、利用者数とスポンサー数との間には相乗効果があると考えられる。利用者が増えればより多くの供給者が参入する誘因となるが、逆に利用者が減少すれば、既存のスポンサー数を維持することが困難となる。

　広告だけに依存する体制からの脱却は不可避であり、各放送局は放送外収入の拡大に努めている。特に、TVer などのインターネット配信に伴う配信広告収入や、オリジナルの原作開発、映像化、グッズ販売など、アニメやエンタメを中心に、いわゆる知的財産収入を図っている。ただし、これらのビジネスモデルが地域放送において通用するとは考えにくい。地域放送においては、自主制作番組比率は 10% 程度であり、そのほとんどは、報道や情報番組であるからである（総務省, 2023a）。

　放送は、民主主義社会の基盤として不可欠な社会インフラであり、特にわが国においては、放送によって提供される情報への信頼は高い。近年のネット系メディアの隆盛により、多様な情報が流通する中で、放送が機能することが、情報メディアの多元性、多様性の確保のために必須であることは論を俟たない。放送を巡る環境、周辺技術が急速に変化する中、収益力の低下に直面する地域放送をどのように維持するかは、地域社会の健全な維持のためにも、極めて重要な課題となっている。

　これまで、ローカル局は系列ネットワークの中でキー局収益から分配を受けることにより、地域においてキー局が制作した全国ネットの放送を提供する放送インフラとしての役割を果たしてきた。テレビにおける広告収入が全体的に減少するトレンドが継続すれば、地域における広告収入の減少に加えて、キー局からのネットワーク収入も減少することになる。その影響は、経営基盤の弱いローカル局において顕著となる。

　地域において、放送が消滅するようなことがあってよいだろうか。その影響

を最も強く受けるのは地域住民である。地域放送の持続可能性（サステイナビリティ）を確保するためには、住民の自発的な意思による支援が必要になるのではないかという仮説が、本章における研究の出発点である。すなわち、本調査研究の目的は、地域住民によるエンゲージメントが果たして地域放送の維持に効果的な役割を果たしうるかどうかを検証することにある。より具体的には、

1）地域住民や視聴者から少額の資金を募るクラウドファンディングの手法が、地域放送の多様化を維持するうえでの選択肢になりうるか否かを定量的・定性的に分析する。

2）そのために、地域放送の存在は地域社会のレジリエンス強化や、地域文化の形成発展、地域住民の「知る権利」に応える役割を果たすと仮定し、仮想評価法に基づき、地域住民や視聴者のクラウドファンディングを通じた金銭的支援の意思を計測する。

3）並行して、地域放送の提供において、こうした枠組みが実現可能かどうかのインタビュー調査を行う。

　地域住民による支援の形態はさまざまあると考えられるが、直接的すなわち金銭的な支援の仕組みとして、クラウドファンディングのような支援を想定する。すなわち、インターネットを介して不特定多数の人たちから少額ずつお金を調達する仕組みが機能するかどうかを、アンケート調査を通じて確認する。どれくらいの人びとが、支払の意思をもつか、裏を返せば、どの程度の人びとが地域放送に金銭的支援をするだけの価値を見出しているかを確認する。さらに、支払の意思がある場合には、どれだけの金額を支払うかを定量的に把握する。

　クラウドファンディングは、「社会問題解決のプロジェクトを始めたい」「新しいモノやサービスを作りたい」といった企画を「起案者」が発信し、応援したい人は「支援者」として金銭的な支援を行う仕組みである。支援金の総額が目標金額に到達すると、起案者はお金を受け取ることができ、支援者は支援に見合ったリワード（特典）を受け取ることができる（目標金額に達しなくてもプロジェクトが実行される方式もある）。新型コロナウイルス感染拡大をきっかけに、窮地に陥った飲食店などを救うための方策として広く知られるようになった。

第2節　地域社会のサステイナビリティと地域メディアの役割
——サステイナブルからリジェネラティブへ

　わが国の総人口は、2008 年をピークに減少を続けており、2050 年には 10,192 万人になり、その結果、国土の約 2 割が無居住化、全市区町村の約 3 割が人口半数未満となると予測されている（国土交通省, 2021）。その影響は地方において顕著であり、サステイナブルな地域社会・経済の形成は喫緊の課題となっている。

　サステイナビリティに関するより発展的な概念として、リジェネラティブという概念が提唱されている。従来のサステイナビリティが、今あるシステムを維持する考え方であるのに対し、リジェネラティブは、さらに問題の根本を解決し、より良い状態に再生させることを目指す考え方といえる。地域の課題は多様であるが、これまで課題ごとの解決を目指していた。そうした部分最適的な考え方を見直し、生態学的な意味でのエコシステムの全体的な調和を追求することにより、全体の維持を図る。Reed（2007）は、「環境へのダメージを減らすのではなく、生態系の健全性をデザインの基礎とすることで、いかに環境に参加できるかを学ぶことが必要である。断片的なモデルから全体システムモデルへの移行は、消費者社会が行うべき重要な文化的飛躍である」と述べ、断片化、断層化した対応から、全体的を考えたデザインへの飛躍を主張している。

　ローカル放送に当てはめて解釈するならば、ローカル放送は、放送自体の問題の他に、地域の抱える課題の影響を強く受けている。人口（視聴者数）の減少、スポンサーの減少、さらにはネットおよびネットコンテンツからの影響により、経営的な脅威にさらされている。他方で、地域にはコミュニティが残っており、Reed が言うところのエコシステム全体がつながっていることを示す概念である web of life[4]（命のつながり）が存在していると言える。そして、この web of life を形成するのが地域に即した情報を提供するローカル放送そのものではないであろうか。すなわち、地域メディアは地域の意識醸成を通じて、web of life の形成に寄与しているのではなかろうか。断片化・断層化してディジェネレーティング（縮退）の状態に陥らないための重要なツールとして地域

メディアの存在が重要なのである。地域メディアの役割は、地域における web of life を強化することにより、ディジェネラティブ (degenerative) からサステイナブル (sustainable) さらにはリジェネラティブ (regenerative) へのシナリオを描くことを可能にすることではなかろうか。

図1・1には、これら3つの状況の関係が概念的に示されている。地域社会はサステイナブルな状況から縮退の状況であるディジェネラティブへ向かっていると考えられる。これを、いかにして再生の状況であるリ

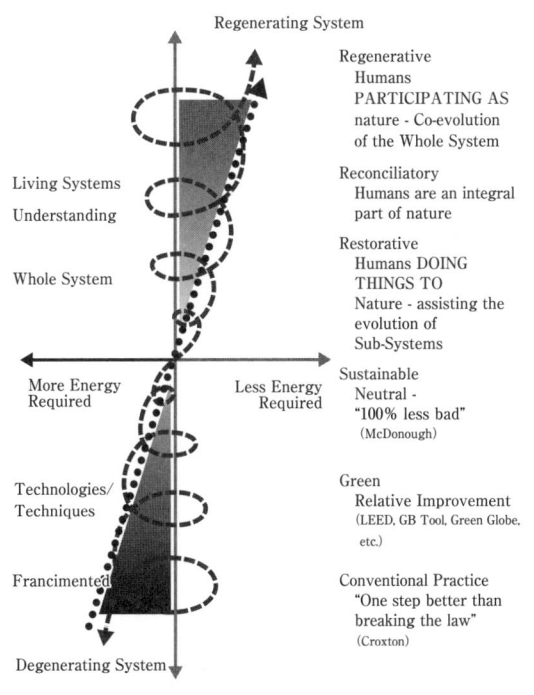

図1・1　リジェネラティブ・サステイナビリティ

出典：Reed（2007）.

ジェネラティブの方向に向かわせるかが課題となる。

　ディジェネラティブな地域社会を脱し、リジェネラティブな地域社会を創造するためには、地域における web of life に相当する「人びとのつながり」が必要である。地域の強みとして地域コミュニティが存在することが挙げられるが、地域のメディアは、地域情報の共有を通じて、人びとが web of life の存在と機能を再確認するために役立ち、人びとの web of life を維持するために有効であると考えられる。地域メディアがなくなれば、人びとの暗黙知（tacit, unspoken knowledge）に基づくコミュニティのみが残り、地域情報を形式知（explicit, articulated knowledge）として共有する機会が減少してしまうのである。

第3節　地域住民のエンゲージメントの事例

　放送局自体を地域住民のエンゲージメントによって支える事例に最も近いケースとして挙げられるのは、コミュニティ FM ラジオである『FM79.7 MHz 京都三条ラジオカフェ』であろう。この FM 放送は、会員制によるコミュニティ FM 放送であり、サイト情報によれば、正会員年会費 1.2 万、正会員は 120 名を超えるとされる。番組を放送する市民は「番組オーナー」となり、3 分 1,650 円から時間に応じた放送利用料を負担することで、市民が自由なテーマで放送できる放送局を実現しており、番組数は 100 を超えるとのことだ。

　ラジオでは、視聴者のエンゲージメントの典型的な形態であるクラウドファンディングを用いた事例が見受けられ、特に番組を直接的に支援するケースが多い。テレビでは、直接的に局を支援するスキームを見つけることはできなかったが、制作を支援するためのクラウドファンディングはあり、なかでも、射水ケーブルネットワーク（富山県）の映画制作支援は、地域の活性化やコミュニティの形成を映画作りを通じて推進しようとする点で、興味深い。いくつかの例を表 1・1 に示した。また、自社へのファンディングを目的とせず、支援する団体の活動を応援することを目的として、クラウドファンディングの仕組みを提供する試みもある。そのいくつかの例を表 1・2 にまとめた。

　海外でも、放送に対する対価に関する議論は進んでいる。まず、Lowe and Berg（2013）は、欧州連合（EU）加盟国の公共放送の財政状況を概観したうえで、公共放送資金調達の問題が、メディア・システム全体のデジタル化に関連していると主張した。そのうえで、ライセンス料、加入料、直接補助および広告メディアのための 4 つの資金調達手段を説明した。

　Bonini and Paris（2016）は、イタリアの公共放送 Public Service Media（PSM）のライセンス料を事例に、クラウドファンディングを新たな収入源として提案している。PSM ライセンス料をオンラインで支払う場合、5 ユーロのマネジメントフィーを支払えば、総額の 20％ を好きなプログラムやジャンルに出資できるというもので、出資額に応じてリワード（エンドロールに名前が載る、再視聴のリンクを得る、ファンコミュニティに参加できるなど）が得られるという

表1・1　住民のエンゲージメントによる放送支援の例（2022 年時点）

放送局	内容	参考サイト
FM79.7 MHz 京都三条ラジオカフェ	会員制によるコミュニティ FM 放送 市民による番組放送。番組を放送する市民は「番組オーナー」となり、3 分 1,650 円から時間に応じた放送利用料を負担することで、市民が自由なテーマで放送できる放送局を実現。番組数は 100 を超える。	https://radiocafe.jp/about/
東海ラジオ	「中川亜紀子 LUCKY FARM+」 農場を運営する"株式会社ラッキーファーム"の社長中川氏が、"従業員"であるリスナーと一緒に番組を作り上げた番組が 2022 年、ネットラジオで復活。	https://motion-gallery.net/projects/lucky_farm
FM 西東京コミュニティ FM 番組	FM 西東京で始まる新番組、『Another Scenery 〜はたらく人の旅するラジオ〜』を一緒につくってくれるスポンサーやパーソナリティーを募集。	https://motion-gallery.net/projects/as-tabi-radio
南海放送	太平洋海域の核実験で被ばくした日本のマグロ漁船の被害を追うドキュメンタリー「X 年後」シリーズ第三弾の映画化へ向け、クラウドファンディング実施。	https://www.screens-lab.jp/article/26001
射水市・射水ケーブルネットワーク	映画「僕ラー」 『地域活性化』『機運醸成』『文化交流』が盛んになる事を目標とし、さらに完成した映画によって、射水市を盛り上げ、みんなを元気にしたい！との思いのもと、地域における映画作りを支援。	https://readyfor.jp/projects/101567

設定のもと、インターネットユーザを対象にアンケート調査を行ったものだ。分析では、回答者の 70% が出資先の番組を決められるならば、手数料を支払ってもよいと回答しており、テレビ、ラジオともに①時間をかけて視聴者との関係性を構築し、②番組を支持する市民のコミュニティがあり、③ SNS でコンテンツを積極的に共有している番組が多くの出資金を獲得している。そして、クラウドファンディングのモデルは、視聴者の番組に対する忠誠心と信頼を示す手法として活用できるかもしれないと結論付けている。クラウドファンディングの形態は、信頼のような無形のデータを客観化し、金銭的価値に変換することを可能にする枠組みとして期待される。

表1・2 関連事業支援のためのクラウドファンディングの事例（2022年時点）

関連事業支援のためのクラウドファンディング	内容
テレビ東京公式クラウドファンディングサイト「ナナ福神」	コマース事業全般を手がける株式会社テレビ東京ダイレクトは、地域産業の活性化や新商品開発をサポートするクラウドファンディングサイト「ナナ福神」を開始 https://prtimes.jp/main/html/rd/p/000001408.000002734.html
関西テレビ「ぷらす8“」（プラスエイド）	発生している課題と、その解決に尽力する支援団体の活動を、局が取り上げ、制作した映像で紹介し、協賛者からの寄付を受け付ける https://www.ktv.jp/info/ktvinfo/2022/20220914/
テレビ新広島 TARUBO	TV局発の地域の思いをつなぎ、地域からニッポンを元気にしていくためのクラウドファンディング https://tarubo.en-jine.com/
鹿児島テレビ Kanayell（カナエール）	鹿児島で頑張る人たちの「叶えたい」を応援するクラウドファンディング https://greenfunding.jp/kanayell/howto

　さらに、Cagé（2015）は、メディアの危機を長期的展望の中でとらえなおし、議決権をコントロールして権力の集中を抑えたうえで、参加型資金調達（クラウドファンディング）の有効性を主張している。

　Lopez-Golan and Campos-Freire（2017）は、欧州の主要放送局が抱える公共サービスモデルの現状をレビューし、分析した。新技術の発展や、複数のプラットフォーム間での視聴者の細分化によって特徴づけられる現在の状況を踏まえ、従来の資金調達方法の代替として、クラウドファンディングの活用を提案した。

　Lingnau（2022）は、オンラインクリエイターが経験している有害な広告依存を排除するために、サブスクリプション型のクラウドファンチングを提案し、定期的な支払いと継続的なキャンペーンを利用することで、クリエイターが安定した収入を得るための資金を調達し、コンテンツ制作プロセスを民主化することを可能にすることを示した。

第4節　地域住民の支援は制度として可能か？

　わが国において、地域住民のエンゲージメントによるローカル放送の支援が制度として可能かどうかについて、放送を所轄する総務省に見解を確認した。地域住民や視聴者から少額の資金を募るクラウドファンディングの手法が、地域放送の多様性を維持するうえでの選択肢になりうるかどうかについて、インタビューを行った。質問項目は**表1・3**のとおりである。

　クラウドファンディングのような形で地域住民のエンゲージメントを求める限り、放送法に抵触するような状況は想起しにくいことが確認できた。他方で、出資が番組制作を目的とする場合には、番組の内容によっては広告放送との峻別をつける必要が生じる可能性や、出資者から番組に対する要望や意見が出る可能性があり、それを聞くかどうかの判断は、放送事業者の自主自律の範囲内であるものの、事前の調整が必要となるケースもありうるとの意見があった。

表1・3　インタビュー内容

実施日：2023年7月18日
方　法：ビデオ会議システムによるインタビュー
回答者：総務省情報流通行政局放送政策課担当者

項目	質問内容
1. 制度的な面での実行可能性	ローカル局がクラウドファンディングを実施し、地域住民から集めた資金を放送の維持に活用することは、現行の制度上可能か？
2. 制度以外の障害	制度以外の点で、クラウドファンディング的枠組を導入するうえで障害はあるか？
3. 効果	どのような条件設定をすれば、クラウドファンディングを通じた一般市民による金銭的支援が放送の経営補塡につながりうるか？
4. 報道の独立性への懸念	視聴者から直接的に支援を受けることについては、特定の個人の影響を受けるといった危惧があるが、少額の寄附であっても同様の考えか？
5. 広告との絡みからクラウドファンディング的資金調達は好ましくないのか。	広告費は、広告を放送に流すことへの対価として徴収するものであるとすると、一部のラジオ放送などで行われている「番組を支援する」というクラウドファンディング行為は好ましくないか？
6. その他	・リワードの設定 ・適用するとすれば対象は？

質問	回答内容
1. 制度的な面での実行可能性	放送法の規定に抵触するということはない。広告モデルも出資者を募るという意味でクラウドファンディングに近い。
2. 制度以外の障害	思い当たるところはないが、どのような番組を作っていくのかにより、広告主とクラウドファンディングによる支援者との関係などの調整の必要性は出てきそうだ。
3. 効果	どういうプロジェクトとして考えていくのかが課題だ。財政が厳しいからといって、単純に放送を維持するためにクラウドファンディングと言っても、受け入れる側は難しいのではないか。目処とするゴールがあるべきだし、どのようにゴールを設定するのかにもよる。継続性があるプロジェクトだと、どうなのか。その姿が見えにくい。 特にローカル局の場合、番組制作能力を高めなくてはいけないと言われている中で、一つのプロジェクトとして地域のドキュメンタリーなどを作るなどして、そのためにファンディングを募るといったことは共感を得やすい。人材育成にもつながる。
4. 報道の独立性への懸念	出資者から番組に対する要望や意見が出る可能性があり、それを聞くかどうかの判断は、放送事業者の自主自律の範囲内であろう。意見の集約は大変かもしれない。放送内容は一任するといった条件をつけるのは一つの手かもしれない。最後は自主自律の範囲になってくる。
5. 広告との絡みからクラウドファンディング的資金調達は好ましくないのか。	ステルスマーケティングが問題となっている中で、番組の中で商品を紹介している場合に、広告とどのような差があるのかという声がある。宣伝との差異が関わってくる可能性がある。 広告と差がなくなってくると、広告放送と見分けなくてはいけないとの規定があるので、もしかしたらそことの兼ね合いが難しいかもしれない。クラウドファンディング出資者から商品を紹介してくれなどと言われた時に、広告なのかどうかは見分けにくい。サブリミナルなどもあって、広告放送とそうでないものとを見分けられるようにしなくてはならない。
6. その他 ・リワードの設定 ・適用するとすれば対象は？	・放送事業者も企業なので、おかしなリワードは設定しないと思うが、ある程度は放送事業者の裁量に委ねられる。 ・特にローカル局の場合、番組制作能力を高めなくてはいけないと言われている中で、一つのプロジェクトとして地域のドキュメンタリーなどを作るなどして、そのためにファンディングを募るといったことは共感を得やすい。人材育成にもつながる。地域にどう還元していくかというところを考えるのはありだが、漠然と、経営の維持のためというのは難しいのではないか。

　また、そもそも、地域放送を支援するといった漠然とした目的では資金を集めにくく、一つのプロジェクトとして地域のドキュメンタリーなどを作るなどして、そのためにファンディングを募るといったことが共感を得やすいのではないか、といった意見も受けた。この点は、**表1・1**に示した放送におけるクラウドファンディングの例からもうかがわれ、ラジオでは放送自体を支援する例があるが、テレビにおいては、特定の番組や映画など、コンテンツの制作に特化したクラウドファンディングが中心となっている。次節では、この指摘を考慮して[5]、地域の情報共有などを目的とした自主制作番組への支援のケースを中心に、アンケート調査に基づく地域住民の支払意思額の推定を行った。

第5節　住民参加型支援による地域放送維持への貢献意思——アンケート調査

　前節で述べたように、本節では、ローカル局の自主制作番組に対象を限定し、視聴者の支払意思額を推定する。具体的には、番組（制作）および目的を特定した番組制作に対する視聴者の支払意思の有無、および支払意思がある場合の支払意思額の推定を行った。

5・1　調査デザイン

　本調査では、定量的な評価を目的とし、支払意思額を推定する方法としてよく利用される仮想評価法（CVM: Contingent Valuation Method）を採用した。テレビ視聴者データは、オンライン調査によって収集した。そのため、対象はインターネットを利用しているテレビ視聴者となる。

目的：ローカル局の自主制作番組に対し、地域住民（視聴者）のエンゲージメントとして金銭的に支援する枠組みは機能するかを定量的に確認する。併せて、地域放送を維持するために、送信・中継設備の維持に対して金銭的に支援する意思があるかについても定量的に確認する。

手法：CVM、すなわち仮想的なシナリオに基づき、利用者の支払意思額をアンケート調査から推定する。二肢選択式シングルバウンド方式により、支払意思額と受諾率との関係を受諾率曲線によって回帰した。

調査項目：

> ➤ ローカル局の番組制作への支援（一時支払）
> ➤ ローカル局の番組制作への支援（毎月継続支払）
> ➤ ローカル局の送信・中継インフラ維持への支援（毎月継続支払）

これらに加えて、

> ➤ 社会経済変数
> ➤ 支援への返礼（リワード）への評価
>   エンドロールクレジット、再視聴サービス、ファンの集い、SNS 参加、
>   番組グッズ
> ➤ テレビ放送・その他メディアに対する印象、利用傾向
> ➤ 寄付・クラウドファンディングなどに対する選好、経験

に関するデータも収集した。

5・2　収集データの基礎統計

表 1・4　アンケート調査の概要

調査期間	2024 年 3 月 13 ～ 19 日
調査主体	一般社団法人民間放送連盟 早稲田大学デジタル・ソサエティ研究所
調査方法	民間調査会社（株式会社マクロミル）を利用したオンライン調査
調査対象地域	3 大広域圏（関東広域圏 1 都 6 県、近畿広域圏 2 府 4 県、中京広域圏 3 県）を除く日本全国
アンケート回収数	2,693 サンプル
アンケート対象者	12 歳以上の男女（男女比は 1：1 にコントロール）。テレビを視聴している人を対象。

(1)　デモグラフィックデータ

　アンケート調査の主な人口統計的データのうち、年齢性別構成、地域（道県）分布、年収、および月の可処分額は、図1・2・1～図1・2・4のとおりである。

図1・2・1　年齢性別構成

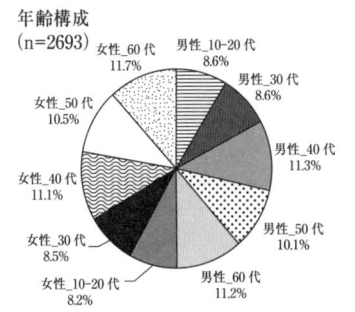

年齢構成
（n=2693）

図1・2・2　地域分布

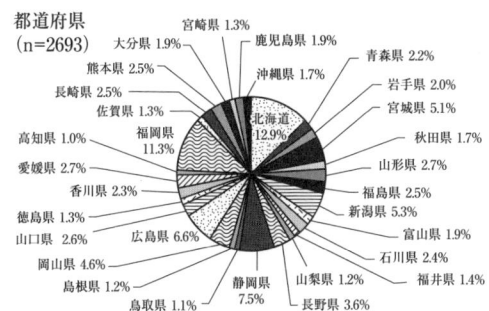

都道府県
（n=2693）

図1・2・3　年収の分布

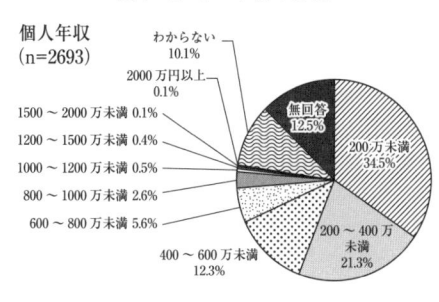

個人年収
（n=2693）

図1・2・4　1か月に自由になる金額

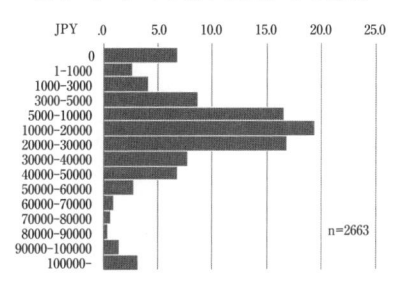

(2) テレビ放送の重要性

　普段視聴しているテレビ放送に関する評価は図1・3・1に示されている。日常生活において、「とても重要だ」「どちらかというと重要だ」と答えた回答者の割合は、58.7％と半数を超える。災害時にはその重要性は増し、82.8％に増加している。

　5年前との比較（図1・3・2）では、約半数が変わらないと答えた一方、重要性が増したと答えた回答者は17.1％、重要性が下がったと答えた回答者は34.4％となった。ネット系メディアの台頭により、テレビの相対的な重要性が下がっていることが指摘されるが、この調査結果からもその傾向がうかがえる。しかし、重要性が変わらないあるいは重要性が増したと答えた回答は65.6％あり、依然テレビが人びとにとって大切なメディアとなっていることがわかる。

　ローカル番組については、図1・3・3に示されるように、「とても重要だ」

図1・3・1　テレビ放送の重要性

あなたにとって、以下の時テレビ放送はどれくらい重要ですか。＊「ローカル番組」「自社制作番組」とは、地域の放送局が単独で制作して自社のネットワークがある地域に限定して放送するための番組。ローカルニュースやバラエティ、地域情報の紹介、天気情報などを含みます。

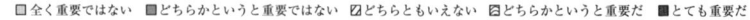
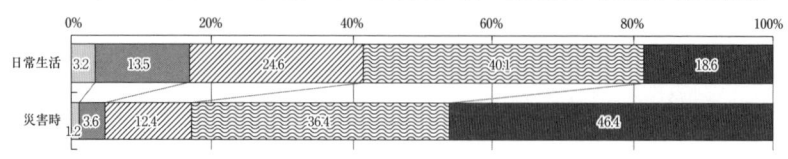

「どちらかというと重要だ」と答えた回答者は45.0％であった。他方、5年間の変化をみると（図1・3・5）、「いっそう重要と感じるようになった」「やや重要と感じるようになった」と答えた回答者は20.8％、重要性が下がったと答えた回答者は19.7％と、テレビ番組全般よりも重要度が高く、「変わらない」との回答も半数以上の59.5％にのぼり、ローカル番組に対する地域住民の高い評価がうかがえる。

　ローカル番組が重要と感じる理由については、「地域に密着した生活に役立つ情報が提供される」が63.7％と圧倒的に高く、「自分が住んでいる地域やそのイベントが番組で紹介される」が23.4％と続いている。地域に密着した番組の内容が地域住民の支持を得ていると言える。

5・3　支払意思額の推計

　仮想評価法においては、二肢選択式シングルバウンド手法を採用した。CVMの質問の方法にはさまざまあるが、金額を提示し支払う意思があるかどうかを尋ねる二肢選択式は、比較的バイアスを受けにくいとされている。本調査では、1度の質問で、その金額を支払う意思があるかのみを尋ねるシングルバウンド方式とした。支払意思額と受諾率との関係を表す受諾率曲線を、ワイブル分布（Weibull Distribution）によって推定した。

　以下の3つのケースごとに、支払意思額の推定を行った。

　1）ローカル局の番組制作への支援（一時支払）

　2）ローカル局の番組制作への支援（毎月継続支払）

図 1・3・2　テレビ放送の重要性の変化

5 年前と比べ、日常生活の中で、テレビ放送の重要性は変わりましたか。(n=2693)

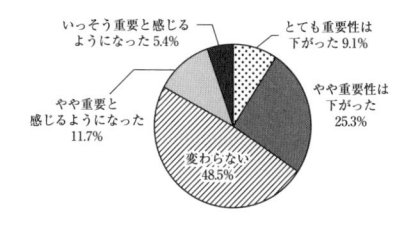

図 1・3・3　ローカル番組の重要性

地域の放送局が制作した地域のための番組（「ローカル番組」「自社制作番組」）＊は、あなたにとってどれくらい重要ですか。
＊「ローカル番組」「自社制作番組」とは、地域の放送局が単独で制作して自社のネットワークがある地域に限定して放送するための番組。ローカルニュースやバラエティ、地域情報の紹介、天気情報などを含みます。(n=2693)

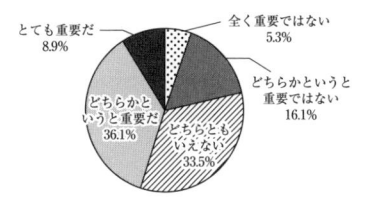

図 1・3・4　ローカル番組が重要である理由

前間で「どちらかというと重要だ」および「とても重要だ」と答えた方に伺います。地域の放送局が制作した地域のための番組（「ローカル番組」「自社制作番組」）を重要と感じる最も強い理由は何ですか。(n=1213)

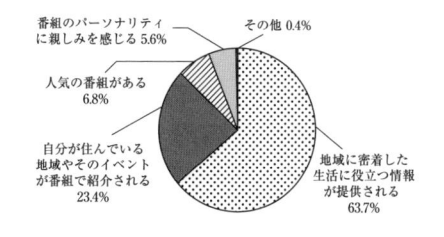

図 1・3・5　ローカル番組の重要性の変化

5 年前と比べ、日常生活の中で、地域の放送局が制作した地域のための番組（「ローカル番組」「自社制作番組」）の重要性は変わりましたか。(n=2693)

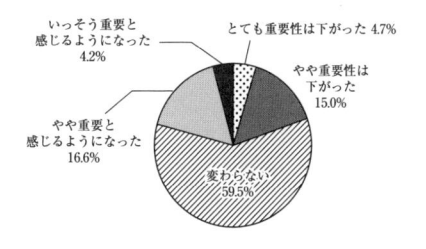

3）ローカル局のインフラ維持（毎月継続支払）

　なお、それぞれのケースの推定において、共変量のない基本モデル、社会経済変数を共変量としたモデル、および社会経済変数に加えてリワード他も共変量としたモデルについても推定を行った。ここでは、基本モデルの結果のみを提示する。

　それぞれのケースについて、支払意思額を算出している。CVM では、受諾率をワイブル分布によって近似するが、どの値が分布を代表しているか、より具体的には支払意思額はいくらかを一意に定めることは難しい。少額であるほど受諾率は高くなるので、全体の平均値をとることは偏った結果となる。代わりにここでは、一般的に用いられる中央値のほか、裾切平均値および修正裾切平均値の 3 つの値を支払意思額の推定値として示した。それぞれの定義は下記

図1・4・1　推定結果：番組制作への一時的支援に関する推計結果

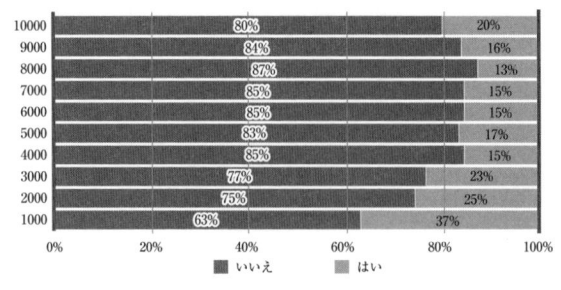

	受諾率	無効な回答を除外した後の受諾率
はい	19.50%	23.70%
いいえ	80.50%	76.30%

全回答数	2693		
有効回答数	2220		
対数尤度	−1188.81		
AIC	2381.61		
係数	推計値	標準誤差	z 値	p 値
切片	1.900	0.321	5.92	0.00
提示額（対数）	−0.270	0.038	−7.12	0.00

	WTP 値	下限（95%）	上限（95%）
裾切平均値	¥2,554	¥2,366	¥2,738
修正裾切平均値	¥3,059	¥2,794	¥3,342
中央値	¥292	¥109	¥555

図1・4・2　推定結果：番組制作への継続的支援に関する推計結果

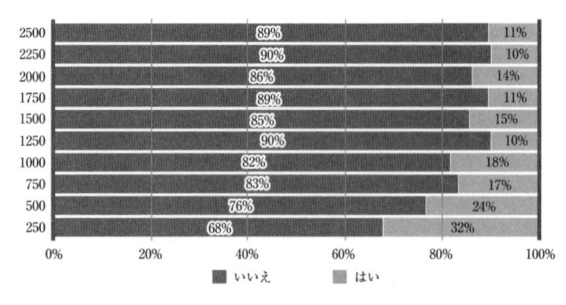

	受諾率	無効な回答を除外した後の受諾率
はい	16.10%	23.00%
いいえ	83.90%	77.00%

全回答数	2693		
有効回答数	2191		
対数尤度	− 1053.07		
AIC	2110.14		
係数	推計値	標準誤差	z 値	p 値
切片	1.744	0.274	6.37	0.00
提示額（対数）	− 0.319	0.039	− 8.23	0.00

	WTP 値	下限（95%）	上限（95%）
裾切平均値	¥547	¥502	¥591
修正裾切平均値	¥622	¥563	¥678
中央値	¥75	¥33	¥133

図 1・4・3　推定結果：インフラ維持への継続的支援に関する推計結果

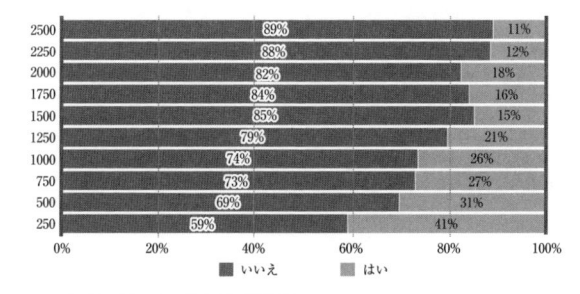

	受諾率	無効な回答を除外した後の受諾率
はい	21.80%	26.40%
いいえ	78.20%	73.60%

全回答数	2693		
有効回答数	2227		
対数尤度	− 1216.70		
AIC	2437.40		
係数	推計値	標準誤差	z 値	p 値
切片	2.928	0.295	9.92	0.00
提示額（対数）	− 0.459	0.041	− 11.06	0.00

	WTP 値	下限（95%）	上限（95%）
裾切平均値	¥736	¥690	¥783
修正裾切平均値	¥860	¥797	¥928
中央値	¥266	¥192	¥339

図1・5・1　裾切平均値による支払意思額

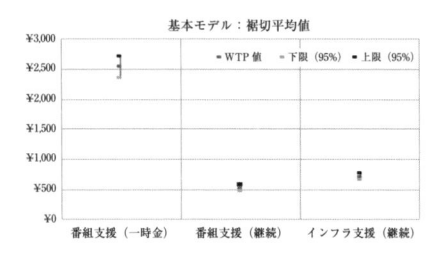

図1・5・2　修正裾切平均値による支払意思額

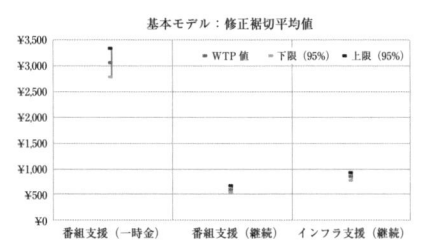

図1・5・3　中央値による支払意思額

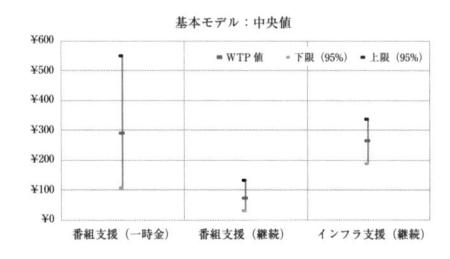

のとおりである。

①「裾切平均値」：提示額の最大値を、回答者の最大 WTP とみなして計算したもの。

②「修正裾切平均値」：裾切平均値を裾切りされた累積分布関数で標準化したもの。

③「中央値」：分布の中央の値

それぞれの定義ごとに 3 つのケースの支払意思額をまとめなおすと図1・5・1 ～図1・5・3 のようになる。

何らの標準化を施していない中央値をとると、全体的に支払意思額は小さくなるが、裾切を行った 2 つのケースでは、一時金としての番組制作支援において、2,554 ～ 3,039 円の支払意思額が見込まれ、他方、継続的な支援を行う場合は 547 ～ 622 円の支払意思となった。一時金による支援は、継続的に支払う場合に比べ、5 倍程度となっている。また、放送インフラ維持管理のための支援に関しては、月額736 ～ 860 円ほどとなっており、これは番組制作に対する支援よりも高額となっている。ハードへの支援はわかりやすく、視聴の可能性に

図1・6・1　自主制作番組への一時金支払意思支払拒否理由

「いいえ」と回答した方にその理由を伺います。(n=2167)

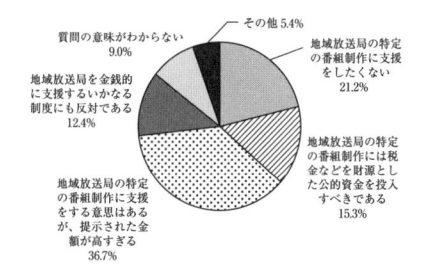

図1・6・2　自主制作番組への月額支払拒否理由

「いいえ」と回答した方にその理由を伺います。(n=2260)

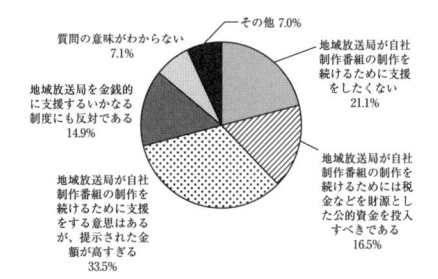

図1・7・1　地域放送インフラコストの認識

放送局がテレビ放送を提供するためには、送信設備や中継設備などのインフラが必要です。お住まいの道府県にある山間地域や半島、離島など地理的条件が厳しく居住者が少ないエリアに放送を届けるための設備の整備や維持に、都市部に比べて多くの費用が掛かることをご存知でしたか。(n=2693)

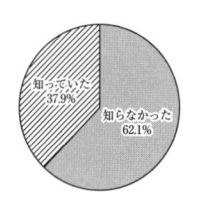

図1・7・2　インフラ維持への拠出の支払拒否理由

「いいえ」と回答した方にその理由を伺います。(n=2106)

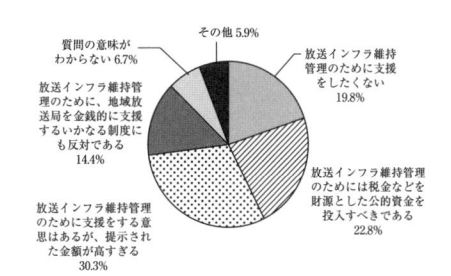

直結する。そのため、支払意思額も高くなっているものと推測される。

　図1・4・1〜図1・4・3において、各ケースにおいて示された受諾率は、提示された水準の金額を支払う意思がある回答者の割合であり、エンゲージメント自体を否定するものではないという点に注意する必要がある。図1・6・1、図1・6・2および図1・7・2には、それぞれのケースにおける支払拒否理由が示されている。前二者（図1・6・1および図1・6・2）については、1）地域放送局の特定の番組制作に支援をする意思はあるが、提示された金額が高すぎる、2）地域放送局の特定の番組制作に支援をしたくない、3）地域放送局の特定の番組制作には税金などを財源とした公的資金を投入すべきである、がおもな支払拒否理由である。インフラ維持のための支援の拒否理由（図1・7・2）については、

図1・8　リワードに対する評価

地域の民間放送局から支援者の皆様へのリワード（お礼、非金銭的報酬）として、(1) エンドロールにお名前が載る、(2) 無料で再視聴が可能なインターネット・サービスが利用できるようになる、(3) ファンの集いに招待される、(4) 番組公式 SNS アカウントに投稿できる、(5) 番組グッズの提供、(6) 番組出演者との握手会などの特典が考えられています。あなたはこれらの各種特典についてどれくらいほしいと思いますか。

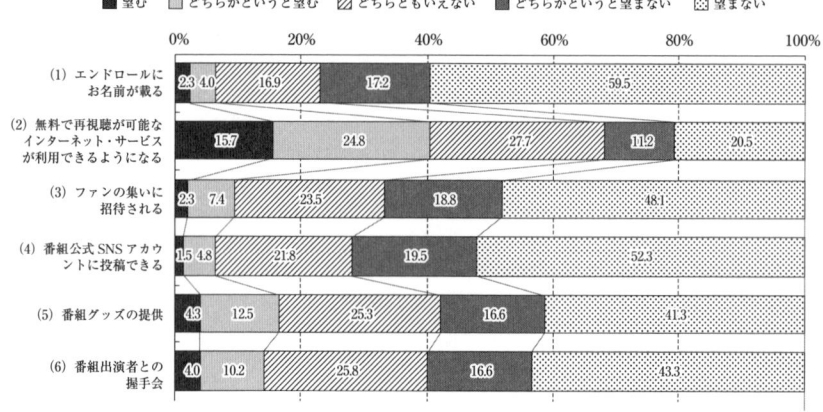

1) 放送インフラ維持管理のために支援をする意思はあるが、提示された金額が高すぎる、2) 放送インフラ維持管理のためには税金などを財源とした公的資金を投入すべきである、3) 放送インフラ維持管理のために支援をしたくない、などとなっている。

　なお、地域の放送を維持するためには、特に離島や山間地などの条件不利地域において多大なコストがかかっているが、そのことを認識しているかどうかについても尋ねている。図1・7・1に示したとおり、62.1％が「知らなかった」と回答した。回答者の3分の2近くが、地理的条件が厳しく、居住者が少ないエリアに放送を届けることのコストを認識していないことになる。しかし、インフラ維持への支払意思額は自主制作番組に対するそれよりも大きく、条件不利地域においても放送が届くことの重要性は高く認識されている。

　クラウドファンディングでは、一般的に支援と対価としてリワードが設定されるが、過去の研究を参考に設定した6種類のリワードに関しては、全般的に望まない傾向が強かった。ただし、「無料で再視聴が可能なインターネット・サービスが利用できるようになる」に関しては、他のリワード項目に比べ希望

が高かった。見逃し視聴などの可能性が、ここでも価値を持つことがわかる。「エンドロールへの支援者名の掲載」は、支持者は少ないものの、高額の支払意思を示した回答者からの支持がみられた。また、「番組グッズの提供」も一定の支持がある。一方、視聴者がファンとなり特定の番組や出演者とのつながりに価値を見出す、『推し活』傾向が番組を支える可能性から、「ファンの集いに招待される」や「番組出演者との握手会」など、『推し活』的な項目をふくめたが、これらに関して特に顕著な傾向はみられなかった。

5・4　まとめ

　アンケート調査に基づく分析から得られた結果をまとめると以下のようになる。

- ローカル放送への金銭的支援に関しては、提示された金額に対して全体的に 20％程度の回答者に支払意思がある。番組支援に比べ、支払意思を持つ割合および金額ともに、中継伝送のためのインフラ維持に対して、より高い支援の意思が示された。
- 自社制作番組については、一時金による場合は、毎月の支援に比べ、5 倍程度の額となった。この場合、月々の支援の場合は 5 か月以上継続することにより、一時金による支援を金額的に上回ることになる。少額を継続的に支援するほうが、総額としては有利になりうる。
- ローカル局を支援することに対する反対はそれほど多くはない。いわゆる抵抗回答となる「地域放送局を金銭的に支援するいかなる制度にも反対である」といった声は、「いいえ」と回答した人の 13 ～ 15％程度であった。
- 他方で、公的資金の投入を期待する回答者も多く、「いいえ」と回答した人の 15 ～ 23％程度に上る。また、NHK との二重の出費を嫌う回答者もいた。2024 年 5 月の放送法改正案の成立（参議院, 2024）により、民間放送事業者が行う放送の難視聴解消措置に対する NHK の協力義務を強化する等の措置が講じられることから、実際に協力体制が進めば、こうした懸念は減るであろう。
- 金銭的支援に対するリワードは、「番組の再視聴がインターネットで利用可能となる」がもっとも有効である。他方で、「ファンの集いに招待され

る」や「番組出演者との握手会」など推し活的なリワードへの支持は見られなかった。

第6節　おわりに

　わが国の放送は、提供される情報の客観性、信頼性において、一定の評価を得ており、ネット系メディアの浸透によって変容するメディア情報空間において、その価値はいっそう高まっている。他方で、広告市場はメディア市場の変容の影響を強く反映し、ネット系メディアへの傾斜が強まっているため、商業放送である民間放送などの伝統的メディアは、苦境に立たされている。特に、地方の公共的メディアであるローカル放送局の経営は、厳しさを増している。

　本研究では、地域住民にとってローカル放送が重要であるならば、地域住民がみずからのエンゲージメントを通じて、直接的に放送を支援することの実行可能性を、地域住民へのアンケート調査にもとづく統計的分析から実証的に明らかにした。エンゲージメントの形は必ずしも金銭的なものに限らないが、究極的には財政的な困難が事業にもっとも深刻な影響を与えることから、地域住民がクラウドファンディングのような方法を通じて、少額を支援するというスキームの可能性について、制度的な検討および実際の支払意思額の推定を行った。

　その理論的背景は、地域の縮退から抜け出し、再生（リジェネラティブ）のフェイズに移行するために地域の web of life を強化することにより、全体整合性を追求すべきという地域エコシステムの新たな考え方がある。地域におけるさまざまな主体はそれぞれ別の活動を行っているものの、総合的な地域エコシステムのなかにあることを意識するために、地域メディアは地域の人びとの意識醸成を通じて、web of life の形成に寄与していると考えられる。個々が部分最適を求めるのではなく、相互に相応の受益と負担をになうことを前提に、地域住民のエンゲージメントを通じた、ローカル放送の維持の可能性を検討した。

　地域住民に少額の負担を求めることには、制度的な困難は基本的に存在しないことを確認したうえで、ローカル局による自主制作番組およびその送信伝送

インフラの維持に対する支払意思額を仮想評価法によって推定した。結果からは、地域住民が金銭的な負担をすることについて一定の理解を示し、相応の負担をしてもよいとの結果を得た。

　もちろん、実際に負担を求めるとなると、さまざまな条件をクリアしなければならず、また地域住民の真の理解を得ることには困難を伴うかもしれない。しかし、広告モデルの限界が見えるなか、権力からの言論の独立と地域情報の多元性・多様性の確保のため、地域の放送を地域の人びとの手によって維持するという考え方は重要であり、その実現のための手法のひとつとして、地域住民に一定の負担を求めることは、有力な選択肢として考慮すべきであろう。

　今回の推定では、道県ごとの支払意思額の推定や、個人属性および嗜好などを共変量として取り入れた分析も行った。これらの結果については、あらためて発表の機会をもちたい。

注

1)　クラウドファンディングに関しては、瀬戸久美子特任教授（東京都市大学）の協力を得ている。記して感謝の意を表したい。ただし、内容に関する責任は筆者にある。
2)　民放ネットワークの発展の経緯については、例えば村上聖一（2010）を参照。
3)　総務省（2023b）によれば、テレビ局127社のうち、令和3年に赤字を計上したのは13社であったのに対し、令和4年では20社に及んでいる。
4)　Web of life は自然環境に存在する「命のつながり」ともいうべき相互依存関係を指す。
5)　別途実施した民間放送連盟およびローカル局2社へのインタビューにおいても、同様の指摘を受けた。

参考文献

Bonini, T. and Paris, I. (2016) "Hacking Public Service Media Funding: A Proposal for Rethinking The License Fee as a Form of Civic Crowdfunding". RIPE@2016, University of Antwerp.

Cagé, J. (2015) *Sauber les médias*, Editions du Seuil et la République des Idées.（カジェ．J. 山本知子・相川千尋訳（2015）『なぜネット社会ほど権力の暴走を招くのか』徳間書店）

Lingnau, N. V. (2022) "Support Me Once or Every Month - A Taxonomy of Traditional and Subscription-Based Crowdfunding", *Wirtschaftsinformatik 2022 Proceedings, 6*, https://aisel.aisnet.org/wi2022/digital_markets/digital_markets/6.

Lopez-Golan, M. and Campos-Freire, F. (2017) "Crowdfunding: A Possible Complementary Funding Model for European Public", Conference Paper in Advances in Intelligent Systems and Computing, 13-22.

Lowe, G. F. and Berg, C. E. (2013) "The Funding of Public Service Media: A Matter of Public Value and Values". DOI: 10.1080/14241277.2012.748663: 15: 2, 77-97.

Reed, B. (2007) "Shifting from 'sustainability' to regeneration", *Building Research & Information*, Vol. 35, pp. 674-680.

国土交通省（2021 年 6 月）「国土の長期展望」最終とりまとめ．参照先：参考資料：https://www.mlit.go.jp/policy/shingikai/content/001412278.pdf

参議院（2024 年 5 月 24 日）「議案情報」．参照先：放送法の一部を改正する法律案：https://www.sangiin.go.jp/japanese/joho1/kousei/gian/213/meisai/m213080213032.htm#:~:text=%E7%B7%8F%E5%8B%99%E5%A7%94%E5%93%A1%E4%BC%9A%EF%BC%89-,%E6%94%BE%E9%80%81%E6%B3%95%E3%81%AE%E4%B8%80%E9%83%A8%E3%82%92%E6%94%B9%E6%AD%A3%E3%81%99%E3%82%8B%E6%B3%95%

総務省（2023a）「現状と課題」（2023 年 6 月 19 日）．参照先：放送業界に係るプラットフォームの在り方に関するタスクフォース（第 1 回）配付資料：https://www.soumu.go.jp/main_content/000887177.pdf

総務省（2023b）「令和 4 年度民間放送事業者の収支状況」（2023 年 10 月 23 日）．参照先：https://www.soumu.go.jp/menu_news/s-ews/01ryutsu09_02000324.html

村上聖一（2010）「民放ネットワークをめぐる議論の変遷」．『NHK 放送文化研究所年報』7-54.

第2章
メディア・リテラシーと視聴行動
——放送サービスの差別化と公共放送利用

春日教測・宍倉　学

第1節　はじめに

　民放連の客員研究員会の叢書において、われわれはこの2回ほど、公共放送の視聴行動に焦点を当てた分析を発表してきた。春日・宍倉（2020）では、インターネットを通じたテレビ番組視聴を主軸として、TVer 利用とタイムシフト視聴の実態を調査するとともに、公共放送番組の視聴総本数を説明する要因を探ることで公共放送の利用者像を分析した。また春日・宍倉（2022）では、より直接的に公共放送に対する私的便益の分析を行い、公共放送の利用量は民間放送と比べて、特定の属性（年齢・学歴・性別）との相関が強いこと等を指摘した。

　これら一連の問題意識に沿って、地域差を考慮した公共放送利用の実態を、最終的には分析したいと考えている。ただしそのためには前段として、その地域の人々が普段情報を受け取っている新聞やインターネット等のメディア利用状況やニュースに対するリテラシーに関しても理解しておく必要があるだろう。またメディアや番組に対する信頼度や印象も重要な要素となる。さらに公共放送は、放送法第1条で「放送の不偏不党、真実及び自律を保障すること」が、第4条で国内放送の放送番組の編集等について「政治的に公平であること」が規定されているため、政治知識や支持政党、購読新聞などの情報も有益に機能する可能性がある。このような視点から、本章では調査結果について、基礎的情報の地域差を報告することを第一義的な目的としたい。

表2・1　サンプルの概要

	関東地区		福井県		
	男性	女性	男性	女性	合計
20 歳以上 30 歳未満	103	103	39	103	348
30 歳以上 40 歳未満	103	103	103	103	412
40 歳以上 50 歳未満	103	103	166	103	475
50 歳以上 60 歳未満	103	103	103	103	412
60 歳以上	103	103	103	103	412
合計	515	515	514	515	2,059

出典：アンケート調査に基づき作成。

　本章で利用するデータは、2023 年 3 月 21 〜 24 日に実施した Web アンケート調査（回答者総数 2,059 人）から得られたものであり[1]、回答者の性別や年齢の分布を表2・1に示した。両地域の直接比較を可能にするため各階層均一のサンプル獲得を企図したが、福井県男性「20 歳以上 30 歳未満」のデータが不足したため、「40 歳以上 50 歳未満」を増やすことで対応している[2]。また実際の状況を考察する際には、福井県の年齢構成は関東圏と比べて高いため高齢階層の結果がもう少し強く影響を与えていることを考慮する必要がある[3]。

　本章の構成は以下のとおりである。第 2 節では各メディアの利用度の相違を概観した後、メディアおよびニュースに関するリテラシーについて確認する。第 3 節では、メディアの信頼度を比較した後、番組（または提供されている情報）の品質および信頼性等について検討し、特にニュース報道姿勢でどのような点を重視するかについて局別の比較を行う。第 4 節では政治に関して、政治的知識や支持政党、定期的に購読している新聞等について実態を把握する。第 5 節では、公共放送の利用状況について分析する。5・1 節で公共放送の現状を確認するため契約状況・受信料の負担感および支払意思額を確認し、5・2 節で公共放送への支払意思額を左右する要因、5・3 節で公共放送の利用を左右する要因について検討する。最後にまとめを述べる。

第 2 節　メディアの利用状況とリテラシー

　本節では、メディアの利用状況とリテラシーに関する 3 質問について順に概観する。統計量は各質問に対する回答の平均値を表示しているが、必要に応じて年齢階層別の結果も示している[4]。この表示方針は第 3、4 節においても同様である。

　まず各メディアの利用度について見てみよう。メディア利用度の高い順に 1 〜5 の選択肢を用意し、回答の平均値をとったものを**表 2・2** に示した[5]。数値が低いほど当該メディアの利用度が高いことを意味している。

　全般的な傾向としてテレビの平均値が最も低く、インターネットのポータルサイトが 2 位、SNS が 3 位となっているが、SNS の平均値は選択肢平均 2.5 より大きく、テレビ・ネットが主要な利用メディアだと言って差し支えないだろう。また平均の地域差が一番大きかったのは新聞で、首都圏では全年齢階層で利用度が低くなっている。その理由として、福井県では地元紙の福井新聞が存在すること、単身世帯割合が少なく家庭で購読している新聞を利用できること、等が考えられる。またネット利用率では、福井県の方が高い年齢階層も見受けられる。

　若年層のテレビ離れが指摘されているが、特に首都圏の 20 歳以上 30 歳未満の階層においてその傾向が大きいことが確認できる。一方で福井県の場合、20歳以上 30 歳未満と 30 歳以上 40 歳未満の階層で大きな差は見られず、踏みとどまっていると捉えることもできる。

　福井県において視聴可能な地上波民放局は 2 局と少ないが、若年層も含めテレビ利用の割合は相対的に高い。ただしケーブル局を通じて視聴している場合もあり、他の変数を制御した上で判断する必要がある。この点は第 5 節において再度振り返ることとしたい。

　メディア・リテラシーの捉え方は一様ではないが、例えば Center for Media Literacy は「マスメディアを通じて発信されるメッセージ、サイン、シンボルに対して、批判的思考能力を適用する能力のこと」と説明しており[6]、本章の捉え方もこれと同様の立場をとる。メディア・リテラシーを「特定の事象に関

表2・2 各メディアの利用状況

			首都圏	福井県
1	テレビ	20歳以上30歳未満	2.47	2.06
		30歳以上40歳未満	1.96	2.07
		40歳以上50歳未満	1.90	1.63
		50歳以上60歳未満	1.67	1.61
		60歳以上	1.41	1.25
		平均	1.88	1.70
2	ラジオ	平均	4.27	4.11
3	新聞	20歳以上30歳未満	4.41	4.02
		30歳以上40歳未満	4.28	3.94
		40歳以上50歳未満	3.92	3.12
		50歳以上60歳未満	3.76	2.48
		60歳以上	2.81	1.95
		平均	3.84	3.05
4	雑誌	平均	4.57	4.47
5	internetのポータルサイト	20歳以上30歳未満	2.33	2.51
		30歳以上40歳未満	2.09	2.14
		40歳以上50歳未満	1.77	1.67
		50歳以上60歳未満	1.78	1.68
		60歳以上	1.67	2.01
		平均	1.93	1.95
6	SNS（Twitter, LINEなど）	平均	2.58	2.61
7	ブログ	平均	4.26	4.39
8	掲示板・まとめサイト	平均	4.38	4.43

してメディア情報にアクセスして分析発信する能力」と定義したJones-Jang et al.（2021）に従い、彼らが利用した以下の4質問に関する回答結果の平均値を表2・3に示した[7]。数値が低いほど、メディア・リテラシーが高いことを意味している。

　首都圏の方が若干平均値が低くメディア利用状況と整合的な結果ではあるが、明確な差があるとは言えない。4項目中では1の「複数ニュースソースの利用」が最も平均値が低かったが、「どちらでもない」の3に近い値でありリテラシーが高いとは言えない。年齢階層別にみても、さほど明確な差は見られなかった。

表2・3 メディア・リテラシー

			首都圏	福井県
1	複数のニュースソースを利用している	20歳以上30歳未満	2.92	3.39
		30歳以上40歳未満	2.93	3.17
		40歳以上50歳未満	2.94	3.09
		50歳以上60歳未満	2.78	3.01
		60歳以上	2.59	2.77
		平均	2.83	3.07
2	自身の反応や批判を示すために、ニュース制作者に対して連絡を取っている	20歳以上30歳未満	4.24	4.37
		30歳以上40歳未満	4.45	4.59
		40歳以上50歳未満	4.59	4.60
		50歳以上60歳未満	4.77	4.66
		60歳以上	4.74	4.70
		平均	4.56	4.60
3	自分の家族や友人と、ニュースに関して情報交換を行っている	20歳以上30歳未満	3.24	3.23
		30歳以上40歳未満	3.21	3.29
		40歳以上50歳未満	3.42	3.40
		50歳以上60歳未満	3.26	3.50
		60歳以上	3.32	3.44
		平均	3.29	3.38
4	メディアの与える負の影響に関して、周囲の人間に注意を促している	20歳以上30歳未満	3.53	3.74
		30歳以上40歳未満	3.74	3.76
		40歳以上50歳未満	3.89	3.84
		50歳以上60歳未満	3.77	3.88
		60歳以上	3.73	3.89
		平均	3.73	3.83

　次に、「ニュースが社会で果たす役割、ニュースを検索・識別する能力、ニュースを作成識別する能力」と定義されるニュース・リテラシーに関する6質問の回答結果を表2・4に示した。数値が低いほど、ニュース・リテラシーが高いことを意味している[8]。

　メディア利用度と同様に首都圏の平均値が低く整合的な結果だと考えられる。

表2・4　ニュース・リテラシー

		首都圏	福井県
1	報道機関の所有者は、メディアのコンテンツに対して影響力を持つ		
	20歳以上30歳未満	2.43	2.50
	30歳以上40歳未満	2.37	2.54
	40歳以上50歳未満	2.36	2.50
	50歳以上60歳未満	2.29	2.37
	60歳以上	2.08	2.23
	平均	2.31	2.43
2	個人は、自身の政治的価値観が反映されているニュースを見る		
	20歳以上30歳未満	3.13	3.23
	30歳以上40歳未満	3.04	3.15
	40歳以上50歳未満	3.08	3.07
	50歳以上60歳未満	3.02	2.92
	60歳以上	2.71	2.82
	平均	3.00	3.03
3	2人の人間が同じニュースを見ても、異なる情報を得るものだ		
	20歳以上30歳未満	2.36	2.49
	30歳以上40歳未満	2.41	2.45
	40歳以上50歳未満	2.36	2.42
	50歳以上60歳未満	2.15	2.30
	60歳以上	2.14	2.33
	平均	2.28	2.39
4	政治家候補者に関するニュースは、人々の意見に対して影響力を持つ		
	20歳以上30歳未満	2.47	2.62
	30歳以上40歳未満	2.49	2.71
	40歳以上50歳未満	2.50	2.55
	50歳以上60歳未満	2.36	2.46
	60歳以上	2.17	2.44
	平均	2.40	2.55
5	ニュースは、実際よりもドラマティックに作られている		
	20歳以上30歳未満	2.74	2.89
	30歳以上40歳未満	2.65	2.80
	40歳以上50歳未満	2.74	2.93
	50歳以上60歳未満	2.76	2.85
	60歳以上	2.70	2.86
	平均	2.72	2.87
6	紛争に関するニュースは、より目立つよう報道されている		
	20歳以上30歳未満	2.58	2.71
	30歳以上40歳未満	2.59	2.77
	40歳以上50歳未満	2.75	2.68
	50歳以上60歳未満	2.51	2.68
	60歳以上	2.48	2.44
	平均	2.58	2.65

また項目1、3の平均は2に近く、年齢が上昇するほどニュース・リテラシーが高くなる傾向が観察できる（特に50歳以上の年齢階層）。

第3節　メディア・番組の信頼性および品質

メディアで提供されている情報をどの程度信頼しているかに関する回答の平均値を**表2・5**に示した[9]。4未満であれば一定程度の信頼が置かれており、数値が低いほど当該メディアへの信頼度が高いことを意味している。

表2・2と比べ利用可能なメディアへの信頼度は高くなっているが、福井県で雑誌と新メディア（4～8）に対する信頼度がやや低い傾向が見られる。また福井県の新聞に対する信頼度が最も高いが、これは地元に密着した福井新聞を購読している家計が多いことと関連していると考えられる。

テレビ放送局またはインターネットテレビから提供される番組（または提供されている情報）の信頼性に対するイメージを**表2・6**左に[10]、品質に対するイメージを**表2・6**右に示した[11]。それぞれ、平均が低いほど番組（情報）を信頼しており、また番組（情報）品質を高いと捉えていると判断できる。

番組への信頼に関しては、ほぼ3以下の数値を示しており信頼性が確保されているようだが、webチャンネルAbema TVに対しては平均を若干下回る結果となった。ただしこれは、未利用者を除いた結果であることに留意する必要

表2・5　メディア情報の信頼度

		首都圏	福井県
1	テレビ	2.65	2.68
2	ラジオ	2.61	2.89
3	新聞	2.85	2.57
4	雑誌	2.91	3.37
5	インターネットのポータルサイト（Yahoo! など）	3.01	3.06
6	SNS（Twitter, Facebook, LINE など）	2.93	3.54
7	ブログ	2.78	3.74
8	掲示板・まとめサイト（5ちゃんねるなど）	3.28	3.91
	平　　均	2.88	3.22

表2・6　番組の信頼性・品質に対するイメージ

		信頼性		品質	
		首都圏	福井県	首都圏	福井県
1	NHK 総合	2.65	2.55	2.59	2.52
2	NHK E テレ	2.61	2.53	2.65	2.56
3	日本テレビ	2.85	—	2.90	—
4	TBS	2.91	—	2.93	—
5	フジテレビ	3.01	—	3.08	—
6	テレビ朝日	2.93	—	2.93	—
7	テレビ東京	2.78	—	2.88	—
8	福井放送（日テレ，テレ朝系）	—	2.66	—	2.84
9	福井テレビ（フジテレビ系）	—	2.67	—	2.86
10	ABEMA	3.28	3.27	3.23	3.21
	平　　均	2.88	2.74	2.90	2.80

がある。また福井県の方がやや信頼性が高く、民放に比べて公共放送に対する信頼が高い値を示しているが、さほど大きな差とは言えない。品質についてもほぼ同様の結果だと言える。

　類似した問いで、番組内容が知的な内容と感じるか、それとも娯楽的な内容と感じるかについての回答を、図2・1に示した。上段が首都圏を、下段が福井県を表している。

　公共放送については「知的なものが多い」「どちらかというと知的なものが多い」との回答が多い一方、民間放送局については「バランスを取っていると思う」「どちらかというと娯楽的なものが多い」番組が提供されているとの回答が多く、関東圏では特にフジテレビとテレビ東京を娯楽的な内容が多いと考える回答が高い値を示している。公共放送と他の放送局とでは、提供されている番組内容が異なっていると認識されている（＝水平的に差別化されている）ことを指摘しておきたい。

　最後に、ニュースに関して「どのような報道姿勢を重視するか」に関する結果を表2・7に示した[12]。数値が低いほど、そのカテゴリーの報道姿勢を重視していると判断できる。

図2・1　番組内容に関するイメージ

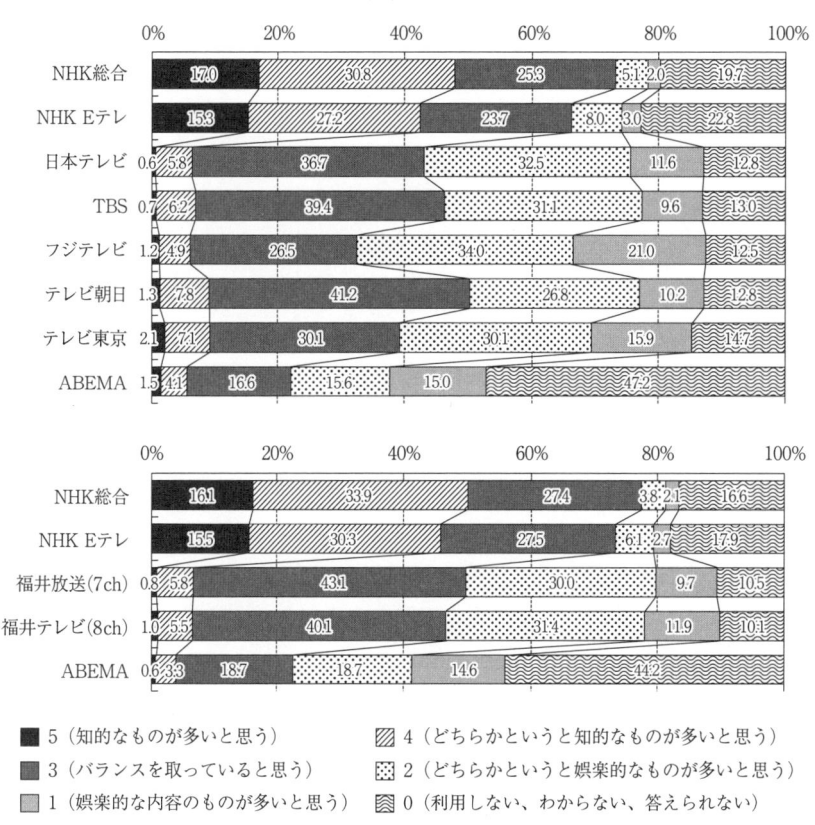

首都圏の方が全カテゴリーで平均値が低く、種々の報道姿勢に対して意識が高くなっている。また項目別では、1の「できるだけ客観的事実のみを正確に伝える姿勢」が最も重視されており、次点の2を含めて事実としてのニュースとその背景についての正確な状況を欲しているといえるだろう。

Krauss（2000）は、NHKの「公共メディア」としての役割を必要な情報をすべての人に届けるメディアだとし、正確さや専門性に基づく信頼が高いメディアであろうことを指摘した。一方、民放のあるべき姿としての「公共メディア」は、より解釈的な報道を志向しており、共感性にもとづく信頼を得ている

表2・7　ニュースに関してどのような報道姿勢を重視するか

		首都圏	福井県
1	できるだけ客観的事実のみを正確に伝える姿勢	2.01	2.12
2	ニュースの背景を、過去の報道と関連づけて伝える姿勢	2.47	2.59
3	海外のニュースを多く伝える姿勢	2.65	2.81
4	解説員独自の新しい視点で、ニュース解説を試みる姿勢	2.86	2.94
5	できるだけリラックスした雰囲気でニュースを伝える姿勢	2.79	2.85
6	バラエティに富んだ話題を扱う姿勢	3.01	3.03
7	現政権の施策について批判的に検討する姿勢	3.07	3.11
8	特定の事件・話題について徹底的に掘り下げ、検討する姿勢	2.58	2.67
	平　　　均	2.68	2.77

のではないかとの指摘を行った。また事実報道は政権与党が行う日常の施策に関係するものがどうしても多くなるため、与党に寄与しているとの見方を述べた。当時とはだいぶ放送をとりまく環境も異なってきており、またNHK・地上波民放局自体の姿勢も変化しているため直接検証することには困難も伴うが、今後の個票ベースの検証で取り組んでみたい課題だと考えている。

第4節　政治的知識や政治姿勢との関係

　前節最後の問題意識と関連して、本節ではアンケート対象者の政治的知識や政治姿勢についてまとめておこう。

　まず松林（2021）を参考に、政治的知識に関する質問として一般的知識3問（問1〜3）、時事知識3問（問4〜6）を用意した。具体的な内容は巻末の付録を参照されたい。地域別に各項目の正答率をまとめたものが表2・8である。

　全般的に首都圏の方が正答率は高く、一番差が大きかった設問2では8.8%の開きが見られた。例外は難問と思われる設問6で、ここだけ福井県の正答率が10.8%高くなっているが、これは正解を地元選出の衆議院議員と設定したためであろう。アンケート回答の確からしさを裏付ける根拠ともいえる数字ではあるが、今後追加の分析を行う際には採否を検討した方がよいと思われる。

　図2・2は各放送局の政策や政権に対するスタンス（肯定的・否定的・中立中

表2・8　政治的知識に関する質問

			首都圏	福井県
1	日本国憲法で、戦争放棄条項を含むのは第何条ですか	平均	72.7%	66.3%
2	憲法改正を発議するための要件はこの中のどれですか	平均	50.6%	41.8%
3	内閣は行政権の行使について、誰に対して責任を負っていますか	平均	63.6%	58.6%
4	現在の衆議院で二番目に議席数の多い党は次のうちどの党ですか	平均	50.7%	48.5%
5	現在の外務大臣は次の人物のうち、誰ですか	平均	47.6%	41.0%
6	これまでに、自民党総裁選に立候補していない女性議員は誰ですか	平均	23.6%	34.4%
	平　　均	平均	51.5%	48.4%

道的）のイメージを問うた結果で、上段が首都圏を、下段が福井県を表してい
る。数値が低いほど、政権に肯定的だと捉えられていると言える。

　「利用しない」との回答者を除いた平均値を見ると、両地区ともテレビ局を
平均よりは保守的なイメージと捉えているようであり、その傾向は首都圏の方
がやや高い。一方でNHKと民放との差は、さほど大きくなかった。

　他放送局と比べて、NHK総合・Eテレ・日本テレビ・フジテレビは「政策
や政権に肯定的な内容」「どちらかというと政策や政権に肯定的な内容」との
回答率が高い一方で、テレ朝・TBSは「政策や政権に批判的な内容」「どちら
かというと政策や政権に批判的な内容」との回答率が高くなっている。一方、
テレビ東京は政策や政権に肯定的・否定的のいずれも同程度の回答率となった。
ただし、いずれの放送局も「中立もしくは中道的な内容」との回答率が最多と
なっており、全体的には政策や政権に対して中立中道のスタンスをとっている
とみなされていると言えるだろう。ネットテレビであるAbema TVの番組は
特色のある番組を提供しているが、ややリベラル色が強いと捉えられている。

　定期的に読んでいる新聞について尋ねた結果を表2・9に示した。一般紙の
購読が多いが、首都圏で「日本経済新聞」「業界専門新聞」の購読者が多くな
っており、専門誌の需要も高いことが分かる。福井県で「その他の地方新聞」
が多くなっているが、ほとんどが「福井新聞」であった。またその他として、
Yahoo! ニュースを挙げる回答も見られた。

　支持政党の結果を表2・10に示したが、北陸3県は保守王国と呼ばれること

図2・2　番組の政府や政策に対する立場

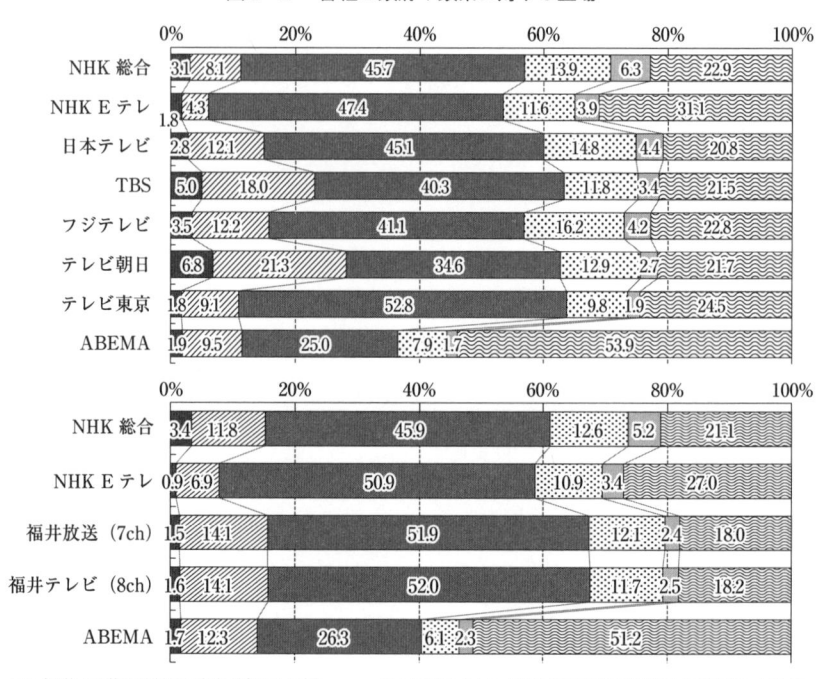

- ■5（政策や政権に批判的な内容が多いと思う）　　☑4（どちらかというと政策や政権に批判的な内容が多いと思う）
- ■3（中道もしくは中立的な内容と思う）　　　　　☒2（どちらかというと政策や政権に肯定的な内容が多いと思う）
- □1（政策や政権に非常に肯定的な内容が多いと思う）☑0（利用しない、わからない、答えられない）

もあり、福井県でも「自由民主党」の支持者が多い。一方で政権与党でもある公明党の支持者はさほど多くない。また関西圏に近いためか、「日本維新の会」の支持者も多くなっている。また首都圏の方が、分散が大きくなっている。

　表2・9、2・10を見ると、保守的な傾向と政治的知識が低いことの間には相関関係が見られる。ただしこれについては、他変数を制御して更なる分析を行う必要があるだろう。

表 2・9　定期的に読んでいる新聞

		首都圏	福井県
1	読売新聞	195	45
2	朝日新聞	137	36
3	毎日新聞	28	23
4	産経新聞	24	6
5	日本経済新聞	148	49
6	東京新聞	27	3
7	その他の地方新聞	59	589
8	業界専門新聞	27	9
9	その他（なし, 聖教新聞, 等）	486	325

表 2・10　支持政党

		首都圏	福井県
1	自由民主党	160	189
2	公明党	22	14
3	立憲民主党	36	22
4	国民民主党	28	30
5	日本維新の会	42	56
6	日本共産党	25	11
7	その他	20	18
9	特になし	697	689

第 5 節　公共放送への支払意思

5・1　公共放送の現状

　回答者の公共放送の受信契約状況（**図 2・3**）について確認したところ、地上契約が 46.3％、衛星契約が 27.0％、両者合計で 73.3％となった。一方、「契約していない（受信機等を保有していない）」は 11.0％、「わからない」が 15.7％となった。2022 年度末の全国の推計世帯支払率の 78.3％（東京 66.6％、神奈川

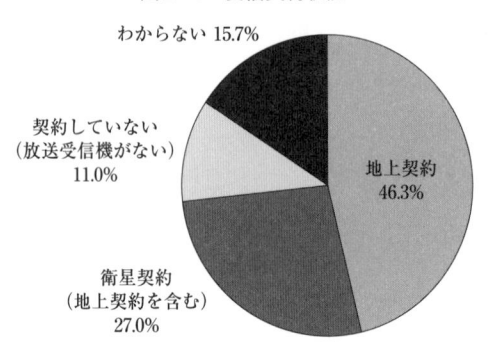

図2・3　受信契約状況

わからない 15.7%

契約していない
（放送受信機がない）
11.0%

地上契約
46.3%

衛星契約
（地上契約を含む）
27.0%

図2・4　受信料の負担感

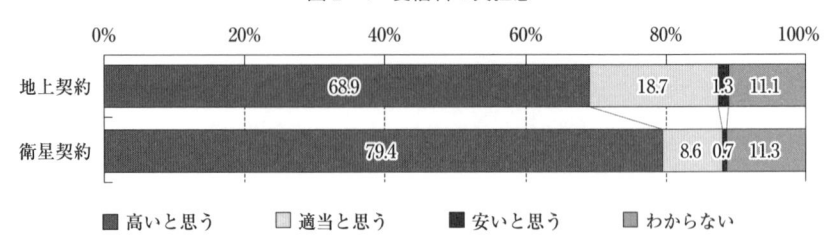

	0%	20%	40%	60%	80%	100%
地上契約			68.9		18.7	1.3　11.1
衛星契約			79.4		8.6　0.7　11.3

■ 高いと思う　　□ 適当と思う　　■ 安いと思う　　■ わからない

78.0%、千葉・埼玉 81.4%）と比べると若干低い値となっている。

　次に受信料の負担感を聞いたところ、図2・4のようになった。地上契約、衛星契約のいずれについても割高と感じている人が約 70 〜 80％と高い割合を示している。

　また受信料に対する意見を図2・5に示した。現在の受信料制度を今後も維持するべきかとの問いに対して、「全くそう思わない」が46.2%、「どちらかと言えば、そうは思わない」が20.5%と過半数を示している。また利用に応じて受信料金額に相違を設けるべきとの見解に対して「非常にそう思う」と回答している人が38.9%、「どちらかと言えば、そう思う」と回答している人が21.3%、両者を合計で約60%の人が利用に応じた受信料にするべき、と回答している。

　以上を踏まえて、衛星契約を前提として公共放送に対して最大支払ってもよ

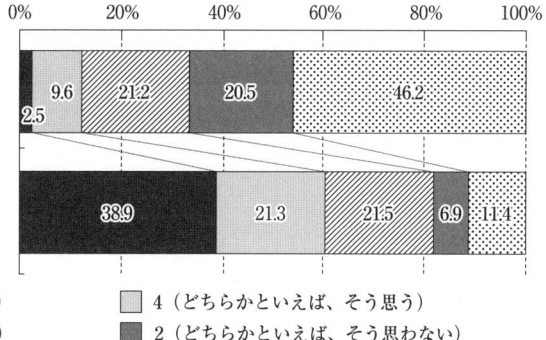

図2・5　受信料制度に対する意見

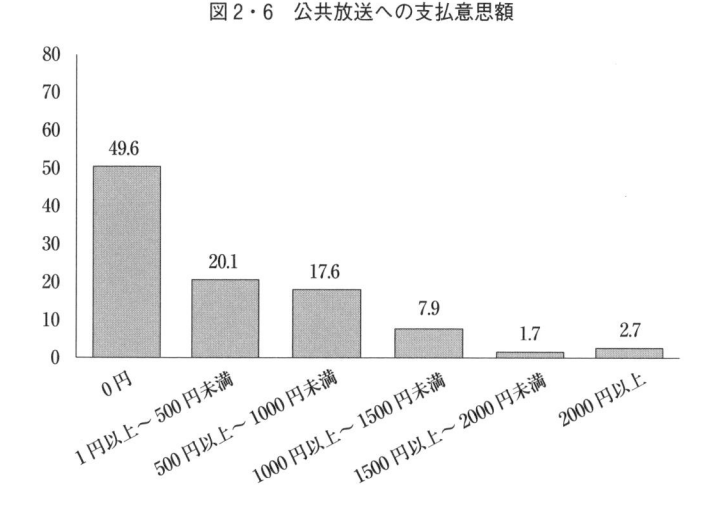

図2・6　公共放送への支払意思額

いと考える金額（＝支払意思額）を尋ねたところ、図2・6のようになった。支払意思額がゼロと回答したものは49.6％と半数近くおり、公共放送への支払いに抵抗を示している人が多いことが分かる。また1,500円以上の支払い意思を示したものは4.4％程度しかおらず、受信料制度をどのように変革・維持していくかについて、課題が残る結果となっている。

　公共放送への支払意思額をゼロと回答した人々は、そもそも放送サービスを利用していない、もしくは無料で利用可能な民間放送サービスと公共放送を完全に代替的な（無差別な）ものとみなしていることを反映していると考えられる。一方、支払意思額がプラスの人は、公共放送によるサービスを他の民間放送局のサービスとは異なるサービスと認識しており、ある特性に何らかの価値を感じていると考えられる。このような差別化要因としては、広告の有無や提供される番組情報の質（信頼性や品質）や内容（政治的スタンスや番組ジャンル）といったものが考えられる。地上民間放送と比べて公共放送をどのように認識し、両者が差別化されているかについては、これまで見てきた図表から確認することができる。

5・2　公共放送への支払意思額を左右する要因

　公共放送は、広告の有無、情報に対する信頼性や質、番組の内容の面で民間放送とは異なったものと認識されており、このような認識の違いがサービスの差別化をもたらしている。なお広告の有無や情報の信頼性・品質の認識は序列が想定されることから垂直的な差別化要因であり、番組内容や政治的スタンスの認識の差違は序列が想定されないという意味で水平的な差別化要因と考えられる。以下では、これら垂直的・水平的差別化と、公共放送への支払意思額との関係について検討を行う。また、民間放送、動画配信サービスなどの他の競合サービスとの関係についても確認したい。

　公共放送への支払意思額を被説明変数、公共放送の番組利用量（番組視聴割合[13]）、広告回避の支払意思、民間放送の利用量（割合）の他、今まで概観してきた提供される番組情報の信頼性や品質、政治的スタンスや番組内容などの要因と個人属性を説明変数とした推計を行った[14]。その結果を表2・11に示した。主な結果をまとめると以下のようになる。

- ・公共放送の利用量（割合）が多いほど支払意思額は高くなる。ただし二乗項は負であるため、限界的な支払意思額は低下する。
- ・広告回避の支払意思が高い人ほど公共放送の支払意思額も高くなった（正の相関）。これは広告の有無により公共放送と民間放送は差別化されていることを示唆している。

表2・11　公共放送への支払意思額に関する推計

被説明変数	推計1：公共放送WTP		推計2：公共放送WTP（世帯所得を含む）	
説明変数	推定値	標準誤差（S.E.）	推定値	標準誤差（S.E.）
定数	−753.818 ***	113.819	−891.315 ***	132.047
公共放送視聴量	15.899 ***	3.291	16.661 ***	3.632
公共放送視聴量（二乗項）	−0.135 ***	0.040	−0.130 ***	0.043
民放視聴量	−1.035	1.394	−2.004	1.556
民放視聴量（関東圏のみ）	−2.131	1.962	−1.766	2.086
広告回避支払意思	0.833 ***	0.048	0.767 ***	0.052
信頼感	153.539 ***	28.103	151.692 ***	31.555
番組品質	170.216 ***	28.887	153.062 ***	32.678
政治スタンス（肯定的）	−56.590 *	31.621	−56.728	35.170
政治スタンス（批判的）	−47.693	39.459	−36.774	43.590
知的内容	60.765 **	26.450	72.449 **	30.066
娯楽的内容	9.605	50.290	13.137	57.040
定期新聞購読数	29.444	46.262	13.220	48.394
HULU	−1.910	87.229	−14.461	96.612
Netflix	−116.500 *	60.799	−160.529 **	66.648
アマゾンプライム	92.424 **	43.924	89.868 *	49.647
YouTube	−96.485	50.811	−78.861	58.152
TVer	31.862	43.585	15.225	49.497
性別（女性）	−59.072	41.332	−79.962 *	47.056
年齢	8.608 ***	1.672	9.582 ***	1.889
既婚	−63.872	52.431	−69.877	60.207
子ども（あり）	−81.538	52.597	−69.868	58.866
最終学歴（大学・大学院卒）	103.877 **	42.715	100.321 **	49.022
在住地域（福井）	18.338	46.290	65.591	52.841
世帯所得	−	−	22.261 ***	6.466
Sigma	775.175 ***	18.543	768.534 ***	20.562
	限界効果	標準誤差（S.E.）	限界効果	標準誤差（S.E.）
公共放送視聴量	8.494 ***	1.757	9.139 ***	1.991
公共放送視聴量（二乗項）	−0.072 ***	0.021	−0.072 ***	0.023
民放視聴量	−0.553	0.745	−1.099	0.854
民放視聴量（関東圏のみ）	−1.139	1.048	−0.969	1.144
広告回避支払意思	0.445 ***	0.026	0.421 ***	0.029
番組信頼	82.031 ***	14.985	83.203 ***	17.272
番組品質	90.941 ***	15.434	83.954 ***	17.924
政治スタンス（肯定的）	−30.234 *	16.898	−31.115	19.292
政治スタンス（批判的）	−25.481	21.089	−20.171	23.916
知的内容	32.465 **	14.127	39.738 **	16.485
娯楽の内容	5.132	26.869	7.206	31.286
定期新聞購読数	15.731	26.869	7.251	26.542
HULU	−1.020	46.604	−7.932	52.991
Netflix	−62.242 *	32.482	−88.050 **	36.554
アマゾンプライム	49.379 **	23.452	49.292 *	27.213
YouTube	−51.549	27.140	−43.255	31.894
TVer	17.023	23.282	8.351	27.148
性別（女性）	−31.560	22.082	−43.859 *	25.804
年齢	4.599 ***	0.893	5.256 ***	1.035
既婚	−34.125	28.006	−38.328	33.018
子ども（あり）	−43.563	28.104	−38.322	32.292
最終学歴（大学・大学院卒）	55.594 **	22.815	55.026 **	26.879
在住地域（福井）	9.797	24.729	35.977	28.971
世帯所得	−	−	12.210 ***	3.547
回答者数	2059		1578	
対数尤度	−8962.861		−7044.801	

- ・公共放送の番組に対して信頼性や品質が高い、また知的番組が多いと評価している人ほど支払意思額は高いことが示された。これは質や内容面で公共放送が差別化されていることを示している。
- ・ネット動画配信サービスの利用との関係については、ネットフリックス利用やYouTube利用（いずれも利用の有無を示すダミー）とはマイナス（代替的）、アマゾンプライムとはプラス（補完的）という関係が示されたが、世帯所得を考慮した場合にはネットフリックス利用のみが負で有意となっており、その他については明確な関係は得られなかった（独立した関係にあると考えられる）。
- ・個人属性については年齢・学歴・世帯所得とプラスの相関関係が確認されたが、地域や性別などについては明確な関係を確認できなかった。

5・3　公共放送の利用を左右する要因

　公共放送に対する支払意思額が番組視聴量（割合）と関係していることを確認した一方で、民間放送の視聴量やネット動画配信サービスとの間には明確な関係は確認できなかった。しかし、支払意思額とは明確な関係を確認できなかった要因が、公共放送の視聴量（需要量）を通じて間接的に影響を及ぼしている可能性はある。以下では、公共放送の番組視聴量と、その他のサービス利用量との関係を確認する。具体的には、公共放送の番組視聴量を被説明変数として、先ほどと同様、民放の番組視聴量やネット動画配信サービスの利用状況、広告回避の支払意思額などを説明変数として相関関係を確認した。推計結果は表2・12のとおりである。

　主な結果をまとめると、以下の通りである。

- ・公共放送の視聴割合は他の民放の番組視聴量と正の相関関係にある。つまりテレビを視聴する人はどちらの番組も視聴する傾向がある、もしくは民放を視聴したからと言って公共放送の利用量が減少するわけではなく、公共放送と民放の番組視聴は競合しているわけではない。
- ・広告回避の支払意思額が高いほど公共放送の視聴量が増加する（正の相関）。
- ・他のメディア利用との関係について、支払意思額と同様にネット動画配信

サービスについては YouTube 利用と負の相関となったが、定期購読新聞数については正の相関が示された。

・個人属性について、年齢や学歴、世帯所得などの要因については、支払意思額と同様に正の相関が確認されたが、利用量においては在住地域（福井県）と正の相関、既婚と負の相関が示された。在住地域については地上民間放送の選択肢が少ない地域では、公共放送の視聴割合は高くなる可能性を示している。

第6節　おわりに

　本章では、地域差を考慮した公共放送利用実態の分析を行うことを最終的な目的として、人々のメディア利用実態やメディアに対する意識・イメージについて、民放連研究所と共同実施したアンケート調査に基づいて検討してきた。第2〜4節では、項目別に記述統計を紹介してきた。また第5節では、さらに3つに分けて公共放送の実態について概観し、推計を行った。

　公共放送に対する支払意思額をプラスと回答した人は、公共放送によるサービスを民間放送のそれと異なるサービスとみなしていること、これら差別化要因として広告の有無、番組情報に対する信頼性や品質、番組内容（知的であること）などを挙げ、これらが公共放送に対する支払意思額と正の相関を示していることを明らかにした。また公共放送の利用量に応じて支払意思額が異なる一方で、在住地域（民放チャンネル数）や YouTube などのネット動画配信の利用状況などの要因が利用量を通じて間接的に支払意思に影響を及ぼしている可能性があることを確認した。一方、支払意思額がゼロの利用者については民間放送と違いを感じていない可能性があり、公共放送に対する評価は特定の属性を有する利用者に限定されていることが確認された。

　本章では、地域差を考慮した公共放送の利用実態の一端を示してきたが、引き続き深く掘り下げた分析を行っていく予定である。

表2・12　公共放送の利用量に関する推計

被説明変数	推計1：公共放送番組視聴量		推計2：公共放送番組視聴量 （世帯所得を含む）	
説明変数	推定値	標準誤差（S.E.）	推定値	標準誤差（S.E.）
定数	−41.709 ***	3.378	−45.928 ***	3.990
民放視聴量	0.545 ***	0.035	0.590 ***	0.039
民放視聴量（関東圏のみ）	0.491 ***	0.050	0.441 ***	0.056
広告回避支払意思	0.008 ***	0.001	0.007 ***	0.002
定期新聞購読数	3.715 ***	1.243	3.571 ***	1.332
HULU	−0.160	2.644	2.817	2.917
Netflix	0.715	1.816	0.793	2.023
アマゾンプライム	0.315	1.319	−0.718	1.532
YouTube	−5.228 ***	1.464	−4.794 ***	1.720
TVer	−0.544	1.292	0.139	1.497
性別（女性）	0.211	1.221	−0.494	1.420
年齢	0.393 ***	0.047	0.418 ***	0.055
既婚	−2.597 *	1.554	−5.120 ***	1.817
子ども（あり）	−1.661	1.551	−0.198	1.785
最終学歴（大学・大学院卒）	8.289 ***	1.257	8.435 ***	1.478
在住地域（福井）	6.356 ***	1.394	7.262 ***	1.623
世帯所得	−	−	0.610 ***	0.191
Sigma	21.502 ***	0.590	21.937 ***	0.668
	限界効果	標準誤差（S.E.）	限界効果	標準誤差（S.E.）
民放視聴量	0.196 ***	0.013	0.223 ***	0.016
民放視聴量（関東圏のみ）	0.177 ***	0.019	0.167 ***	0.022
広告回避支払意思	0.003 ***	0.001	0.003 ***	0.001
定期新聞購読数	1.339 ***	0.449	1.353 ***	0.505
HULU	−0.058	0.953	1.067	1.106
Netflix	0.258	0.655	0.300	0.766
アマゾンプライム	0.114	0.476	−0.272	0.580
YouTube	−1.885 ***	0.528	−1.816 ***	0.652
TVer	−0.196	0.466	0.053	0.567
性別（女性）	0.076	0.440	−0.187	0.538
年齢	0.142 ***	0.017	0.158 ***	0.020
既婚	−0.936 *	0.560	−1.939 ***	0.689
子ども（あり）	−0.599	0.559	−0.075	0.676
最終学歴（大学・大学院卒）	2.988 ***	0.450	3.195 ***	0.556
在住地域（福井）	2.291 ***	0.503	2.750 ***	0.615
世帯所得	−	−	0.231 ***	0.072
回答者数	2059		1578	
対数尤度	−4117.768		−3287.653	

【謝辞】

　本研究の一部は、科学研究費補助金（基盤研究（C）、課題番号 22K01512）、放送文化基金（2022 年度）からの援助を受けている。記して感謝の意を表したい。

付録

政治的知識に関する質問

一般的知識

1.　日本国憲法で、戦争放棄条項を含むのは第何条ですか。
　(1) 第 1 条，(2) 第 9 条，(3) 第 17 条，(4) 第 31 条，(5) 分からない

2.　憲法改正を発議するための要件はこの中のどれですか。
　(1) 各議院の総議員の 2/3 以上の賛成，
　(2) 各議院の総議員の過半数の賛成，
　(3) 各議院の出席議員の 2/3 以上の賛成，
　(4) 各議院の出席議員の過半数の賛成，
　(5) 分からない

3.　日本の行政についてお伺いします。内閣は行政権の行使について、誰に対して責任を負っていますか。
　(1) 国会，(2) 官僚，(3) 最高裁判所，(4) 天皇，(5) 分からない

時事問題

4.　現在の衆議院で二番目に議席数の多い党は次のうちどの党ですか。
　(1) 立憲民主党，(2) 国民民主党，(3) 公明党，
　(4) 日本維新の会，(5) 分からない

5.　現在の外務大臣は次の人物のうち、誰ですか。
　(1) 河野太郎（こうの たろう），(2) 林芳正（はやし よしまさ），
　(3) 西村康稔（にしむら やすとし），(4) 松野博一（まつの ひろかず），(5) 分からない

6.　これまでに、自民党総裁選に立候補していない女性議員は誰ですか。
　(1) 小池百合子（こいけ ゆりこ），(2) 稲田朋美（いなだ ともみ），
　(3) 野田聖子（のだ せいこ），(4) 高市早苗（たかいち さなえ），(5) 分からない

注

1)　調査は、2023 年 3 月 21 日（火）～ 24 日（金）の 4 日間にわたり、インターネットによるモニター調査によって実施した。首都圏（東京、神奈川、千葉、埼玉、栃木、群馬、茨城の 1 都 6 県）と、民放局の少ない県として福井県を対象地域としており、20 歳以上の男女に対して質問を行い、それぞれ 1,030、1,029 の回答を得ている。実施は㈱マクロミル社に委託した。調査前日の各テレビ番組の視聴結果、メディアおよびニュースのリテラシー、政治的知識、メディア信頼性、NHK に対する意識、広告回避の支払意思、動画配信サービスの利用などについて質問している。

2)　不足の理由は、関東圏と比べ人口も少なく登録モニターも少なかったこと、一部学生を含んでおり春期休業期間に該当したこと、等が考えられる。

3)　2022年福井県の平均年齢は48.5歳であり、関東圏（東京45.3歳、神奈川46.5歳、千葉47.1歳、埼玉46.8歳、栃木48.0歳、群馬48.4歳、茨城48.0歳）と比べて高い。また福井県の高齢化率（人口に占める65歳以上の人口の割合）は31.2%であり、関東圏（東京22.8%、神奈川25.8%、千葉28.0%、埼玉27.4%、栃木25.8%、群馬30.8%、茨城30.4%）と比べて高くなっている（内閣府「令和4年版高齢社会白書」、総務省統計局「人口推計」等を参照のこと）。

4)　一般に「メディア利用」に関しては、**表2・2**のように新メディアの登場と相関して高齢者のメディア利用が低くなっており、本章の問題意識からすると特筆すべき論点は少ないように思われる。また総務省情報通信政策研究所が、毎年メディア利用に関する調査結果を公表しており、そちらである程度傾向を知ることができる。一方でニュース・リテラシーや政治的知識については当該報告書で詳しく触れられていないが、本章の問題意識である公共放送の利用を後日分析する際に重要な項目となる可能性があるため、相対的に詳細な報告を行うこととする。

5)　具体的な選択肢は以下の通り。「1. 毎日必ず利用する」「2. 1日〜2日おき程度に利用する」「3. 週に何度かは利用する」「4. 月に数回程度は利用する」「5. それ以下の頻度で利用する・まったく利用しない」

6)　URL: https://www.medialit.org/about-cml. このような捉え方はイギリス・フランス・アメリカで見られ、「批判的視聴力（critical viewing skill）」と呼ばれることがある。

7)　具体的な選択肢は以下の通り。「1. 非常にあてはまる」「2. ある程度あてはまる」「3. どちらでもない」「4. あまりあてはまらない」「5. 全くあてはまらない」

8)　具体的な選択肢は以下の通り。「1. 非常にそう思う」「2. ある程度そう思う」「3. どちらでもない」「4. あまりそうは思わない」「5. 全くそう思わない」

9)　具体的な選択肢は以下の通り。「1. 十分信頼できる」「2. 大部分は信頼できる」「3. 半分程度は信頼できる」「4. あまり信頼できない」「5. 全く信頼できない」

10)　具体的な選択肢は以下の通り。「1. 十分信頼できる」「2. 大部分は信頼できる」「3. 半分程度は信頼できる」「4. あまり信頼できない」「5. 全く信頼できない」「6. 利用しない、わからない、答えられない」　なお表の「平均」は、利用していない回答者（＝選択肢6を選んだ回答者）を除いた利用者の平均値を表している。

11)　具体的な選択肢は以下の通り。「1. 非常に質が高いと思う」「2. どちらかというと質が高いと思う」「3. 普通だと思う」「4. どちらかというと質が低いと思う」「5. 非常に質が低いと思う」「6. 利用しない、わからない、答えられない」　なお表の「平均」は、利用していない回答者（＝選択肢6を選んだ回答者）を除いた利用者の平均値を表している。

12)　具体的な選択肢は以下の通り。「1. 非常に重視する」「2. ある程度重視する」「3. どちらでもない」「4. あまり重視しない」「5. 全く重要視しない」

13)　関東圏と福井の2地域で、2023年3月19日（日）と20日（月）の20：00〜23：00の間に提供された地上波などの番組のうち、各回答者が同時間に提供された番組のうち何本を視聴したか（今後の視聴意向も含む）を計算した。なお、関東地域では公共放送2（NHK総合・Eテレ）、地上民間放送5（日テレ・フジ・テレ朝・TBS・テレビ東京）、福井地域では公共放送2（NHK総合・Eテレ）、地上民間放送2（日テレ系・フジ系）としている。なお、公共放送と同系列民間放送局により提供された番組は、両地域で同じ内容となっている。対象時間帯に提供された番組数は、公共放送1が7、公共放送2が9の合計16本、関東圏の民間放送は31本、福井の民間放送は13本であった。

14)　約半数の回答者が支払意思額をゼロとしていることからトービットモデルにより推計を行った。

参考文献

Jones-Jang, S., Mortensen, T., and J. Liu (2021) "Does Media Literacy Help Identification of Fake News? Information Literacy Helps, but Other Literacies Don't," *American Behavioral Scientist*,

65(2), pp. 371-388, (DOI https://doi.org/10.1177/ 0002764219869406).

Krauss, E.(2000)*Broadcasting Politics in Japan: NHK and Television News*, Cornell University Press(村松岐夫監訳、後藤潤平訳(2006)『NHK vs 日本政治』東洋経済新報社)

春日教測・宍倉学(2020)「インターネットを通じたテレビ番組の視聴について—タイムシフト視聴と Tver 利用」日本民間放送連盟・研究所編『DX 時代の信頼と公共性—放送の価値と未来—』第 11 章、勁草書房、pp. 243-267.

春日教測・宍倉学(2022)「映像メディア市場の競争環境と公共放送」日本民間放送連盟・研究所編『デジタル変革時代の放送メディア』第 10 章、勁草書房。

総務省情報通信政策研究所(2024)『令和 5 年度 情報通信メディアの利用時間と情報行動に関する調査報告書』(URL: https://www.soumu.go.jp/menu_news/s-news/01iicp01_02000122.html)。

松林哲也(2021)『政治学と因果推論：比較から見える政治と社会』岩波書店。

第3章
Z世代のメディア利用と政治学習に関する試論

渡邊久哲

第1節　Z世代の急激なテレビ離れと政治学習

1・1　Z世代の急激なテレビ離れ

　本章においてはZ世代を1990年代半ば以降に生まれた世代と定義する。それはインターネットを主軸とする今日のデジタルメディア環境は1990年代半ば以降急速に形成されてきたと考えるからである。1995年11月に日本でウインドウズ95が発売され、これによってわれわれはスタートメニュー、タスクバー、そしてマルチタスクを可能とするこれまでにないユーザーインターフェイスを経験し、TCP/IPスタックによってインターネット接続が身近なものになった。その後国策でブロードバンドが全国に整備されるとデジタルメディア環境が整い高速通信が飛躍的に発達した。Z世代はこうした時代に生まれ育った人々である。ちなみに2023年3月開催されたNHK文研フォーラムのシンポジウム「Z世代と『テレビ』」でも、「1996〜2010年生まれの人」をZ世代としている[1]。

　このZ世代が近年急激なテレビ離れを起こしているという。人々のテレビ離れの傾向は、中長期にわたって調査データが示してきているが[2]、Z世代は「直近において急激に」テレビ離れを起こしているのである。2015年から2020年にかけて、国民全体（10歳以上）で85%→79%という低下に対し、10〜15歳は78%→56%、16〜19歳は71%→47%、20代は69%→51%と20ポイント内外の激減で、低下幅は上の世代に比べて格段に大きい。そしてこれらの世

代はほぼ1990年代半ば以降生まれと括ることができるのである[3]。

　Z世代のこの急激なテレビ離れの原因の一つは、娯楽提供メディアの多様化と高度化にあるといえよう。Netflix や Amazon prime video といった動画配信サービスは、豊富な資金を元に製作した動画コンテンツをサブスクリプション契約で提供する[4]。また YouTube に代表される動画投稿共有サイトは一般人が作成した動画も含めて豊富なコンテンツを提供する。そしてまたインスタグラムやX（旧 Twitter）などの SNS によって友人・知人たちとコンテンツを共有することも可能である。Z世代はこうした新しい娯楽メディアを友として育っている。その結果、娯楽提供メディアとしてのテレビからは大きく離れる結果になったのではないだろうか。

1・2　Z世代の政治学習

　ただし、テレビは娯楽提供機能の他に情報提供機能も有し、ニュースや情報番組などを放送している。情報提供機能の中でも、特に政策・政治家・政治の仕組み等についての知識・情報を提供すること、つまり政治学習のためのメディアという役割は、Z世代の成長と社会化にとって重要なものであると考えられる。本章ではテレビのこの政治学習メディアとしての側面に焦点を当てる。

　もともと総合編成を義務付けられた日本の地上波テレビは、報道番組、教養番組、教育番組、娯楽番組等をバランスよく放送することが求められてきた。このため政治・経済などの堅いニュースには興味を持たない視聴者であっても、目当ての娯楽番組を視聴する前後に偶発的にニュースに触れて政治関連情報を得ることがある[5]。また、日本のテレビ番組の中には、視聴者層の拡大を図ってわかりやすく親しみのあるコメンテータや解説者を起用するなど、工夫を凝らしたものも少なくない。これらはソフトニュース[6]と呼ばれ政治学習の機会となりうるものである。とくに関心の薄い層に対して政治への関心を持たせるうえで有効であるとの指摘もある[7]。そうした中でZ世代の急激なテレビ離れはこれらの番組群への接触機会を断つ危険性があるといえよう。

　インターネットが発達した今日では、その気になれば政治・経済を含むさまざまな情報にアクセスすることが可能であろう。しかしながら、豊富な取材経験と専門知識を有するジャーナリストの情報選別（ゲイトキーピング）にもと

づくテレビニュースや情報番組との接触をシャットアウトしてしまうことは彼らの政治学習に少なからず悪い影響を与えるのではないだろうか。

　そしてまたインターネット上の情報は玉石混交である。報道機関（新聞、テレビ、通信社）のニュースサイト、YouTube 上のメディアのニュースチャンネル、専門知識を有する識者のサイトなどがある一方で、コタツ記事に依存するニュースサイト、まとめサイト、政治思想を全面に出した番組などもある。さらに SNS のプッシュ通知情報の中にはプロパガンダ的性格を帯びたものや意図的に偏向していると思われるものもある。政治知識や判断力がかならずしも十分でない Z 世代がこれらに優先的に接触することの危険性は否定できないであろう。

　上記の問題意識を踏まえ、今日 Z 世代はどのようなメディアを介して政治学習を行っているのかを調べる目的で調査を企画し、（社）日本民間放送連盟研究所と共同で実施した。本章ではその結果を紹介しつつ、Z 世代の政治学習の現状と今後について考えたい。

1・3　調査概要

　調査は 2024 年 3 月上旬に全国の 18 〜 79 歳男女個人を対象にインターネットを用いて行われた。有効回答者数は 3,720。主たる質問項目は、メディア利用行動、メディアに求める機能、政治学習に用いるメディア、テレビの政治ニュースに対する期待などである。質問の全容については章末参照のこと。

　調査時期　2024 年 3 月 5 日（火）〜 7 日（木）
　サンプル　調査会社の登録モニターを使用
　有効回収サンプルの年層別内訳は、18 〜 19 歳 86、20 〜 24 歳 224、25 〜 29 歳から 55 〜 59 歳は各セルごとに 310、60 〜 79 歳 1,240
　性別は各層ごとに男性女性を均等に割り付けた。
　サンプルの居住地域は 47 都道府県にまたがる

　分析にはクロス集計を用いた。本章では、メディア利用の実態と意識、メディアに求める機能、政治学習に用いるメディア、政治意識の特徴などの質問項

目をピックアップして基本的に5歳刻みの年代別比較を行い、Ｚ世代の特徴を把握することにした。1995生まれは今年で29歳になることから、データ分析においては、回答者のうち18〜29歳をＺ世代と定義する。3,720名の調査対象者のうち、Ｚ世代に該当するのは620名である。なお、60歳以上の層は今回の分析目的から大きく外れることからひとまとめに60〜79歳層としている。

本調査の調査相手はランダムサンプリングによるものではなく、調査会社の登録モニターから選ばれたものであるため、各年層のサンプルは全国の人々に対して代表性をもたない。それゆえ本研究で得られる知見をもって仮説検証に至ることはなく、あくまでも従来仮説の強化あるいは新仮説の発見にとどまるものである。

世代分析という観点からも留保が必要である。今回の分析結果と考察は一時点のアドホックな調査結果から導き出されたものであるから、18〜29歳層に見られる特徴がＺ世代の特徴として今後もそのまま加齢とともにもち上がっていくものか、それとも単に現時点における若年層に顕著な特徴に過ぎないのかについては判断できない。

第2節　人々のメディア利用実態とメディアに求める機能の年層比較

2・1　メディア利用実態の年層比較

調査では、Q2でメディア利用の実態と意識について調べている。選択肢にはインターネット動画の視聴、SNS利用、スマホ利用、ゲームなどに関してＺ世代に特徴的であろうと推測できる10項目から「あてはまるもの」を複数回答可で選ばせた。

全体平均の集計値は巻末の単純集計表に記してある。ここでは年層別比較グラフを紹介する。グラフは見やすさを考慮して、単純集計値の大小を目安に図3・1〜図3・4に分けた。基本的にいずれも右下がりの折れ線で、若年層ほど高く、年配層ほど低い。

もっとも年齢差が目立ったのは、ショート動画に関する項目である。図3・3「15秒や1分の動画クリップは見やすい」は、18〜19歳の64%から60〜79

図 3・1　あてはまるメディア行動（その 1）

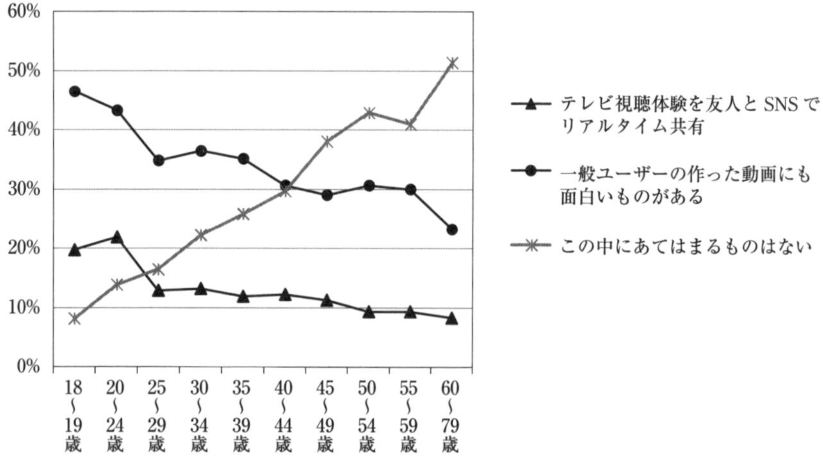

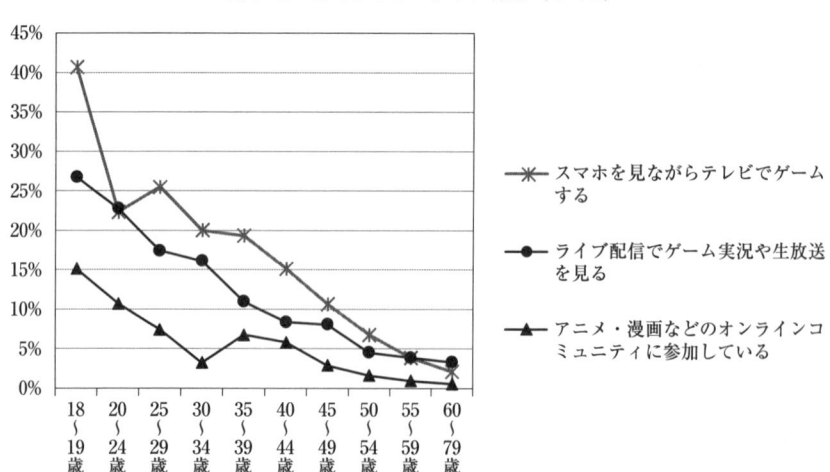

60%
50%
40%
30%
20%
10%
0%
18〜19歳
20〜24歳
25〜29歳
30〜34歳
35〜39歳
40〜44歳
45〜49歳
50〜54歳
55〜59歳
60〜79歳
テレビ視聴体験を友人と SNS でリアルタイム共有
一般ユーザーの作った動画にも面白いものがある
この中にあてはまるものはない

図 3・2　あてはまるメディア行動（その 2）

45%
40%
35%
30%
25%
20%
15%
10%
5%
0%
18〜19歳
20〜24歳
25〜29歳
30〜34歳
35〜39歳
40〜44歳
45〜49歳
50〜54歳
55〜59歳
60〜79歳
スマホを見ながらテレビでゲームする
ライブ配信でゲーム実況や生放送を見る
アニメ・漫画などのオンラインコミュニティに参加している

歳の 17% まで開きが非常に大きい。ショート動画になじむ若者は多く、新曲のサビを TikTok のショート動画で繰り返し聞くうちにその楽曲が好きになるということがあるようだ。インスタグラムのリール動画などもそういった需要に応えようとしているのだろう。ただし、60 〜 79 歳でも 17% が「見やすい」と

図3・3 あてはまるメディア行動（その3）

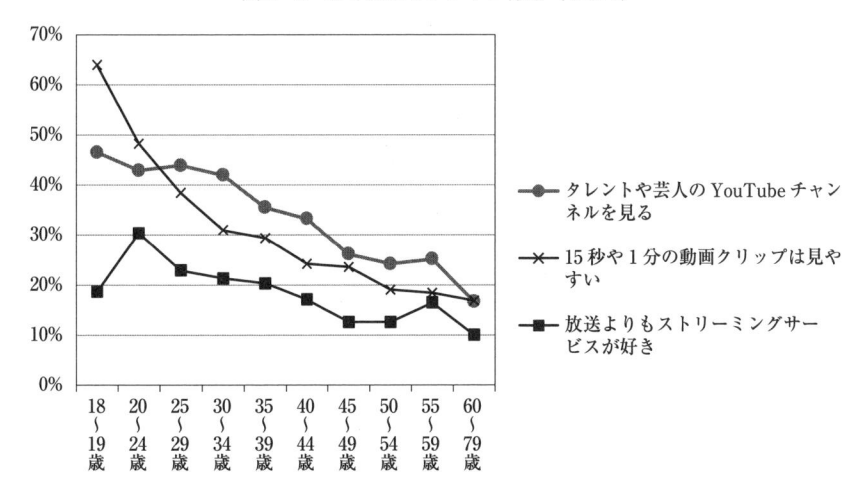

- タレントや芸人の YouTube チャンネルを見る
- 15秒や1分の動画クリップは見やすい
- 放送よりもストリーミングサービスが好き

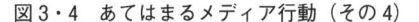

図3・4 あてはまるメディア行動（その4）

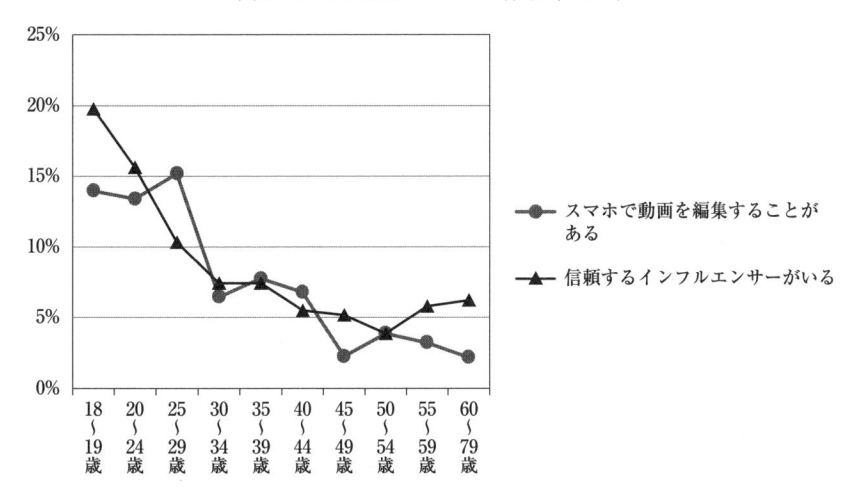

- スマホで動画を編集することがある
- 信頼するインフルエンサーがいる

答えており、今後受け入れる世代が拡大する可能性はある。

　ちなみに2023年11月実施のTBS生活DATAライブラリー[8)]の「1年以内に利用したインターネット配信・動画共有サービス」によると、TikTokの利用率は全体（全国13〜69歳平均）で21％である。年層別には13〜15歳43

％、16 〜 17 歳 53％、18 〜 19 歳 49％、20 〜 24 歳 44％、25 〜 29 歳 31％と若者の利用率が高いが、60 代前半 7％、後半 6％と高齢者もゼロではないようだ。

　ショート動画の影響力の範囲は芸能情報や商品広告にとどまらない。SNS によるさまざまなミーム（話題の短尺動画や画像）の拡散は日常的に起こっていることである。米国政府の「TikTok 使用禁止」がニュースになっている[9]が、繰り返し接触をもくろむショート動画配信が政治思想を含むプロパガンダで使われた場合の影響力を考えれば警戒するのも肯けよう。逆に国家、政治家、政党の側から見ればとくに若年層に影響を与えうるメディアとして有望視できるともいえる。

　図 3・3「タレントや芸人の YouTube チャンネルを見る」は、全体で 28％、60 〜 79 歳でも 17％があてはまると答えている。前出の TBS 生活 DATA ライブラリーでも、YouTube の利用率は全体平均 84％、60 代前半 69％、後半 54％と高齢層まで浸透している。

　図 3・1「一般ユーザーが作った動画にも面白いものがある」は、全体平均で 3 割に達し、比較的年層差も少ない。50 代までほぼ 3 割台をキープし、60 〜 69 歳層でも 23％ある。これも YouTube の普及拡大の影響と思われる。一般ユーザーが作成したコンテンツを面白がる風潮は、かならずしも若年に限らず幅広い年層に広がっているのだ。シロウトが作った創作物をシロウトが楽しむ・味わうという風潮の高まりは、鶴見俊輔の「限界芸術論」[10]を想起させる。インターネット時代になり「限界芸術」が本格的に花開くことになるのだろうか。

　図 3・1「テレビ視聴体験を友人と SNS でリアルタイム共有」は、ドラマなどを見ながらスマホの SNS で友人と感想等を共有することなどを想定した項目である。18 〜 24 歳で 20％前後、それ以上の層では 10％前後と年層差は小さい。スマホの所有率は年配層でも上がってきている。一般にテレビは年配者のメディアという位置づけだが、年配層のテレビ視聴においても新しい視聴スタイルが台頭しつつあるのかもしれない。ただし、本調査がネット調査モニターを対象にしていることには注意を要する。

　図 3・2 はゲームやアニメ・漫画関連の質問をまとめた。「スマホを見ながらテレビでゲーム」は 18 〜 19 歳で 40％を越えるが、30 代で 20％、40 代で 10％台と大幅下降する。同様に「ライブ配信でゲーム実況や生放送を見る」も 40

代以上は10％を切る。アニメや漫画などのオンラインコミュニティへの参加に至っては若いマニア層に限られており、20代後半から上は10％を切る。

図3・4はスマホでの動画編集とインフルエンサーについてである。スマホでの動画編集にはTikTokの動画編集ツールなどがあるが、10％を超えるのは20代までである。信頼するインフルエンサーの存在も年層差が大きい。ファッション、美容、フィットネス、ITなどの分野の商品関連、旅行等レジャーやグルメなどさまざまな領域で若年層に影響力のあるインフルエンサーは、企業のステルスマーケティングに利用されることがあるが、これが問題視されて2023年秋に改正景品表示法が施行されている[11]。信頼できるインフルエンサーがいる割合は18〜19歳でも20％とそれほど高くないが、ライフスタイル・価値観・思想面への影響の深さという意味では軽視できないであろう。

最後に図3・1に戻ろう。図3・1「これらのうちいずれもあてはまるものがない」は全体平均では36％だが、加齢とともに増える。変化は直線的連続的である。いずれかの年層で飛躍的に増える（断層がある）ということはない。Z世代的なメディア利用意識と形態は少しずつ徐々に拡がってきているようだ。

2・2 「メディア」に求める機能の年層比較

インターネットの登場により「メディア」の機能は多様化している。扱う情報はテキストから音声、画像、動画まで幅広く、受信するだけでなくユーザーが自ら発信したり、あるいは他者と共有したりすることも容易になっている。

このような情報環境の中で、人々がメディアに求めるのはどのようなことだろうか。Q1で今日のメディアの機能の中から考えうるものを複数取り上げてたずねた。

結果を図3・5と図3・6で年層比較した。図3・5は単純集計値が比較的高い4項目、図3・6は低い4項目である。

図3・5「世の中の出来事を正しく伝える」ことは全体平均が86％で飛びぬけて高く、すべての年層で断然トップである。メディアに第一に求められるのが報道機能であることを示している。年層差は小さいが、しいていえば20代後半（75％）がやや低めであろうか。ついで「出来事をリアルタイムにフォローする」が全体平均で42％。早さも求められるのだ。年層のバラツキは少ないが、

図3・5　求めるメディアの機能（その1）

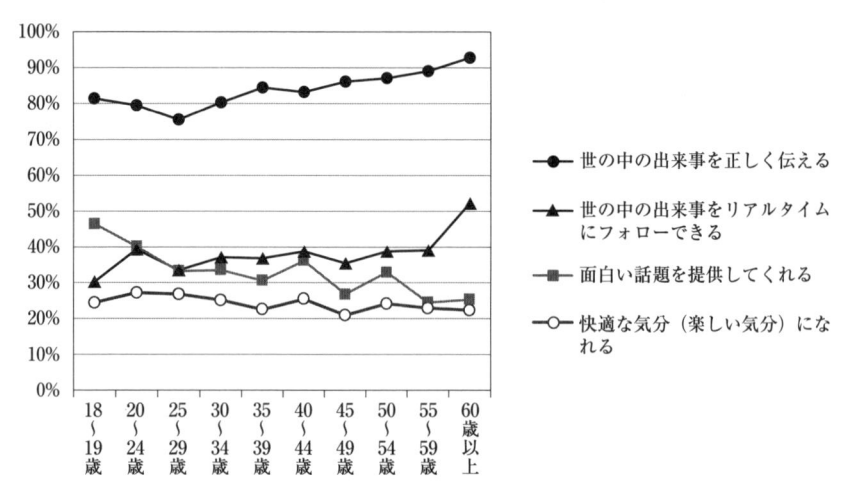

図3・6　メディアに求める機能（その2）

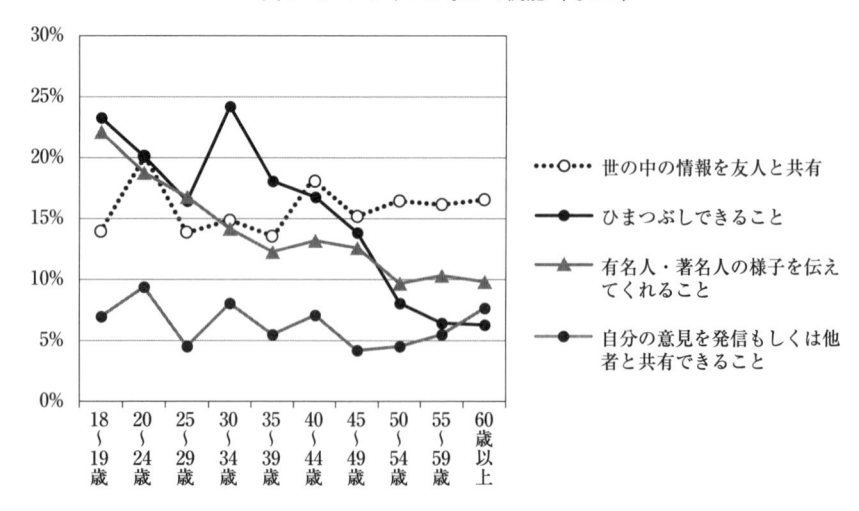

18〜19歳でやや低く、意外にも60〜79歳で高い。ニュースの速報性に対するニーズであろうか。

「面白い話題の提供」は全体平均で30%だが、18〜19歳層で47%、20〜24

歳で40％と若年で高い傾向がある。一方で「快適な気分になれること」は、全体で24％だが、このニーズには年齢差がほとんどない。

　図3・6「ひまつぶしをすることができること」は年層差がある。全体平均で13％だが、18～19歳23％、20代前半20％、20代後半16％と若年で高い。「有名人の様子を伝えること」も全体平均12％のところ18～19歳22％、20代前半19％、20代後半17％と若年層で高率である。若年層にとっては「ひまつぶしできること」、一緒に楽しくすごせることがメディアに求められる大切な機能のひとつなのだろう。

　ちなみに調査ではテレビについて、「テレビは情報を得るための手段か、それとも楽しみを得るための手段か」と聞いている（Q3）が、「どちらかといえば」を含めた全体平均では情報56％、楽しみ41％であるが、Ｚ世代（18～29歳）では情報49％、楽しみ46％となり、Ｚ世代は全体平均よりもテレビを楽しみを得る手段と考える傾向がやや強い。

　図3・6「有名人の様子を伝えること」は全体平均で22％だが、これも年層差が大きく、急勾配である。有名人の様子には芸能人のゴシップネタなども含まれるであろう。内容的には「ひまつぶしできる」に近いニーズかもしれない。

　同じく図3・6「世の中の情報を友人と共有すること」は全体平均が16％である。スマホやSNSを使いこなす若年で高くなることを予想したが、年配層でも15％を超えるニーズがあることがわかった。さまざまなニュースに反応し感想や意見を他者と共有したいという欲求は年配層にも等しくあるのだろう。スマホ等デバイスの操作性改良によって高齢者利用拡大の可能性がある。ただし、これもインターネット調査の登録モニター対象調査という制約があるため、別途代表性のあるニーズ調査が必要である。

　一方で、「自分の意見を発信もしくは他者と共有できること」は、全体平均が7％にとどまり年層差もあまりない。ネット炎上がしばしば話題になるものの、実態としては情報発信ニーズの広がりはそれほどなく一部の層にとどまるのかもしれない。また、Ｘ（旧Twitter）などSNSでのコメント発信は無料であるため気軽に（時には無責任に）行うのだろうが、これらはいわば無意識の行為であり「メディアに求める機能」として意識には上がらないのかもしれない。年層差は小さい。

第3節　政治学習のためのメディアについて

3・1　政治学習メディアの年層差

　政治学習メディアに関して本調査では「あなたが政治家や政策・政治の仕組みなどについての知識を得るのはどのメディアからですか」（Q12）とメディアの利用率を調べた。**表3・1**はこれと年層のクロス表で、**表3・2**は層ごとの順位（昇順）を示したものである。

　第1位は「民放テレビのニュース・ワイドショー・情報番組」（以下、民放のニュース）57％、2位は「NHK のニュース」49％だった。一般に、NHK ニュースといえば事実報道を軸にした固いニュース（いわゆるハードニュース）、民放のニュースといえば堅いニュースのみならずコメンテータとして専門家に加えタレント、芸人まで起用する柔らかいニュース（いわゆるソフトニュース）というイメージではないだろうか。その結果、見やすさ親しみやすさで優る民放ニュースが NHK ニュースを上回ったのではないか[12]。ただし、どちらも利用率は高齢層ほど高くなる傾向が顕著である。

　「NHK のニュース」と「民放のニュース」の利用率は、回答者の政治への関心度ごとに比較すると面白い。政治への関心度が「ある」「ある程度ある」「あまりない」「ない」の4層に分けて利用率を比較すると、NHK のニュースは 64％、56％、36％、18％と関心の高さに比例するのに対して、民放のニュースの方は、56％、62％、57％、38％と、「ある程度関心がある層」で選択率が最大になる。また関心が「あまりない」層や「ない」層でも NHK ニュースに比べて落ち込みが少ない。これはワイドショーや情報番組を含めた民放のニュースの誇るべきメディア特性であろう（詳細は第4節）。

　3位は Yahoo などのポータルサイトが提供するニュース配信サービス（34％）である。利用率のピークは 35 〜 49 歳層で、NHK のニュースや民放のニュースに比べて若干若い。特に 25 〜 49 歳の年層では「NHK ニュース」を上回り、「民放ニュース・ワイドショー・情報番組」についで2位である。年層によるバラツキも比較的小さい。小林・稲増（2015）は日本において利用率が圧倒的に高い Yahoo！について、テレビニュースと同様に偶発的政治学習の役割を果

表3・1　年層別政治学習につかうメディア

Q12　あなたが政治家や政策・政治の仕組みなどについての知識を得るのは以下のどのメディアからですか。すべて教えてください。(いくつでも)

(単位：％)

	①通常の紙の新聞	②新聞社など報道機関のニュースサイト	③NHKのニュース	④民放テレビのニュース・ワイドショー・情報番組	⑤BSやCSのニュース専門チャンネル	⑥CNN、BBCなどのオンラインニュースサイト	⑦Yahooなどのポータルサイトが提供するニュース配信サービス	⑧LINEニュースなどのSNS運営企業の配信サービス	⑨YouTubeの政治関連動画	⑩スマートニュースやグノシーなどニュースアプリ	⑪ネタ話題系ニュースサイト・まとめサイト	⑫TikTokやニュースアプリのプッシュ通知	⑬政治家や政党のホームページやSNSアカウント	⑭インフルエンサーのSNSへの投稿	⑮ポッドキャスト	⑯ラジオやラジコの情報	⑰書籍	⑱家族や知人との話	⑲選挙期間などのポスター	⑳その他【　】	㉑特になし
18～19歳	16	27	40	37	3	5	34	10	27	10	7	13	1	19	1	1	3	31	5	0	16
20～24歳	12	16	33	42	5	7	25	10	15	13	4	12	5	12	2	3	6	24	5	1	15
25～29歳	12	15	26	37	5	4	24	9	19	13	7	5	5	10	1	4	5	19	5	0	15
30～34歳	15	18	29	46	5	4	32	12	16	20	6	3	6	7	0	6	3	19	5	1	13
35～39歳	15	21	31	47	5	4	45	12	18	17	7	4	5	6	1	6	5	21	6	1	8
40～44歳	20	27	38	58	5	4	40	10	15	15	5	2	6	7	3	6	9	22	5	2	7
45～49歳	26	22	42	54	5	4	44	9	17	14	5	4	5	6	2	5	5	24	5	0	7
50～54歳	36	28	50	66	7	6	38	8	16	8	3	1	4	4	1	8	10	26	4	1	5
55～59歳	40	29	55	59	5	5	38	9	13	17	2	2	4	3	1	11	5	25	3	0	5
60歳以上	51	38	72	69	10	5	31	9	13	15	2	1	5	2	0	11	12	26	4	0	2
全体	32	28	49	57	7	5	34	9	14	15	4	3	5	5	1	8	8	24	5	1	7

表3・2　年層別政治学習につかうメディア

Q12　あなたが政治家や政策・政治の仕組みなどについての知識を得るのは以下のどのメディアからですか。すべて教えてください。（いくつでも）

	①通常の紙の新聞	②新聞社など報道機関のニュースサイト	③NHKのニュース	④民放テレビのニュース・ワイドショー・情報番組	⑤BSやCSのニュース専門チャンネル	⑥CNN、BBCなどのオンラインニュースサイト	⑦Yahooなどのポータルサイトが提供するニュース配信サービス	⑧LINEニュースなどのSNS運営企業の配信サービス	⑨YouTubeの政治関連動画	⑩スマートニュースやグノシーなどニュースアプリ	⑪ネタ話題系ニュースサイト・まとめサイト	⑫TikTokやニュースアプリのプッシュ通知	⑬政治家や政党のホームページやSNSアカウント	⑭インフルエンサーのSNSへの投稿	⑮ポッドキャスト	⑯ラジオやラジコの情報	⑰書籍	⑱家族や知人との話	⑲選挙期間などのポスター	⑳その他【　】	㉑特になし
18～19歳	8	5	1	2	16	14	3	11	5	11	13	10	18	7	18	18	16	4	14	21	8
20～24歳	10	5	1	2	17	13	3	5	7	9	18	10	15	12	20	19	14	4	15	21	7
25～29歳	10	7	3	1	14	18	2	6	5	9	12	13	15	11	20	18	18	4	17	20	7
30～34歳	8	6	3	1	18	16	2	9	4	7	12	11	12	11	21	14	18	5	12	20	10
35～39歳	8	4	3	1	19	18	2	9	6	7	14	11	15	12	19	14	18	5	12	20	10
40～44歳	6	4	3	1	16	18	2	9	7	6	16	11	19	14	19	14	10	5	16	20	11
45～49歳	4	6	3	1	13	18	2	8	7	9	19	16	11		20	12	16	5	13	20	10
50～54歳	4	5	2	1	12	13	3	10	10	18	16	17			19	9	8	6	14	21	15
55～59歳	3	5	2	1	13	17	4	6			15				20	9	11	6	16		11
60歳以上	3	4	1	2	11	12	5	14			13		16		20	10	9	6	15		17
全体平均	4	5	2	1	13	16	3						15	14	20	11	10	6	17	21	12

注：表中の数値は年層ごとの順位を表す。
　　網掛けのセルは上位1～5位。

たしているのではないかと指摘している。

4位は旧来の「通常の紙の新聞」（32%）。全体平均で3割を越えるが年層差はあまりに大きく60代の51%に対して20代は12%しかない。順位で見ると、55〜59歳と60〜69歳では民放テレビ、NHKについで3位だが、20〜24歳、25〜29歳層では10位まで順位を落として存在感がない。

5位は新聞社など報道機関のニュースサイトの28%。こちらも年配層ほど高い利用率だが紙の新聞ほど年層差はない。そして44歳以下の年層では紙の新聞の利用率を越える。

6位は家族や知人との話で、7位スマートニュースやグノシーなどのニュースアプリ（以下、ニュースアプリ）は意外にも各年層に浸透しているようだ。

8位はYouTubeの政治関連動画で18〜19歳をピークにZ世代で高いが、それ以上の世代にも広がっている。YouTubeは全国国民へのリーチが84%（TBS生活データライブラリー、2023年11月全国調査）に達している。そして現在は多くのメディアがYouTubeにチャンネルを有しており公式サイトに行かなくてもYouTube上でニュースを見られるという事情もある。政治家のインタビュー、演説、講演などの動画もアップロードされている。なかには政治思想を全面に出した「番組」もあるが、コンテンツの多様性という意味では民放ニュースと競合する面もあろう。

ロイタージャーナリズム研究所が2024年1月末〜2月初旬に調査会社ユーガブに委託して世界47の国と地域でオンライン調査をしたところ、ニュースの情報源としてのオンライン動画の重要性が若い世代を中心に世界的に高まっているという。全体としては、「YouTubeをニュースのために毎週使う人は全世界の回答者の約3分の1（31%）、……ニュースのショート動画を毎週視聴する人は全体の3分の2（66%）で、より長い動画も約半数（51%）が利用している。」とある[13]。ニュースの情報源を動画に求めるのは世界的な傾向のうである。

9位はLINEニュースなどのSNS運営企業の配信サービス（以下、SNSのニュース）。これもインターネットによる政治情報提供である。そして10位が書籍。11位のラジオとラジコはどちらも高齢層が主たる利用者である。その下には、専門チャンネルとインターネット関連サービスが続くがいずれも数値は一

桁である。

3・2　Z世代の利用する政治学習メディアの特徴

　1・1でZ世代の直近の急激なテレビ離れについて述べたが、Z世代の間において テレビは政治学習メディアとしても凋落しているのだろうか。

　順位で見た場合には全体平均とそれほど大きな違いがあるわけではない（表 3・2）。Z世代にあたる18〜19歳、20〜24歳、25〜29歳の3つの年層で、 それぞれNHKは1位、2位、3位、民放テレビのニュースは2位、1位、1位 と、相対的にはポジションを維持している。政治学習に関しては、テレビは依 然として影響力の大きなメディアであるといえよう。

　ただし、利用率（表3・1）で見た場合、Z世代が利用率で全体平均を上回る のは、YouTubeの政治関連動画（Z世代19％−全体平均14％）、SNSのニュー ス（同15％−9％）、インフルエンサーのSNSへの投稿（同12％−5％）、 TikTokやニュースアプリのプッシュ通知（同9％−3％）、ネタ話題系ニュー スサイト・まとめサイト（同6％−4％）の5メディアである。インフルエンサー の投稿やプッシュ通知は、Z世代の中でも特に若い層で高い。これらは利用 者が自ら取りに行くのではなく受け身になるメディアである。政治情報に関し ては信頼性の観点から注意を要するところでもあろう。

　逆に利用率においてZ世代が全体平均を下回るメディアは、紙の新聞（Z世 代13％−全体平均32％）、報道機関のニュースサイト（同17％−28％）、NHK のニュース（同30％−49％）、民放のニュース（同39％−57％）などが目立つ。 ポータルサイトもやや下回る。

　以上のように政治学習メディアとしてのテレビ（民放、NHK）は、順位では 依然として1位2位を占めているが、利用率で見ると低下が否めない。新聞を 含めて旧来のマス・メディアの凋落が見られる。その一方で、YouTube、SNS、 インフルエンサー、プッシュ通知といったインターネット関連メディアの多様 な情報提供形式を受け入れつつあるのがZ世代の政治学習の特徴といえる。 その結果、Z世代においては旧来型マス・メディアと新規台頭のインターネッ ト関連メディアの差が小さく、政治学習メディアの多様化と平準化が進んでい るといえる。

第 4 節　政治関心度と政治学習メディア

次に政治関心度と利用する政治学習メディアとの関係について、Z 世代の特徴を探る。本調査では、政治への関心度を Q5 で関心度が「ある」「ある程度ある」「あまりない」「ない」の 4 段階で聞いているが、分布の偏りなどを考慮して分析にあたっては、「ある」＝「高関心層」、「ある程度ある」＝「中関心層」、「あまりない」＋「ない」＝「低関心層」と 3 層に分けることにした。

「高関心層」「中関心層」「低関心層」の割合は、全体では順に、22.4％（実数では 835）、45.2％（同 681）、32.4％（同 1204）。Z 世代では同様に 13.7％（同 85）、38.4％（同 238）、47.9％（同 297）である。

Z 世代政治高関心層の政治学習メディア利用の特徴および Z 世代政治低関心層の政治学習メディア利用の特徴を、それぞれ全体世代平均と比較することで浮き彫りにしたい。

4・1　Z 世代政治高関心層の政治学習メディア利用の特徴

表 3・3 は Z 世代について、政治関心度と政治学習メディアの利用率をクロスした表である。**表 3・4** は表 3・3 をもとに関心度ごとの順位（昇順）を示したものである。**表 3・5** は調査対象になった全サンプルについて政治関心度と政治学習メディア利用率をクロスした表であり、**表 3・6** は同様に関心度ごとの順位を示したものである。

図 3・7 は表 3・3 と表 3・5 をもとに政治学習メディアごとに Z 世代の政治高関心層と全対象者の中の政治高関心層とで、利用率を比較したものである。なお、メディアの並びは、全体の利用率の降順である。図 3・7 を見た時、Z 世代政治高関心層の特徴としてまず言えるのは、全体では 1 位 NHK ニュース、2 位民放ニュース、3 位紙の新聞、4 位報道機関のニュースサイトと上位を占めたメディアが Z 世代ではいずれも 20％程度ダウンすることである。そして全体では 5 位のポータルサイトのニュースが、Z 世代では利用率 42％と 2 位に浮上する。YouTube の政治関連動画も 42％（全体で 25％）と同率 2 位である。つまり、NHK ニュースとポータルサイトと YouTube が政治に関心の強い Z 世

表3・3　政治関心度（3段階）と政治学習メディア〈Z世代〉　利用率　（単位：％）

		通常の紙の新聞	報道機関のニュースサイト	NHKのニュース	民放テレビのニュース・ワイドショー・情報番組	BSやCSのニュース専門チャンネル	CNN、BBCなどのオンラインニュースサイト	Yahooなどのポータルサイトのニュース	LINEニュースなどSNSのニュース	YouTubeの政治関連動画	スマートニュースやグノシーなどのニュースアプリ	ネタ話題系ニュースサイト・まとめサイト	TikTokやニュースアプリのプッシュ通知	政治家や政党のホームページやSNSアカウント	インフルエンサーのSNSへの投稿	ポッドキャスト	ラジオやRadikoの情報	書籍	家族や知人との話	選挙期間などのポスター	その他	特になし
政治関心度（3段階）	高関心層 (85)	24	25	46	35	12	13	42	13	42	20	11	13	12	21	5	3	15	28	12	1	9
	中関心層 (238)	17	25	38	43	7	7	34	18	21	19	7	8	6	12	1	4	4	23	4	0	7
	低関心層 (297) なし	6	8	20	37	1	1	2	19	13	10	5	4	8	0	1	3	3	21	3	1	24
合計 (620)		13	17	30	39	5	5	28	15	19	12	6	9	5	12	1	3	5	23	5	0	15

注：（　）内の数値はサンプルサイズ。

表3・4　政治関心度（3段階）と政治学習メディア〈Z世代〉　順位

		通常の紙の新聞	報道機関のニュースサイト	NHKのニュース	民放テレビのニュース・ワイドショー・情報番組	BSやCSのニュース専門チャンネル	CNN、BBCなどのオンラインニュースサイト	Yahooなどのポータルサイトのニュース	LINEニュースなどSNSのニュース	YouTubeの政治関連動画	スマートニュースやグノシーなどのニュースアプリ	ネタ話題系ニュースサイト・まとめサイト	TikTokやニュースアプリのプッシュ通知	政治家や政党のホームページやSNSアカウント	インフルエンサーのSNSへの投稿	ポッドキャスト	ラジオやRadikoの情報	書籍	家族や知人との話	選挙期間などのポスター	その他	特になし
政治関心度（3段階）	高関心層 (85)	7	6	1	4	14	11	2	11	2	9	17	11	14	8	20	19	10	5	14	21	18
	中関心層 (238)	9	4	2	1	12	13	3	8	6	7	13	11	16	10	20	17	15	5	17	21	13
	低関心層 (297) なし	11	6	9	4	1	18	5	7	9	12	17	8	14	9	21	16	16	3	14	20	2
合計 (620)		9	6	2	1	16	14	5	8	5	10	13	12	18	11	20	19	14	4	16	21	7

注：（　）内の数値はサンプルサイズ。

表3・5　政治関心度（3段階）と政治学習メディア〈全体〉　利用率

(単位：％)

政治関心度（3段階）		通常の紙の新聞	報道機関のニュースサイト	NHKのニュース	民放テレビのニュース・ワイドショー・情報番組	BSやCSのニュース専門チャンネル	CNN、BBCなどのオンラインニュースサイト	Yahooなどのポータルサイトのニュース	LINEニュースなどSNSのニュース	YouTubeの政治関連動画	スマートニュースやグノシーなどのニュースアプリ	ネタ話題系ニュースサイト・まとめサイト	TikTokやニュースアプリのプッシュ通知	政治家や政党のホームページやSNSアカウント	インフルエンサーのSNSへの投稿	ポッドキャスト	ラジオやRadikoの情報	書籍	家族や知人との話	選挙期間などのポスター	その他	特になし
	高関心層 (835)	46	41	64	56	13	11	40	8	25	20	6	4	11	7	3	11	17	27	8	1	2
	中関心層 (1,681)	34	31	56	62	7	5	38	9	14	16	4	3	4	6	1	9	7	25	5	0	3
	低関心層 (1,204)	19	13	30	51	2	1	25	9	7	11	3	2	1	4	0	3	2	20	3	0	16
合計 (3,720)		32	28	49	57	7	5	34	9	14	15	4	3	5	5	1	8	8	24	5	1	7

表3・6　政治関心度（3段階）と政治学習メディア〈全体〉　順位

政治関心度（3段階）		通常の紙の新聞	報道機関のニュースサイト	NHKのニュース	民放テレビのニュース・ワイドショー・情報番組	BSやCSのニュース専門チャンネル	CNN、BBCなどのオンラインニュースサイト	Yahooなどのポータルサイトのニュース	LINEニュースなどSNSのニュース	YouTubeの政治関連動画	スマートニュースやグノシーなどのニュースアプリ	ネタ話題系ニュースサイト・まとめサイト	TikTokやニュースアプリのプッシュ通知	政治家や政党のホームページやSNSアカウント	インフルエンサーのSNSへの投稿	ポッドキャスト	ラジオやRadikoの情報	書籍	家族や知人との話	選挙期間などのポスター	その他	特になし
	高関心層 (835)	3	4	1	2	10	12	5	14	7	8	17	18	12	16	19	11	9	6	15	21	20
	中関心層 (1,681)	4	5	2	1	12	15	3	17	13	14	17	18	16	13	20	11	9	6	14	21	19
	低関心層 (1,204)	5	7	2	1	17	19	3	9	10	8	13	15	16	11	21	12	16	14	20		6
合計 (3,720)		4	5	2	1	13	16	7	14	9	8	18	19	14	20	11	10	6	17	21		12

図3・7　政治高関心層の政治学習メディア（Z世代と全体平均比較）

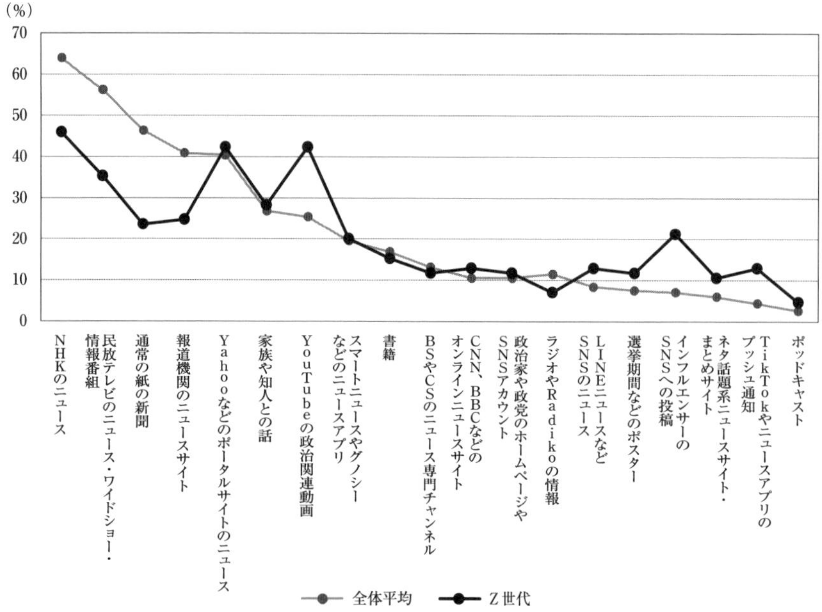

凡例: 全体平均／Z世代

代の3大情報源になるのである。全体では2位の民放ニュースは煽りを食って利用率35％で4位に転落する。YouTubeの政治関連動画には、テレビ局が提供するニュースチャンネル、政党・政治家の動画、政治思想の動画なども含まれている。民放テレビのニュースはこれらに飲み込まれつつあるのかもしれない。

　Z世代政治高関心層は、インフルエンサーのSNSへの投稿（Z世代21％－全体平均7％）も一定程度の数字を示している。この他TikTokやニュースアプリのプッシュ通知（同13％－4％）も受身で利用されるメディアである。さらに通知設定によって受け身利用となるLineニュースなどSNSのニュース（同13％－8％）、ネタ話題系ニュースサイト・まとめサイト（同11％－6％）もある。その一方で紙の新聞も24％あり、Z世代でも政治関心の高い層の間ではまだ終わっていないメディアのようだ。このようにZ世代政治高関心層の政治学習メディアは多様で群雄割拠の様相を呈している。テレビ、新聞、ポ

図3・8 政治低関心層の政治学習メディア（Z世代と全体平均比較）

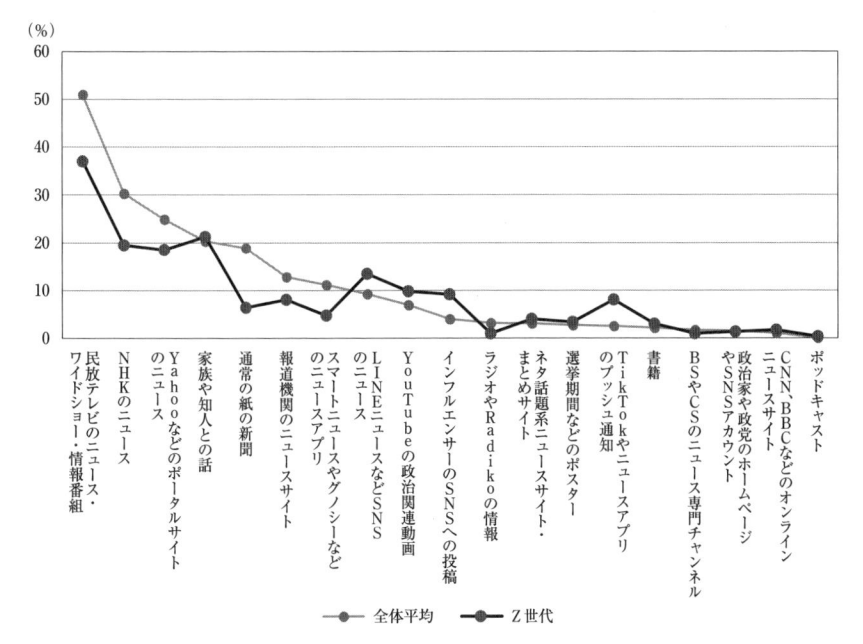

ータルサイトに情報源が集中する形の全体平均とは波形がかなり異なる。

4・2 Z世代政治低関心層の政治学習メディア利用の特徴

Z世代政治低関心層についても同様に全サンプルとの比較グラフを作成した（図3・8）。SNSニュース、YouTube、インフルエンサーの利用率が全体を上回るのはZ世代政治高関心層と同様だが、民放ニュースの利用率が他メディアを大きく引き離している。この傾向は全体平均にもいえることであるが、Z世代における政治低関心層のボリュームの大きさを考えるとZ世代政治低関心層にとって民放ニュースは非常に重要な政治学習メディアであるといえよう。

第5節 テレビの政治ニュースへの期待

そうした中でテレビの政治ニュースに期待されることは何だろう。調査の結

果は章末の単純集計表（Q18）のとおりで、情報の信頼性が82％でダントツの1位。Z世代を含めすべての年層において1位である。テレビのニュースに期待されることは情報の信頼性に尽きる。

　では、テレビへの信頼に揺らぎはないのだろうか。テレビの情報への信頼を直接聞いた質問では、全体平均で「信頼している」7％、「どちらかと言えば信頼している」59％、「どちらかと言えば信頼していない」20％、「信頼していない」12％、「テレビを視聴できる機器がない」2％であった。「どちらかと言えば」をあわせると、テレビ信頼派66％、不信派32％とダブルスコアで信頼派が多数派ではある。これをZ世代に限ると、「信頼している」10％、「どちらかといえば信頼している」48％、「どちらかといえば信頼していない」24％、「信頼していない」14％、「テレビを視聴できる機器がない」4％であり、同様に信頼派58％、不信派34％と全体平均に比べてやや信頼派が減るものの、まだ信頼している方が多数派である。幸いなことに、昨今のテレビ接触率低下はそのまま信頼低下につながっていないようだ。

　テレビに求めることの2位は「わかりやすさ」56％。かみくだいた説明はテレビの得意とするところであり、60〜79歳層を除くすべての層で2位である。ちなみに60〜79歳層の2位は「中立性」、3位は「情報の透明性」で「わかりやすさ」は4位に後退する。60代は他年代と異なって、テレビに対して硬派な要求がやや強い。

　3位は「情報源の透明性」50％。特に60代が60％と高いが、18〜34歳でも40％ある。4位は「中立性」49％、5位「早さ」32％、6位「取材に基づく詳しさ」32％、7位「不正を暴く正義」25％と続く。

　以上のとおり、順位に関しては選ばれる項目に関して年層差が少ない。ただし、数値レベルで見ると高齢層ほど高くなるものが多い。たとえば情報の信頼性は18〜19歳の69％に対して60〜79歳は90％である。「情報源の透明性」「中立性」なども同様の傾向が見られ、その他の項目の中にもこの傾向を示すものが多い。かりに数値の大きさがテレビへの期待度を示すと考えれば、高齢層ほどテレビの政治ニュースへの期待が高いということもできよう。

　そんななか、「コンパクトにまとまっていること」だけは、若年層で高い値を示す。18〜19歳から40〜44歳層までが20％超えで44歳以上層はすべて

20％を切る。かねてよりタイムパフォーマンス（時間効率）を求めるZ世代の傾向が注目されている[14]が、「時間をかけずに政治知識を効率よく取得できるニュース」「これだけ知っておけば大丈夫」というコンパクトさをテレビにも求めているのだろう。

第6節　さいごに

　本調査はインターネット調査会社の登録モニターを対象とするものであり、国内の有権者に対する代表性はない。したがって、厳密な検証にはもう一段精度を高めたサンプリング調査が必要である。しかし、ここまで述べてきたように気になる知見が散見されるので、主要なものを箇条書きしておく。

1. Z世代らしい新しいタイプのメディア行動は段階的に若年層ほど多く見られる。図3・1の「どれにも当てはまらない」という回答は若年ほど徐々に減少する。これはメディア利用に関してはZ世代の切れ目を明確に示すことは難しく、徐々に新しい行動様式が広がったことを意味すると考えられる。

2. メディアに求めることは、「世の中の出来事を正しく伝えること」が世代を超えてダントツだが、若年層ほど「面白い話題の提供」「ひまつぶしができること」「有名人の様子を伝えること」など娯楽的要素を求める傾向が高まる。

3. 政治学習（政治家や政策・政治の仕組みなどについての知識を得ること）のツールとして、依然として各年層ともテレビ（民放とNHK）の力は大きい。ただし、ポータルサイトのニュース、報道機関のニュースサイト、YouTubeの政治関連動画、ニュースアプリなどインターネット関連メディアも存在感を高めつつある。

4. Z世代に限定しても、政治学習におけるテレビの力は依然として大きく、民放ニュースとNHKニュースが1位2位を占めている。しかしながら利用率で見ると、より年配層に比べてその力は相対的には弱まってきており、一方でインターネット関連メディアの影響力の伸長が目立つ。具体的には、YouTubeの政治関連動画、インフルエンサーのSNSへの投稿、プッシュ通知からの情報取得などである。これらの中にはジャーナリズムのふるいにかからない情報に受け身で接触するケースも少なくないため、特にZ世代の政治学習においては

注意が必要である。

5.　そんな中にあって、テレビの政治ニュースに対してあらゆる年層からもっとも強く期待されるのは信頼性の高さである。ついで情報の透明性、わかりやすさ、中立性。これらも各年層に共通している。ただし、Z世代などの若年層では他層に比べて「コンパクトにまとまっていること」を重視する傾向が強い。

　今回の調査の質問数は18問であった。本章ではその中からいくつかを取り上げて分析した。その他の質問についてもいずれ報告したいが、なかには修正・見直しが必要と思われる質問もある。再度検討を加えたうえで再チャレンジしたい。

注
1)　「Z世代と『テレビ』」NHK『放送研究と調査』2023年12月、3-19頁。
2)　NHK放送文化研究所の「国民生活時間調査」によると、10歳以上の国民のテレビ視聴の行為者率は、1995年の92％から5年おきに91％（2000）、90％（2005）、89％（2010）、85％（2015）、79％（2020）と下降傾向をたどっている。
3)　NHK放送文化研究「国民生活時間調査2020」、https://www.nhk.or.jp/bunken/research/yoron/pdf/20210521_1.pdfp17参照。
4)　NetflixとAmazonPrimeVideoが日本でサービスを開始したのは、それぞれ2015年9月と2018年6月である。
5)　政治知識情報への接触に関してこのことをプライヤーは副産物的学習（By-product Learning）と呼んでいる（Prior, 2007, p. 4)。
6)　蒲島（2007）。
7)　Kobayashi and Inamasu（2015）は圧倒的な普及率を誇るポータルサイトであるYahoo!への偶発的接触が政治知識を平準化する効果を持つと指摘している。
8)　本章に何度か引用されるTBS生活DATAライブラリーの調査概要は以下のとおりである。(1) 調査対象：男女13歳〜69歳、(2) 調査地域：北海道から沖縄に至る全国の主要な都市部（一部郡部も含み、全国人口の4分の3をカバー）を母集団とする (3) 標本抽出法：全国三段抽出（エリア・サンプリング）、(4) 調査方法：訪問留置回収法、(5) 標本数：約7,400（有効標本数）、(6) 調査時期：毎年11月。
9)　米国連邦下院は2024年3月13日にTikTok（親会社は中国のバイトダンス社）の米国内での利用を禁止できる法案を可決した。
10)　鶴見は、芸術をプロが作ってプロが評価する純粋芸術（美術品、絵画など）、プロが作って一般人が楽しむ大衆芸術（映画、テレビドラマなど）、一般人が作って一般人が味わう限界芸術（茶碗、盆踊り、落書など）に3分類する独自の芸術論を展開している。デジタル通信技術の発展した今日、味わい深い限界芸術がより実現可能になるのかもしれない。
11)　消費者庁は景品表示法の改正により2023年10月1日からステルスマーケティングを規制することになった。ステルスマーケティングとは広告であるにもかかわらず一般消費者に広告であることがわからないものである。ただし、規制の対象となるのは商品・サービスを提供する事業者（広告主）

のみであり、企業から依頼を受けたインフルエンサー自身は規制の対象にならない。

12)　蒲島（2007）はソフトニュースを「娯楽志向の強いニュース」、ハードニュースを「伝統的で『きまじめ』なニュース」とざっくり区別し、（両者の）区別はあくまでも程度の問題である」と述べている。また、稲増・池田（2009）は、当時のニュース番組の内容分析を踏まえて、とくに政治的な知識の少ない層においてソフトニュースへの接触が選挙への関心を高める効果があるとポジティブに評価している。

13)　『ロイター・デジタルニュースリポート2024（日本語版）』（10頁右）に「・ニュースを目的とした各種オンラインプラットフォームの利用を見ると、回答者の10%以上が利用するプラットフォームが10年前は2つだけだったのが、現在は6つまで増えて断片化が進んでいる。YouTubeをニュースのために毎週使う人は全世界の回答者の約3分の1（31%）、WhatsAppは約5分の1（21%）。TikTok（13%）は初めて旧TwitterのX（10%）を上回った。・こうした変化に関連して、オンラインでのニュース源としての動画の重要性が、若い世代を中心に高まっている。ニュースのショート動画を毎週視聴する人は全体の3分の2（66%）で、より長い動画も約半数（51%）が利用している。ニュース動画が主に視聴されているのはオンラインプラットフォーム上（72%）で、メディア組織のウェブサイト（22%）で見る人は少なく、収益化や利用者とのつながりの点で課題が大きくなっている。」とある（NHK）。https://www.nhk.or.jp/bunken/research/oversea/pdf/20240617_1.pdf（原文 https://reutersinstitute.politics.ox.ac.uk/digital-news-report/2024）

14)　「Z世代と『テレビ』」NHK『放送研究と調査』（2023年12月、13〜14頁）に若年層のインターネット動画視聴時における「タイパ」（タイムパフォーマンス、時間効率）傾向についての説明がある。

参考文献

NHK放送文化研究所「国民生活時間調査2020」。https://www.nhk.or.jp/bunken/research/yoron/pdf/20210521_1.pdf、16頁のスライド。

稲増一憲・池田健一（2009）「多様化するテレビ報道と、有権者の選挙への関心および政治への関与との関連：選挙報道の内容分析と大規模社会調査の融合を通して」『社会心理学研究』第25巻第1号参照。

蒲島郁夫（2007）「メディアの自由に対する制約」蒲島郁夫・竹下俊郎・芹川洋一（2007）『メディアと政治』有斐閣、81〜82頁。

鶴見俊輔（1967）『限界芸術論』勁草書房。

李光鎬・渋谷明子・鈴木万希枝・李津娥・志岐裕子（2021）『メディア・オーディエンスの社会心理学』改訂版、新曜社。

Kobayashi, T., and Inamasu, K. (2015) "The knowledge leveling effect of portal sites," *Communication Research*, 42(4), pp. 482–502.

Prior, M. (2007) *Post-Broadcast Democracy: How Media Choice Increases Inequality in Political Involvement and Polarizes Elections*, Cambridge University Press.

【調査概要】

調査時期　2024 年 3 月 5 日（火）～ 7 日（木）

調査対象　全国の有権者　男女 18 ～ 79 歳

サンプル　調査会社の登録モニターを使用

有効回収サンプルサイズ　3,720

　　　　年層別内訳は、18 ～ 19 歳 86、20 ～ 24 歳 224、25 ～ 29 歳から 55 ～ 59 歳は各セルごとに 310、60 ～ 79 歳 1,240。性別は各層ごとに男性女性を均等に割り付けた。

　　　　サンプルの居住地域は 47 都道府県にまたがる

実施方法　インターネット法

【単純集計表】

Q1　普段の生活の中であなたがメディアに求めるのはどのようなことですか。以下の中からすべて選んで下さい。（いくつでも）

	複数回答	%
	全体	(3720)
1	世の中の出来事を正しく伝えてくれること	86.4
2	世の中の出来事をリアルタイムにフォローできること	42.1
3	有名人・著名人の様子を伝えてくれること	12.3
4	ひまつぶしができること	12.5
5	面白い話題を提供してくれること	30.1
6	快適な気分（楽しい気分）になれること	23.7
7	世の中の情報を友人などと共有できること	16.0
8	自分の意見を発信もしくは他者と共有できること	6.6
9	あてはまるものはない	4.8

Q2　以下の中であなたのメディア利用実態にあてはまるものをすべて選んでください。（いくつでも）

	複数回答	%
	全体	(3720)
1	テレビ番組の視聴体験を SNS で友達とリアルタイムに共有することがある	11.2
2	スマートフォンで動画を編集することがある	5.6
3	タレントや芸人の YouTube チャンネルを見ることがある	28.4
4	スマートフォンをみながらテレビでゲームをしたりすることがある	11.4
5	ライブ配信プラットフォームでゲーム実況や生放送を見ることがある	8.9

6	アニメ・漫画・ゲームなどのオンラインコミュニティに参加している	3.6
7	信頼できるネット上のインフルエンサーがいる	7.3
8	一般のユーザーが作った動画でも面白いものがあると思う	30.3
9	15秒や1分程度の動画やクリップは見やすいと思う	25.3
10	これまでの放送よりもNetflixやアマゾンプライムビデオなどのストリーミングサービスを見るほうが好きだ	15.9
11	あてはまるものはない	36.2

Q3　あなたにとってテレビ（TVerを含む）は、情報を得るための手段ですか、それとも楽しみを得るための手段ですか。（1つだけ選択）

	単一回答	%
	全体	(3720)
1	情報を得るための手段	26.6
2	どちらかといえば情報を得るための手段	29.2
3	どちらかといえば楽しみを得るための手段	25.7
4	楽しみを得るための手段	14.8
5	テレビを視聴できる機器を持っていない	3.6

Q4　あなたはテレビの情報を信頼していますか、信頼していませんか。（一つだけ選択）

	単一回答	%
	全体	(3720)
1	信頼している	6.8
2	どちらかといえば信頼している	59.1
3	どちらかといえば信頼していない	19.7
4	信頼していない	12.2
5	テレビを視聴できる機器を持っていない	2.3

Q5　あなたは政治に関心がありますか。（一つだけ選択）

	単一回答	%
	全体	(3720)
1	ある	22.4
2	ある程度ある	45.2
3	あまりない	22.5
4	ない	9.9

Q6　あなたが関心を持っている政治争点は何ですか。（いくつでも）

	複数回答	%
	全体	(3720)
1	景気・雇用	65.9
2	年金・社会保障	32.1
3	税金	38.9
4	教育・子育て	64.0
5	外交・安全保障	65.1
6	環境問題	34.1
7	医療	41.7
8	女性の活躍・差別問題	17.8
9	犯罪・防犯	31.0
10	憲法改正	22.9
11	原発政策	23.9
12	沖縄基地問題	13.9
13	あてはまるものはない	6.0

Q7　あなたは日本の政治はこのままでよいと思いますか、それとも変わった方がよいと思いますか。

	単一回答	%
	全体	(3720)
1	変わった方がよい	84.6
2	とくに変わる必要はない	6.0
3	わからない	9.4

Q8　あなたは、国の政治は政策に詳しい政治家に任せる方がよいと思いますか、それともみんなで話し合って決める方がよいと思いますか。

	単一回答	%
	全体	(3720)
1	任せた方がよい	6.7
2	どちらかといえば任せた方がよい	26.3
3	どちらかといえば話し合って決めた方がよい	40.1
4	話し合って決めた方がよい	27.0

Q9　私たち一般国民の意見や希望は、国の政治にどの程度反映していると思いますか。

	単一回答	%
	全体	(3720)
1	かなり反映している	0.8
2	ある程度反映している	10.9
3	あまり反映していない	47.6
4	まったく反映していない	40.6

Q10　国政選挙のときに私たち一般国民が投票することは、国の政治にどの程度影響すると思いますか。

	単一回答	%
	全体	(3720)
1	非常に影響すると思う	21.7
2	ある程度影響すると思う	43.7
3	あまり影響しないと思う	26.2
4	まったく影響しないと思う	8.5

Q11　近い将来日本は戦争に巻き込まれる可能性があると思いますか、それともないと思いますか。

	単一回答	%
	全体	(3720)
1	ある	16.3
2	ある程度ある	52.7
3	あまりない	25.2
4	ない	5.9

Q12　あなたが政治家や政策・政治の仕組みなどについての知識を得るのは以下のどのメディアからですか。すべて教えてください。（いくつでも）

	複数回答	%
	全体	(3720)
1	通常の紙の新聞	31.9
2	新聞社など報道機関のニュースサイト	27.5
3	NHK のニュース	49.3
4	民放テレビのニュース・ワイドショー・情報番組	56.9
5	BS や CS のニュース専門チャンネル	6.6
6	CNN、BBC などのオンラインニュースサイト	4.8

7	Yahoo などのポータルサイトが提供するニュース配信サービス	34.1
8	LINE ニュースなどの SNS 運営企業の配信サービス	8.9
9	YouTube の政治関連動画	14.3
10	スマートニュースやグノシーなどニュースアプリ	15.4
11	ネタ話題系ニュースサイト・まとめサイト	4.0
12	Tiktok やニュースアプリのプッシュ通知	3.2
13	政治家や政党のホームページや SNS アカウント	4.8
14	インフルエンサーの SNS への投稿	5.5
15	ポッドキャスト	1.0
16	ラジオやラジコの情報	7.8
17	書籍	7.8
18	家族や知人との話	23.7
19	選挙期間などのポスター	4.7
20	その他【　　　】	0.5
21	特になし	7.0

Q13　では、あなたが政治家の発言や政党からのメッセージ（政策、公約について）を知ることがあるのは、以下のどのメディアからですか。すべて教えてください。（いくつでも）

	複数回答	%
	全体	(3720)
1	通常の紙の新聞	30.2
2	新聞社など報道機関のニュースサイト	24.1
3	NHK のニュース	45.7
4	民放テレビのニュース・ワイドショー・情報番組	51.0
5	BS や CS のニュース専門チャンネル	5.3
6	CNN、BBC などのオンラインニュースサイト	3.2
7	Yahoo などのポータルサイトが提供するニュース配信サービス	23.8
8	LINE ニュースなどの SNS 運営企業の配信サービス	5.8
9	YouTube の政治関連動画	11.5
10	スマートニュースやグノシーなどニュースアプリ	9.9
11	ネタ話題系ニュースサイト・まとめサイト	3.1
12	Tiktok やニュースアプリのプッシュ通知	2.7
13	政治家や政党のホームページや SNS アカウント	7.9

14	インフルエンサーのSNSへの投稿	3.9
15	ポッドキャスト	0.8
16	ラジオやラジコの情報	5.2
17	書籍	3.8
18	家族や知人との話	14.2
19	選挙期間などのポスター	11.1
20	その他【　　】	1.0
21	特になし	11.9

Q14　テレビ、スマートフォンでのふだんのニュースの見方についてあなたにもっとも近いのはどれですか。

	単一回答	%
	全体	(3720)
1	自宅のテレビやパソコンで見ることが多い	60.3
2	自宅でスマートフォンなどで見ることが多い	26.8
3	外出時にスマートフォンなどで見ることが多い	8.3
4	テレビやスマートフォンでニュースをみることはない	4.4
5	その他【　　】	0.2

Q15　政治のニュースや情報のコメント内容に関してあなたが信頼している人は誰ですか。すべて選んでください。（いくつでも）

	複数回答	%
	全体	(3720)
1	放送局の有名アナウンサー	15.8
2	テレビ局の取材記者	18.9
3	フリーの有名なジャーナリスト	16.5
4	ネット上の有名人・インフルエンサー	7.0
5	評論家	14.0
6	専門の学者・研究者	23.0
7	その他【　　】	0.7
8	特になし	50.2

Q16　政治や政治家に関して SNS などネット上の情報がテレビの情報よりも正確であることはどの程度あることだと思いますか。

	単一回答	％
	全体	(3720)
1	よくある	10.7
2	たまにある	30.6
3	あまりない	28.8
4	ほとんどない	12.7
5	わからない	17.2

Q17　あなたには、ネット上に信奉するインフルエンサーがいますか。いる場合、テレビのニュースと異なる見解を述べた際に、インフルエンサーを信じますか、それともテレビニュースを信じますか。

	単一回答	％
	全体	(3720)
1	テレビニュースを信じる	27.6
2	インフルエンサーを信じる	7.2
3	信奉しているインフルエンサーはいない	65.2

Q18　あなたがテレビ局の政治ニュースに求めるのはどのようなことですか。いくつでも選んでください。（いくつでも）

	複数回答	％
	全体	(3720)
1	早さ	32.4
2	情報の信頼性	81.5
3	情報源の透明性	50.4
4	わかりやすさ	55.5
5	コンパクトにまとまっていること	19.5
6	取材力にもとづく詳しさ	31.9
7	独自の取材映像	11.2
8	偏らない中立性	48.7
9	テレビ局自身の意見や考えがあること	8.2
10	情報の多様さ	17.4
11	政治家や大企業の不正を暴く正義	25.1
12	ネットワークにもとづく専門家の出演	5.9

| 13 | その他 【　　　】 | 0.6 |
| 14 | 特になし | 5.9 |

Ⅱ　DX 時代の報道・制作

第4章
成熟したデジタル時代における映像ニュース・コンテンツの規範のための課題整理

奥村信幸・宍戸常寿

第1節　問題意識と調査結果の概要：リスクの認識とメディアの現状

1・1　はじめに

　振り返れば 2022 年はテレビなど映像を扱うメディアにとって、重要な問題を意識する出来事が相次いだ年であった。3月にウクライナ・ブチャの住民虐殺、7月には安倍晋三元首相の銃撃事件が発生した。

　どちらも「グラフィックな（刺激的な暴力や残虐行為、あるいは性描写などがある）映像や画像」が問題となった。地上波だけでなく、ニュースのサブスタンス（伝えなければならない本質）を伝えるために、どのシーンをどこまで、そのまま使用するか、あるいはモザイクをかけたり、映像じたいの使用を止めたりするかなどの判断を、リアルタイムで行い、地上波や衛星放送だけでなく、ネット上にも発信していかなければならないという、放送局が直面する今後の大きな課題が明らかになったからである。

　「大きな課題」と記したのは、この研究プロジェクトによるヒアリングで、映像や画像を選別する基準、手続き、プロセスを視聴者と共有し信頼を確保する仕組みなどについて、各社の備えには大きな開きがあり、視聴者が安心して視聴できる統一した最低限の基準づくりの議論なども、業界内でほとんどなされていないことがわかったからである。

　インターネット全盛の時代に映像や画像のアウトプットは放送だけではなく

なった。「24/7（24 時間、週 7 日）」という絶え間ないニュースのサイクルによって、判断のために考える時間の余裕は、ますます短くなり、いったんデジタル空間に発信したものは半永久的に残ってしまう。リスクを回避する意味でも何か共通の指針（あるいは目安）は必要であり、各局やニュースネットワークにも、詳細な独自の判断基準も必要となろう。放送業界には視聴者の信頼や期待という「大きな財産」もある。有益な映像の使い方についてのモデルを一般の人に示す責任もあるのではないか。

　本章は、これから業界全体で議論を深めていく必要がある、特に「グラフィックな」映像や画像を、どのような基準で使用したり控えたりするのか、あるいは加工を施すべきなのかを考察する。さらに、判断のガイドラインは業界内で共通のものがあるべきか、それとも各メディアが独自考えればいいものか、組織内の手続きや責任の所在はいかにあるべきか、視聴者やユーザーにいかに理解を得て、ニュースメディアの信頼を守るかという、業界が今後考えていくための論点整理として、この研究を位置づけたい。

　この研究は東京大学大学院法学政治研究科の宍戸常寿教授と共同で行ったものである。論文は、第 1 節を奥村が担当し、問題意識とヒアリング結果の要約、その結果浮かび上がった課題について議論する。第 2 節は宍戸教授が担当し、映像コンテンツ業界がそのような課題を抱える背景の分析や、今後の議論の枠組みなどについて整理する。

1・2　何を議論するのか：問題の所在

(1)　デジタル時代に起きた安倍氏銃撃事件の問題とは

　この研究では「グラフィックな」映像や画像の扱い方について考える。素材のままでは発信が難しいコンテンツに関しての判断を、ニュースに対応した短い時間で下さなければならない。出来事の内容が視聴者にもわかりやすいもので、同時に品位が保たれていていなければならない。判断の基準が一貫していて、視聴者にとって信頼がおけるものでなくてはならないという、複数の条件をクリアしていることが必要になる難しいものだ。

　冒頭で触れた安倍元首相の銃撃事件でニュースメディアは、本人の生死が判明しない状況の中で、搬送される本人の容態についての速報を伝え、混乱が収

まらない中で銃撃現場の様子について伝えなければならなかった。

　当時は第26回参議院議員選挙の選挙戦の真っ最中であったので、新聞社の写真のカメラマンや、スマホをもった記者も含め、安倍氏が屋根の上に立って演説していた宣伝車を取り囲むように取材・撮影を行っていた。そこに背後から、警備の隙を突くような形で山上徹也被告が近寄り、2発の銃弾を発射した。

　直後から、ニュース速報を送るための基本情報の検証とともに、テレビやネットニュースの現場では、写真や映像素材の入手と、入手したその素材を報道に使用してよいかどうかの判断を短時間で行うことを迫られた。特に写真や映像に関して言えば、自社のカメラパーソンが撮影したものだけでなく、大量の、そして真偽のほどが定かではない「X（旧Twitter）」などのソーシャルメディアの投稿もチェックし、拾わなくてはならなかった。そして、その素材は「フェイク」ではなく本物か、写り込んでいる人の肖像権やプライバシー侵害のリスクをどのように回避するか、著作権などの法的条件をクリアしているかなどのチェックも必要だった。そして何よりも、その時に生死の確認ができていなかった安倍氏の表情が視認できる映像や画像をどこまで使用するかなどのデリケートなニュアンスも踏まえ、ぎりぎりの判断を迫られた局面であった。

(2) ソーシャルメディア上の情報収集能力の重要性

　本論は映像などビジュアル素材の使用の可否についての判断基準や、組織内での手順などが、どの程度整えられているかに注目して議論していくが、その前提として、使用できる可能性があるビジュアル素材が収集できており、物理的に放送やネット発信に使用できるような形に準備されているかどうか、ということが問われる。すなわち、「X」やインスタグラム、TikTokなどのソーシャルメディア上で飛び交っている映像や写真を「発見し」、「真偽を検証し」、「当該のニュースに関係のあるものだと確認し」、「撮影者を特定し連絡を取ってニュースに使用の許諾を得る（あるいは使用条件を定める）」という一連の手続きをスピーディに処理する能力があるかどうかが問われるということだ。

　ソーシャルメディアを常時監視して、事件などを察知したり、一般のユーザーが撮影した現場の映像や写真を見つけたりするような業務を担うニュースメディア内の部署としては、NHKのSoLT（ソルト：「ソーシャル・リスニング・

チーム」の略）が有名だが、民放には、在京キー局と言えども、一定数の学生アルバイトらを動員し、専従職員がそれを統括するような大規模な仕組みは未だ整備されていない。社会部などの内勤の記者が数名でウォッチをしたり、Spectee（スペクティー）などのソーシャルメディア情報のキュレーション・システムに依存するのが精一杯というのが現状と言えよう。

　民放系列がそれぞれ、NHK の SoLT 並みのソーシャルメディア・ウォッチ機能に投資するのは非現実的ではあるが、何らかの実力アップを図らなければ、ネット・スマホ時代のニュース速報には対応できなくなる。ソーシャルメディアの情報を拾い上げる作業は、差別化がしにくい領域でもあるから、その機能はシェアする仕組みをつくり、系列の垣根を超えて連携するとか[1]、将来には広汎で確実な AI を使ったシステムの実装を目指すとか、何らかの戦略的な方策を選択することが、喫緊の課題となっている。

(3)　準拠する基準整備の決定的な遅れ

　放送局だけでなく新聞社も含めた日本の伝統的なニュースメディアは、独自の倫理規定やニュース取材ルールなどを持っているが、ごく一部しか読者や視聴者に公開していない[2]。ここでは公開されている NHK の「放送ガイドライン（2020 改訂版、インターネットガイドライン統合版）」[3]、日本民間放送連盟（民放連）の「放送基準」[4]、民放で唯一、詳細な「報道倫理」をウェブサイトで公開しているテレビ東京の規定[5]の内容を整理し、問題が起きそうな映像や写真の使用について、どのようなルールが定められているのか整理する。

　上記 3 つの規定の中に「映像や画像に関する規定」として独立した章などにまとめられているものはない。民放連「放送基準」では、「第 8 章・表現上の配慮」の項目の中に、「(47) 不快な感じを与えるような下品、卑わいな表現は避ける」、「(54) 残虐、悲惨、虐待などの情景を表現する時は、視聴者に嫌悪感を与えないようにする」など、場面設定や出演者のセリフやコメントなどの音声とセットで、映像にも規定が及ぶ項目が散見されるものが多い。これは筆者の個人的な見解だが、おそらくこのようなバラバラの規定が、「虫食い状」に定められているのは、デジタル以前のテレビ業界は映像のインパクトを、そこまで心配する必要がなかったため、まとまった形でのルール作りが遅れてい

たところに、その後急速に映像や画像のデジタル化が進んでしまったという状況を反映しているものではないかと思われる。番組の「出しどころ」が放送だけでなく、ネット上にも拡大し、さらに映像の一部、あるいはスクショのような画像がソーシャルメディアのポストに貼り付けられ、リツイート（リポスト）されたりしても、画質が劣化せずに拡散するような事態に、発信元の現場で実践のルール作りが後手に回っているという深刻な事態に他ならない。

　上記 3 つの規定は、対象となる番組の範囲が微妙に違っていたり（NHK と民放連は「放送番組全般」に当てはまるルールであり、テレビ東京は「報道倫理（のガイドライン）」である）、ネット上の発信を想定してどこまで具体的な規定を盛り込んだかについては差が見られる。民放連のものは、全国の放送局すべてに通用する汎用性の高いものが求められることを反映してか、伝統的な放送の枠組みを背景にした項目立てをしており、暴力、犯罪、性的な表現といった枠組みの中に、映像の使用に適用できる項目が存在する。しかし、その運用には、誰か責任者の具体的な解釈と判断が必要となるが、その方法については各社に委ねられているという構造になっている。

　テレビ東京の報道倫理は 2014 年の改訂以来何もなされていないため、インターネット上のデジタル発信にダイレクトに適用されるような項目は見当たらない。テレビの報道を意識して、例えば〈モザイクの乱用は避ける〉、過度なインタビューの編集で発言者のニュアンスが誤解される恐れに注意するとか、〈プライバシーや肖像権の尊重〉など、特に映像の扱いが問われる具体的な項目が散見される。しかし、それらの項目内の記述の多くは、注意するポイントを列挙するにとどまっており、「乱用を避ける」、「工夫する」、「慎重に取り扱う」など、運用に関しての具体的な言及はなく、テレビ東京の社内組織の構造を反映した実践的な規定にはなっていない。

　NHK の「放送ガイドライン 2020」は、サブタイトルに「インターネットガイドライン統合版」とも記されているとおり、放送だけでなくインターネット、スマホのコンテンツという新しいビジネスの形態を、ある程度カバーしている。第 3 章には「インターネットでの情報発信」という項目があるが、2020 年度版では倫理規定や放送の際のルールというよりは、どのような発信の種類があり、放送法上、ネット上のいかなる発信がどのような業務に位置づけられるか

などの情報が内容の大部分を占めている。

　しかし、映像の撮影、入手の方法などについては、報道の取材現場に即した具体的な項目も存在する。第 5 章の「取材・制作の基本ルール」では、企画段階での取材先との関係構築から、OA やネット発信後の情報や素材の管理態勢までのプロセス全体を議論しているが、例えばその中には、誰かの家の中や、病院内など高度なプライバシーの尊重が必要な場所では個人ひとりひとりの承認が必要など、注意喚起の項目も存在する。特筆すべきは以下のような項目である。

●取材相手の承諾がなくても、次のような場合には、所属の部長の許可のもとに撮影や録音を行う場合がある。
　・取材相手の承諾なしの撮影・録音以外に反社会的な行為を取材できず、かつ、これを放送することが公共の利益に照らして必要なとき。
　・事件などの取材で、その時点では撮影や録音について取材相手の承諾を得ることが難しいと判断し、かつ、その後の事件の進展などによって条件が整った段階で、これを放送することが公共の利益にかなうと判断したとき[6]。

　なぜ特筆に値するかというと、ある特定の判断を行う際の責任の所在が明確に規定されているからである。ここでは「所属の部長」が責任をもって、「その時に撮影や録音を行わなければ『反社会的な行為を取材できない』かどうか」などの原則に照らして判断するという手順が明記されている。

(4)「責任者は誰か」明記する意味

　新聞・放送という日本の伝統的なメディアには、これまでニュースやそれ以外のコンテンツの発信に際して、倫理規定などを公開し、読者や視聴者の信頼を得るという取り組みが希薄であった。大手メディアのウェブサイトなどを見ても、倫理規定などは発見しにくい場所にあり、内容も「表現の自由を守る」[7]など、単なる努力目標の羅列や、達成できているかどうか客観的な検証ができない項目が散見されるのが現状である。

　「メディア不信」などという言葉を日常、目にすることが常態化してしまった現在、日本のニュースメディアは今後、早急に倫理規定や取材ルールを改訂し、「読者や視聴者と、新たに約束をし直す」手続きを進めなければ、信頼の回復は実現できないと思われる。その際にモデルとなり得るのが、イギリスのBBC やアメリカのニューヨークタイムズなどの規定である。

　BBC の編集ガイドライン（Editorial Guideline）[8]では第 1 章（Section 1）の全文の直後に、「1.2 私たちが掲げる番組編集上の価値（Our Editorial Values、訳は筆者）」という項目が設けられ、BBC の放送により達成すべき価値や理念が整理され、そのあとの章では、「正確さ」、「取材協力者に対する公平な扱い」、「政治取材」などのニュースのカテゴリー、「利益相反」などの約 20 にわたる項目について、いかに信頼を保つかという手続きが列挙されている。その特徴としては、「規定の適用を受ける人は誰で（何か特定の出来事の取材に取り組む記者だけでなく、エンタメ番組に出演する俳優やタレントなども明記されている）」、「その人が誰に対して、どのような行動や手続きをすることが義務づけられているか」、そして「報告を受けた直属の部長や番組プロデューサー、ニュースの編集責任者などが、いかなる価値を実現するために、どのようなルールに照らして判断するか」が明記されている。対象となる人、責任者、手続きの内容が明示されることで、仮にニュースや番組の内容に異議申し立てがあれば、一定の基準を満たせば、一般の市民でも判断のプロセスを再現して検証することを可能にするシステムである。

　ニューヨークタイムズは「倫理的なジャーナリズム：ニュースとオピニオン部門向けの価値と実践についてのハンドブック（Ethical Journalism: A Handbook of Values and Practices for the News and Opinion Departments、訳は筆者）」[9]という規定を公開している。冒頭に「私たちの読者に対する義務（Our Duty to our Readers、訳は筆者）」という項目があり、「すべての読者を公正公平に扱う」「印刷した新聞であろうとオンラインのニュースであろうと、その時に入手できる最善の真実を完全で、飾りない形で提供する」との決意が述べられた後、BBCと同様に特定の手続きを必要とする項目が並んでいる。利益相反（Conflict of Interest）を避けるための手続きだけで、50 近いパターンが列記されているなど非常に細分化されて緻密である。日本の大手メディアでは筆者が確認した限

りではテレビ東京しか報道倫理規定に明記していない「記者の株取引の禁止」
も、正面から「禁止」と明記されており、さらに例外的に親の株式を相続した
場合とか、親類の会社の株を所有しなければならないなどの場合に、社内の誰
に対して報告義務があり、当該の記者が問題の会社が関わる報道の取材に加わ
っても差し支えがないかどうか判断するなど、後から責任の所在を含め、検証
が可能となるように具体的な手続きが示されている[10]。

(5) これからのメディアの倫理規定のあり方

　映像や写真に限らず、読者や視聴者が、不快感や恐怖心を抱かずに読んだり
視聴することができ、また、内容が正確で、ウソやねつ造、圧力を受けて改ざ
んされたものではないと信頼できるコンテンツを制作するための倫理規定、あ
るいは取材のガイドラインの枠組みは、BBC やニューヨークタイムズのよう
な形式や構造をとるのが、読者や視聴者の信頼を得るためには最も合理的であ
る。すなわち、メディアが目指す価値、ミッション・ステートメントを最初に
述べ、それを実現するために特別な手続きや説明が必要となりうる状況を列挙
し、それぞれにどのような対応をとるのか具体的に読者や視聴者に対して約束
するという形だ。ウェブサイトなどに掲載して、誰でもいつでも参照できるよ
うにしておく必要もある。

　しかし、いくら状況を列挙し、尊重しなければならない価値や準拠するルー
ルを示したとしても、現実はもっと複雑であり、ルールに記した通りにはなら
ないことが多い。次善の策として、判断を下す「責任者」を指定し、その役職
者が、何か問題が起きた際はメディアを代表して説明責任を果たし、事後の検
証が発生すれば誠実に応えるような態勢を整えるという「二段構え」を取らな
ければ、信頼の獲得には十分な態勢とは言えないだろう。

　今後、安倍氏の銃撃事件のような、記者からの取材情報だけでなく、映像や
画像もさまざまなソーシャルメディアから大量に流入してくる状況が発生し、
その中には重複したものや、間違ったもの（まったく違う状況で撮影されたも
のや、将来は生成 AI などを使ったまったくのねつ造などの可能性にも目配り
をしなければならないだろう）まで紛れ込んでいる中で、果たして、「責任者」
に指名された人が、大量の判断を短時間で正確に実行することができるかどう

か。上記の倫理規定で定めたようなオペレーションが現実的に可能かどうか、あらかじめシミュレーションなどを行って確認しておく必要もあるだろう。しかも、この事件は奈良という東京キー局の担当地域ではない場所で発生したものであった。ローカル局のキャパシティのアセスメントや連絡態勢、フェイク映像などの判定能力のような大きな投資を伴うリソースを、ネットワークがどのように備えるか、あるいは、どこまで共有するかなど、災害報道の備えのように、総合的な運用を視野に入れた態勢づくりが必要になるに違いない。

(6)「暗黙の了解」をどこまで明文化すべきか

これまで「暗黙の了解」として一定のルールが共有されてきたものがある。例えば死体や遺体が写り込んだものは極力使用を避ける（研究チームがこの件で公式、非公式のヒアリングを行った約30人の中には「絶対に使わない」と言う人も数人いた）ということなどがそれに当たる。2011年の東日本大震災の津波で大打撃を受けた被災地の報道の中で、欧米のメディアには津波で亡くなった人の遺体が多数写り込んだ写真や映像もかなり使われていたのに対し、日本のメディアの映像や写真にはほとんど写り込んだものがなかった程の徹底ぶりであったことは記憶に新しい。

前述の民放連やテレビ東京の規定には明文化した規定は存在しないが、NHKの「放送ガイドライン2020」には以下のような記述がある。

●事件や事故、災害などでは、死者の尊厳や遺族の心情を傷つける遺体の映像は、原則として使用しない。(11章⑥映像)[11]

しかし、この原則は将来どこまで遵守されるべきかは議論の余地がありそうである。一つ目の理由は、メディアの消費者は特にネット上のコンテンツに触れることにより、かなり露骨な刺激に慣れてしまっており、テレビだけが控え目な原則を遵守し続けることが、どれだけ合理的か疑問が発生するかもしれないということだ。事実ネット上では、残虐や悲惨な映像や画像がやりとりされてきた。特に「X」やインスタグラム、テレグラム（ロシアのソーシャルメディア）では、過去にはISIS（イスラム国）による人質の斬首行為などの残酷な

映像、ここ 2 年ほどでも、ウクライナ戦争やイスラエル軍のガザ地方の攻撃などでの激しい戦闘、悲惨な被害の現場のシーンであふれている。

　また、東日本大震災の時も、現地のよりリアルな被害状況を理解したいユーザーの中には積極的に海外のメディアの報道を探し回って、遺体の収容や処理が追いついていなかった状況を「オブラートにくるまずに伝えられている」ものを求める声も存在した。

　もう一つの理由は、遺体を映像で伝えることの社会的な意味についての考え方に変化の兆しがあるのではないかということである。前述の NHK の規定には「死者の尊厳や遺族の心情を傷つける遺体の映像」という表現があるが、価値観が激しく変化している現在でも、果たしてそれが適切と言い切れるのかということだ。例えばアメリカで頻発する銃の乱射事件の被害者の顔写真や実名を報道機関が公表することに、遺族がほとんど反対しないのは、銃撃事件の検証そのものが、銃規制の是非というアメリカの大きな社会的な課題に関しての議論の一部となるという、犠牲者になると自動的に「社会的な責任」が発生し、それを受け入れなければならないという、遺族の決意が背景にあると考えられるからだ。望むか望まないかにかかわらず、いったん事件に巻き込まれたのならば、覚悟を決めるという態度である。犠牲者の生前の画像や映像と、現場の遺体の状況では、事件が発生した状況や、その事件が内包する社会的な意味など別の要素が大きく影響するため、同一には論じられないにしても、その出来事が起きた状況を、包み隠さず正確に伝えるという「社会的な使命」の方が、プライバシーや「そっとしておいてあげた方が良い」という伝統的な配慮に勝るという判断も今後はありうるかもしれない。

　ウクライナ戦争で 2022 年 3 月に起きたキーウ郊外ブチャでのロシア軍によるウクライナ住民の虐殺行為は、ベリングキャットというデジタル解析などを行う国際組織の働きでロシア軍側の主張の矛盾が明らかにされ[12]、ニューヨークタイムズのビジュアル調査報道チームの詳細な画像分析[13]などが続き、白日の下にさらされた。この事実を日本のメディアも積極的に報道で取り上げたが、調査の結果、一部のニュース制作過程では、殺害の残虐さ、そして現場をそのまま放置した無責任さ、そして家族や街の人の無念さなどを強調するために、死体や遺体の映像の扱いのルールを緩和し、全面モザイクを採用しなかったな

どの対応が複数見られた。その結果、自転車に乗ったまま銃撃されて絶命したと見られる人の倒れた状況や、不自然に折れ曲がったままになっていた遺体などの強いリアリティが認識可能となった。

　筆者はすべての死体・遺体映像などをモザイクなどを排して、むき出しに発信することを良しとするようなラジカルな考え方に合意するものではない。しかし、「戦争犯罪が発生したことについて、現実的な認識を共有する」などの強い公共性が確認され、『遺体の顔は映さないが、身体はモザイクをかけないで、ありのままを伝える』など一定の条件に合理性が見出された場合には、これまでの「全部隠す」対応よりは、一歩踏み込んだ表現を選択する可能性も、積極的に検討する必要があるのではないかと考える。合理的な検討の機会を保証するための規定が整備されておく必要がある。

　そのために、「遺体は全く写してはダメ」という旧来の原則に対する「緩和策」がいかなる条件なら許容され、その際の「緩和」というのは、かなり強くかけられていたモザイクをどこまで外すのか、どこまでぼやけた映像をクリアに戻すのが、ニュースのリアリティを高め、かつ視聴者に不快感を催さない範囲に収まるのかなど、技術的な処理、認識の心理的な分析も含めて包括的な議論が必要となろう。しかし、個別の項目に関する深い議論は他の機会に譲り、本節では遺体や死体の表現方法に関するスタンダードや価値観が変動しつつある「兆し」の指摘にとどめたい。

(7) イレギュラーな判断の「ルーチン化」

　テレビや映画だけでなく、YouTube やインスタグラムなどネット上に UGC も含めた映像や画像が大量にあふれ、VR や 360 度カメラなどのテクノロジーが急激に進化し、さらに生成 AI などにより実際には存在しないものまでが流通を始めた現在、ビジュアルな表現に関する「常識」が大きく揺らいでいると思われる。制作する側も、微妙な変化を認識し従来の基準を改め、現代の「知る権利」に応えたり、より違和感のない表現手法に挑戦したりする柔軟な対応が必要になるだろう。

　そうすると、これからの映像や画像の使用基準に関しては、特別な判断を要する場合の手続き、すなわち特に誰を最終判断の責任者とし、どのように判断

をあおぎ、組織内に共有し、将来のために「前例」として記録しておくか、などの一連の作業が組み込まれ、組織として、そのような需要があることを汲み上げ、課題として認識できるような仕組みの整備が望まれる。そうでないと、直属の上司に「どうしてそのようなルールの変更を望むのか」などと厳しく問われ説得に時間がかかって判断が遅れたり、幹部職員の間で判断がたらい回しにされて制作が滞るなど、制作のリソースが浪費されてしまう恐れがある。

(8)　ローカル局との連携の必要

　安倍氏の銃撃事件は奈良市内で発生した。民放であれば映像はまず、奈良を取材エリアにしている大阪の準キー局に入り、それが在京のキー局に送られるという手順になる。全国ニュースとして、どの映像を使用し、それを控えるかという判断は在京キー局が行う。放送時間の大部分は全国ネットが占めるが、NHK を含め、テレビのニュース番組は、放送時間の一定の時間枠をローカル局が受け持ち、地元のニュースを発信する枠として設定されている。民放のニュースネットワークは NHK のような一つの組織ではなく、地方ごとに別々の会社が協定を結び、ニュースの仕事を分担する形で成立している。そうすると、少なくとも形式的には編集権は別個に存在し、どのようなニュースを選択するか、伝え方だけでなく、どのような映像を使用できると判断するかの線引きも各局に委ねられることになる[14]。

　平常時であれば、キー局の判断に従い、ニュースネットワーク内での整合性を優先することに、ほとんど異論は出ないとは思われる。しかし、例えば地元で非常に影響力のある政治家が襲われた場合に、「関心の高さを考慮して、生死不明であっても、顔の表情が明確にわかる映像を使用した方がいいのではないか」というような、特別の配慮を求める事態が起きるという想定を、あらかじめしておくような備えは、けっこう重要な課題ではないのか。特に大災害など地域社会の安全や安心にも関わる深刻な事態であれば、全国ニュースとの「温度差」が大きくなるケースは容易に想定しうる。

　異なる放送局間の編集判断を調整する手順や、中心となる責任者が取材ルールなどに明記することや、そのような事態を想定しての「頭の体操」あるいはシミュレーションを行っておくことは、最低限必要なことになるのではないか。

そうでないと、ネットワーク内での判断の一貫性が担当者の属人的な注意力に全面的に依存することになってしまう。視聴者やユーザーにとって「わかりにくい」発信になったしまったり、異議申し立てに対し、合理的な説明ができないという事態を生みかねず、報道不信の原因にもなりかねないリスク要因となる。

(9)「共通の基準」は必要か

　放送業界が今後、グラフィックな映像や画像の使用について、人々の感覚を反映しながら規範を変化させていかなければならないとすると、例えば民放連の放送基準などの中に大原則や基本理念を記し、業界全体で共有するような形も合理的に見える。それは決して多様性を妨げるものではない。各局、各系列は、その原則に照らして、映像などを使用しても視聴者がショックを受けたりなど過度の刺激を受けず、必要な情報を届ける積極的な目的を果たしうるか、独自の判断を可能にする余地が確保されていれば問題はないはずだ。

　前例もある。1997 年に NHK と一部の民放局で、いわゆる「パカパカ」と言われる強い光の点滅などによる表現手法により、子どもたちの健康被害を誘発するというトラブルが発生した。その経験から民放連放送基準では、「8 章表現上の配慮」の（61）に「細かく点滅する映像や急激に変化する映像手法などについては、視聴者の身体への影響に十分、配慮する」という項目が加わっている[15]。NHK 放送ガイドライン 2020 にも「6 章③映像表現」の項目に「光点滅」という言葉が明記されており、点滅の頻度も「1 秒間に 3 回を超える使用を避け」とか、「『鮮やかな赤』の点滅は特に慎重に扱う」などの客観的なラインも明記されている[16]。

　このような共通化にはいくつかのメリットも考えられる。まずコストの削減である。映像に関する視聴者の意識や期待感が変化しているのであれば、それを反映するための調査や分析など膨大なリソースが必要となるからである。視聴者にアンケート調査やインタビューを行いデータを分析、それらをもとに担当者らがルールの変更などを話し合うような手順を踏むとすると、準備や分析にかかる労力、時間、金銭的な負担などを分担し合えるならば、慢性の人手不足と経営の維持に悩むメディアにとっても好都合ではないかと思われる。

　ふたつめは、共通のルールによって、視聴者やユーザーから見た「わかりやすさ」が増すのではないかと思われることだ。説明の内容も一貫していれば、ニュースメディア全体に対する信頼にもつながる可能性がある。

　ただ、アニメの特定の表現手法とは違って、世界のニュースに登場する「グラフィックな映像」は非常に広いカテゴリーであるから、規定の枠組みや内容、運用のしかたなどを工夫し、各社それぞれの価値観を尊重してこそ、表現の自由を実践したことになり、初めて現実に即した効果的なルールとなりうる。導入に際しては十分な議論が必要となろう。

1・3　インタビュー調査の概要

　これまで議論してきたような問題意識をもって、東大・宍戸教授と筆者は、在京キー局 5 社と NHK、映像コンテンツを発信しているネット企業 2 社の合わせて 8 つの組織の幹部職員に対し、平均 2 時間を超えるインタビュー調査を行い、各社が、「グラフィックな映像や画像」の扱いに関して日常のオペレーションでどのような対応をしているか、現在どのような基準やマニュアルがあり、視聴者にはどのような説明をしているのか、将来に向けてどのような課題を認識しているか、などを聞いた。

　調査は 2023 年 3 月から 8 月にかけて行った。1 社にオンラインで行った他はすべて対面でのインタビュー調査を実施した。すべて、宍戸教授と筆者の 2 人が同席して行った。この場を借りて、長時間のヒアリングにご協力をいただき、率直に自社の運用の実態を明かしていただいた、各社の担当者に深く御礼を申し上げたい。

　インタビュー調査の条件として、ごく一部を除き「社名を明らかにしない」ことに合意する必要があったため、本章では社名を明らかにしての比較、分析はできない。項目ごとに全体的な傾向を整理して、今後解消していかなければならない問題や、検討すべき課題を明らかにするにとどめることをご理解いただきたい。

(1)　倫理規範・取材や制作のルールの扱い

　前述の議論で紹介したように、倫理規範は、調査した放送局 6 組織について

は、適用される番組の範囲の違いはあるも（ニュースに限定されるか、他の番組も含むものか）、一定の項目を備えたものを有している。民放局5社については、民放連の放送基準も補完的に参照しているとのことであった。しかし、自社の判断基準や一定の手順についてウェブサイトで公開しているのは、先述のように NHK とテレビ東京だけであった。他局は「公開する性格のものではない」（A 局）、「その種の議論をしたことがない」（B 社）など、組織内で社員や社外スタッフだけに共有されるにとどまっている。自分たちが準拠するルールを公開し、視聴者の信頼を醸成する仕組みとして活用するという、欧米においては「ジャーナリズムの常識」とも言える考え方は、日本のメインストリームのメディアにも未だ根付いていないと言わざるをえない。

　倫理規範は社内のイントラネットなどで共有されていることが多いようで、一部の社では調査の際にスクリーンを見せてもらうことができたが、社内限りでスタッフが参照することをメインに編集されており、自社だけでなく、他社が冒した失敗事例などの記録を詳細に残しているために、公開が難しいという説明もあった。しかし、倫理規範の原則と、その解説や過去の失敗事例などは別々に編集し整理すれば、原則集の方は容易に公開できる可能性もあり、今後、どのように視聴者と向き合うかという課題のひとつとして検討されることが期待される。

　ネットで映像を発信する2社のうち1社は、いわゆる制作して録画や編集を施したコンテンツと生配信番組の両方を扱うもの、もう1社は生配信のコンテンツはひとつもなく、「近い将来にも扱う可能性がない」とのことであった。前者の社には明文化された倫理規範はなく、密接な関係にある放送局の規範をモデルに、必要な場合はアドバイスを仰ぐ形で運用されていた。また後者の社は国際的に展開する企業の日本法人であるため、制作され収録されるコンテンツの内容については、世界的に準拠すべき規範が整備されており、「生放送で『一刻も早く配信しなければ』というプレッシャーからは解放されているので、チェックに参加すべき役職者の選定から十分に時間をとって検討ができている」との説明があった。

　ネットのコンテンツを発信する現場においては、特にライブで配信するような場面も増えているため、内容について、一定の品位を保ち、人権を傷つける

などの問題を避けるために、最低限の倫理規範が必要と考えられるが、業界全体として取り組みが遅れているのではないかと推測される。放送業界が長らく映像コンテンツを扱ってビジネスを行ってきた責任において規範のモデルを広く公開し、モデルを示すことも当然期待されていると考えられる。モデルを示すだけでなく、放送局がネット上に発信するコンテンツの信頼を確かにするという意味でも、ネットにも通用する共通の規範を示し、社会的な議論を促進するような形も考慮されていくべきではないかと考えられる。

(2)「映像の扱い」についての整理はこれから

　各社の倫理規範の中に、映像や画像の使用の制限や条件、あるいは「グラフィックな」ものの扱いがどのような形で記述されているかについては、NHKとテレビ東京は前述の通り、「ビジュアル・コンテンツ」として独立した章があるのではなく、状況別に議論されていた。すなわち犯罪報道や大事故の現場での「プライバシー」の保護、「モザイク処理すべきものの基準」、あるいは災害や事故などの現場で「視聴者に恐怖感や嫌悪感を催させない」映像や画像のあり方などである。ヒアリングでは、他のテレビ各社も同じように、伝えられるコンテンツの内容によって、あるいはニュースのカテゴリーによって、その際に使用される映像素材などについての注意点が指摘される形式でルールが作られていることがわかった。全社とも自社のルールと民放連のものを照らし合わせ、最適な項目を探して、対応しているということであった。

　本章で特に注目している「グラフィックな映像（や画像）」に関しても、公開していない各社の規範集にも、そのような用語でまとめるような形にはなっておらず、「視聴者に嫌悪感を催させない表現」のような映像だけでなく音声やコンテンツ全体の演出などに関する項目での言及や、暴力や犯罪の表現、あるいは大事故やテロの現場などを伝える際の注意として、「残酷すぎない」などの一定のラインを示すにとどまっていた。

　また、例えば「遺体や血などが写る場面がどこまで許容されるか」などの問題は、本章で議論してきたような、社会の受け取り方が微妙に変化してきている兆しは認識するも、現在のところ、暗黙知として受け継がれてきた「死体や血は基本的にNG」という基準も含め、「大きな変更の必要性は感じていない」

（C 社）との反応が大勢を占めた。

　ソーシャルメディアなどでニュース（の一部）を再掲、拡散するなどの発信が普及する中で、インスタグラムなどでは、特別なニュース映像コンテンツが流れる前に「グラフィックな（残酷な）映像が含まれます」などの警告文を表示し、「そのことを承知して閲覧する」というボタンをクリックしなければコンテンツが表示されないなどユーザーを守る仕組みがある。欧米の有力なメディアの中に放送で使用された映像よりも、ソーシャルメディア上で、より刺激が強い映像を使って発信しているなどの事実は、筆者は正確に把握し切れてはいないが、テレビのように法律の規制がないことと、ソーシャルメディアにアカウントを取得しているという「一定のゾーニング」が成立しているという見方を採用すれば、今後はソーシャルメディア上で、一定の基準で映像の基準が緩和されていく可能性は考えられるだろう。

　遺体や血の扱いなど、今まで「暗黙知」、あるいは局内の「伝統」として感覚的に受け継がれてきた基準を、どこまで明文化して議論に付すのか、あるいは時の責任者に委ねて判断を変更させていくような形の方がスムーズに議論が進むのか、今回のヒアリングでは明確な見通しまでは得られなかった。ただし、今後思わぬ形で、安倍氏銃撃事件のような「ぎりぎりの判断」を突きつけられるような事例が発生する可能性も高いという危機感は共有されていた。映像を扱う業界が社会の「感覚」に敏感に寄り添うために、使い方の基準を柔軟に変えて行かなければならないが、それをいかなる態勢をとって実現するかが長期的な課題と位置づけられるだろう。

(3) 「手続き」は定められているか

　「グラフィックな映像」も含め、何かしらの社会的な影響が発生する映像や画像とはどのようなものかという特徴が十分に整理されていない以上、個別のケースについて判断を重ねていくしかないというのがテレビ業界の現状である。そうすると、問題がありそうな映像などの扱いを判断する際には、①判断を行う手順（現場の担当者から、コンテンツについて、どのような方法で問題提起があるか、その後、誰と誰のどのような検討をもって組織としての最終判断とするのか）と、②判断を行う最終的な責任者は誰か（対外的な説明責任は誰が

担うのか、責任者としての連携はどうするか）の２点が問題になる。

　まず、各社がどこまで統一した手順をとって判断を下しているか、規定などにどこまで明記され、運用されているかについてだが、各社に大きなばらつきがあった。

　問題のある映像の扱いをどのようにするかという組織内での議論は、ニュースであれば原稿を書いている記者からデスクや政治部や社会部などの部長、あるいはニュース番組の担当ディレクターからデスクやプロデューサーなど直接の上司にお伺いが立てられて始まるものである。単独のニュース項目や一つの番組内で完結するものなら、部長やプロデューサー個人の判断だけでも問題はなさそうだが、ニュースとは現在進行形の出来事を追いかけるような話題が大部分を占め、連続した報道が想定されるし、複数の番組が同じ話題をとりあげることも日常化する中では、判断は報道局とか、放送局の社内全体、あるいはネットワーク全体として共有され、一貫性も必要になる。放送局やネットワークのブランドや信用に直結する問題となるからである。

　そうすると、部長や番組プロデューサーらの担当者は、映像の扱いなどの判断を統一する必要があると判断すれば、より上位の管理職（「センター長」とか「編集長」などの役職名が付されていることが多い）や報道局長、あるいはそれより上の報道担当役員などに問題があることを知らせることが、組織内で義務づけられることになる。ということは、上位の役職者に知らせて社内の公式な議論に付さなかった際の責任が問われる可能性があるということになるが、調査した中の１社の担当者は「判断を仰ぐかどうかも含めプロデューサーら現場の責任者に一任されており、彼らの裁量に任されている」（Ｄ社）と説明した。いささか頼りない回答であった。

　Ｄ社も含め、担当者が判断を抱えこんだために大きなトラブルに発展した経験は今のところ確認されていないし、Ｄ社についてはヒアリングに対応してくれた担当者の認識不足の可能性も否定できないが、仮に判断の難しい案件を処理するに際して、手順の指示も判断の指針も存在しないというのであれば、組織としての説明責任を果たすことができず、危機管理上も問題となる可能性も否定できない。

　また、Ｂ社でも、現在は編集責任者のところにすべての相談が上がってくる

運用にはなっているものの、ルール上明記された手順はなく、その責任者の人望や属人的なリーダーシップにより問題が処理されている可能性が高いもののようであった。継続的で一貫した検討と判断のシステムが機能するには、もう少し確実に稼働する制度設計が必要ではないかと思わせる説明があった。

(4)「責任者」は誰か

　問題処理の手順とともに、問題そのものを検討し、最終的に判断を下しオーソライズする一方、対外的な説明責任を果たす窓口にもなる「責任者」が誰であるのかということが、ルールに明記されているかどうかは重要である。情報や映像などの素材の扱い、発信の方法に何らかのリスクがある場合、「誰かのプライバシーや名誉を傷つけない」とか、「視聴する気が失せてしまうような嫌悪感を起こさせない」ような「配慮」と、「ニュースで伝えなければならない本質（サブスタンス）」を伝えるために「どの表現を守らなければならないか」というバランスをいかにとったのかという、検討のプロセスや判断の根拠が明快に説明できる必要がある。責任者が滞りなく説明できる「仕組み」を、そのメディアがニュースの仕事を進める中で大事にして実践しているかを示す、信用の基盤となる問題だからである。

　キー局のほとんどは最終責任者を報道局長としながらも、その下にいる「編集長」や「ニュースセンター長」などの役職者に、何か問題が発生した場合に、検討作業の中心となる業務を任せる態勢をとっているようだ。ただし、社によってはそれらの役職者が社内の関係者を集めた意思決定の中心となり作業を行う一方で、C社では危機管理の担当者に技術的な判断作業を預け、役職者は報告された判断の案を最終的に承認するような態勢をとっているようであった。その他にもコンプライアンスの部局に報道幹部経験者を配置し、報道局を支援するような態勢をとっているB社のような事例もあった。

　報道局長や編集長などの幹部職、あるいは番組のプロデューサーになると、ニュースなどの発信に関する監督や判断だけでなく、業務内容は、社内会議での報告や調整、スタッフの労務や予算の管理、宣伝やPRへの協力などコンテンツの内容には関係のない仕事の比重が増してしまう。多忙な役職者が、突如発生した安倍氏銃撃のような事態に即応し、その瞬間に十分に機能を果たせる

か心配な部分は残る。キー局内では 1 社だけ「編集主幹」という、ニュースの内容についての仕事だけを求められており、ニュースの内容の判断にだけ常時責任を負う役職があった。

スタッフ数やオペレーションの規模などに大きな差があるため、民放側がこのシステムを採用すべきかどうかは議論の分かれるところではあるが、NHK の運用システムは確実さや事後の対外的な説明ができる態勢において、優れたものであると思われるので、この部分だけ少し詳しく説明をしておく。

NHK 報道局には、局長を補佐する形で、政治部や社会部などの取材・出稿をする部署の部長、各ニュース番組のプロデューサーら現場の責任者の間に「編集主幹」という役職が設けられている。政治、経済、映像などの専門に分かれた合計 6 人が、もっぱらニュースや番組の内容についての専門的な判断を下す役割を担っている。前述の民放の同盟の役職を複数の幹部職員が集団で担当しているような形だ。編集主幹は交代で少なくとも 1 人が常に報道局のフロアにいて、問題の相談に応じ、夜間も近くに宿泊して何か発生すればすぐに駆け付けられる態勢をとっている。部長やプロデューサーは原則的に局内で共有すべき問題がある場合は編集主幹に相談し、判断を仰ぐという手順が徹底されており、さらに重大な判断が必要になるような問題であれば、編集主幹の裁量で報道局長や報道担当の理事など上位の役職者に判断を仰ぐという建て付けになっている。

「24/7」（1 日 24 時間　週 7 日休みなし）というニュースサイクルに対応するには、1 人だけで責任者を務めるのは、いざという時のことを考えると、いささか無理があるとも思われ、何人かが交代で担当するような仕組みは、属人的な偏りを排した判断も期待でき、信頼性を高められる仕組みではないかと思われる。しかし、それでも NHK のニュースのアウトプットの分量を考えると、編集主幹を務める方の労務的な負担がいささか懸念されるところではある。

ヒアリングでは複数の局で、安倍氏の銃撃事件やウクライナ戦争のブチャ虐殺のニュースに関して、例外的な映像使用を検討したとの証言があった。特に週末のニュースまとめ番組など、発生から少し時間が経過した後、「ワンカットでいいから、銃撃された後に倒れているシーンを入れたい」とか、「ブチャの路上に放置されている遺体が、かなり不自然な形で横たわっているのがわか

るように、身体の部分のモザイクを外したい」などの申し出が番組側からあり、慎重に検討をし、一部を許可したということであった。

　「モザイクをどこまで解除してもいいか」というような技術的な問題は、「首から下のモザイクは外し、顔にはモザイクを残しておく」などの大まかな原則は合意できたとしても、放送局として責任をもつとしたら、責任者が担当者といっしょに問題の映像の編集プロセスを見守ってニュアンスや雰囲気を確認し、例えば「このような不自然な身体のねじれは、悲惨さを過度に強調しすぎと思われるので、下半身と靴だけが写ったカットに差し替えることはできないか」など具体的な、ぎりぎりの調整が不可欠になるだろう。そのような現実的な対応に備えるとすると、コンテンツの判断を行う責任者は、コンテンツ以外の業務を担当しないで仕事に取り組め、可能ならば複数で合議ができる環境が確保されていることが望ましいのではないかと思われる。

（5）系列との調整の難しさ

　NHK は大きな組織だが、全国で同一の組織なので、東京で編集主幹らがいったん判断を下せば、その判断が地方の総局や支局まで徹底される。しかし、民放のネットワークでは、その中の放送局は別々の企業、ニュースメディアなので、ニュースの内容についての判断、すなわち「編集権」も別々であるというのが基本的な考え方となる。

　キー局各社のヒアリングでは、安倍氏銃撃事件の映像の扱いで在阪準キー局と大きな判断の差はなく、大きなトラブルにはならなかったとのことであった。しかし、それでも、ソーシャルメディアで拡散した映像をニュースで使用しようとした際に、撮影者（ポストした人）の許諾がとれなかった段階で、「引用」という形でニュースに出したことに対し、ローカル局から異議が出たケースがあった（後に許諾をとって解決）。あるいは、「振り返り」のニュースを制作する際に、安倍氏は2回銃撃を受けているが、「至近距離で発砲した2回目の銃撃が致命傷になったと言われている[17]ため、1回目の発砲音のみが聞こえるシーンのみを番組では使用するように」とするキー局側の判断に違和感が表明されることがあったということだ。あるキー局幹部は、局の規模がある程度大きい大阪や名古屋のローカル局は発言力が大きく、特に地元で発生したニュース

については在京キー局と見解が合わないことも多いとのことであった。複数の
キー局の担当者が 2019 年 7 月の京都アニメーション放火事件で、被害者の実
名匿名の扱いについて、特に警察とのやりとりについて、ネットワークとして
の見解の統一に苦労した経験などを明かした。キー局に対し積極的に異を唱え
るという姿勢ではなくても、形式的に編集権が分離しており、調整の手順が正
式に決められていないことは、今後、特に判断にスピードを要する速報などの
際に、一貫したニュースの発信ができないリスク要因にはなりうる。反対に多
様な意見を調整する中で、より戦略的なコンテンツ発信の方法が編み出される
可能性もあり、いかにバランスをとるかが問われる問題でもある。

(6)　ネット企業の課題と「危うさ」

　最後に、ヒアリングをしたネット企業の課題と、放送業界が同じ映像コンテ
ンツを扱う業種として協力できる側面について考えておきたい。今回ヒアリン
グしたのは、わずか 2 社にとどまり、全体的な傾向を議論するには不十分であ
ることは承知しているが、生放送を全くやらない E 社と、一部はライブ配信
を行い、時にニュースなど時事問題も題材にしたトーク番組を行う F 社とも、
ニュースやジャーナリズムの原則を社内で共有し、コンテンツ使用の判断に反
映できるような、知識やリテラシー、手順などのノウハウの備えは見られなか
った。E 社は世界的に展開する企業なので、国際的に通用するルールや法務部
門が存在するが、生配信などに踏み出す計画はないとして、ニュースの生配信
などを想定した社内の体制作りには関心がない様子であった。将来計画を変更
してニュースなどに乗り出す可能性はないのか、あるいは本格的に準備する際
に、ジャーナリズムの倫理を徹底する実力を持つ人材の確保、体制作りを実行
する余裕やノウハウをいかに短時間で取得するのかには、かなり不安が残る。

　すでに生配信のコンテンツがあり、ニュースや時事問題も話題として取り上
げている F 社だが、肝心の倫理規範などは整備されておらず、協力関係があ
るニュースメディアの基準に依存し、その出向している管理職の職員の判断に
委ねている部分も多いことが伺われた。

　同社は 2023 年、旧統一教会に対する文科省の解散命令などをめぐり行った
記者会見をライブで伝えたことがある。ニュースとして注目されている対象を

いち早く伝えるというネットコンテンツの特性を生かした対応であると評価された一方、高額の献金問題などで苦しむ人の原因でありながら、誠実な対応や説明を怠ってきた組織の発言を生放送で伝えるということは、彼らの言い分を無批判に伝えることにつながる恐れも大きいということだ。さらに発言内容のチェックを見逃し、虚偽や他人を傷つける可能性がある発言を「垂れ流し」して、さらに傷つく人を生むことにもなりかねない。F 社の担当者にこのことを質したが、本人が、この問題の深刻さを理解できていないのではないかという返答しか得られなかった。

　放送業界は半世紀以上の報道の経験で、限られた時間で情報を検証したり、時に不確かな情報の発信を控える判断をするような仕事でノウハウを蓄積し、能力のある人材も輩出してきた。ネットの発達でニュースの「出口」が拡大し、伝統的なニュースメディア以外もニュースのビジネスに参入している現状で、グラフィックな映像をどのように選別するかなど、高度なノウハウを要する分野について、放送業界は「モデル」を示し、一定の指導的な役割を果たすことが求められているのではないか。あるいはその先に放送局などが主導して、映像の使用などについて、ネット企業も含めた共通のルールを定めて判断などを実行するコンソーシアムのような組織を運営するような可能性も、展望していかなければならないかもしれない。

第 2 節　背景の分析、今後の議論の枠組

2・1　はじめに

　本節は、奥村信幸教授との共同研究である「成熟したデジタル時代における映像ニュース・コンテンツ規範のための課題整理」（以下、本研究という）のうち、法学研究者の関心から背景を分析し、今後の議論の枠組について提案することを目的としている。

　本研究は、すでに前節でまとめられているとおり、2022 年の安倍晋三元首相の銃撃事件等を契機として、「グラフィックな（刺激的な暴力や残虐行為、あるいは性描写などがある）映像や画像」（以下、グラフィックな画像等という）の報道における取り扱いに関するテレビ放送局の現状の取り組みと課題を対象と

するものである。それと同時に、放送と SNS 等の動画投稿・配信サービスとの関係、そしてニュースメディアの信頼性をはじめとするデジタル時代における放送の意義というより広い問題に、本研究は関わるものである。そこで一方では、比較対象として動画配信サービス企業からのヒアリングを行うとともに、SNS に投稿された画像等の利用を含む、デジタル時代における放送倫理の課題の一部についても、放送局の担当者に質問し、説明を受けた。本節ではそれらを踏まえつつ、検討を行う。なお筆者も、報道記者としての経験及びグローバルなジャーナリズムの展開を反映した奥村教授の問題意識を共有する（正確に言えば、教わる）ところが多く、その上で一部は独自の見解の部分を含むことを、あらかじめお断りしておきたい。

2・2　背景の分析

（1）グラフィックな画像等の報道における取り扱いの現状

　まず各放送局の報道のレベルで、グラフィックな画像等を選別する具体的な基準、判断と責任の所在に関する手続、判断やその理由を視聴者と共有しニュースメディアとしての信頼を確保する仕組み等の整備が一般に不十分であること、また、放送業界としてもこの点についての明確なルールや取組の共有が十分になされていないこと等が、本研究において確認されたところである。

　その背景にはさまざまな事情があると考えられるが、筆者は、以下で述べるとおり、番組規律の枠組に、放送局・放送業界が直面してきた環境変化が相俟って、グラフィックな画像の取り扱いを含む放送倫理が、放送局ごとにバラバラで、現場が走りながら散発的に見直される程度の扱いにとどまっているのではないか、と考えている。

（2）番組規律のあり方

　放送法 3 条が「放送番組は、法律に定める権限に基づく場合でなければ、何人からも干渉され、又は規律されることがない。」と明記するとおり、番組編集の自由は、放送による表現の自由（同法 1 条 2 号）の一丁目一番地といえる。その上で放送法は番組編集準則を定め（4 条 1 項）、これを踏まえて放送局は番組基準を定めることが求められている（5 条）。国の法律レベルでは、当然なが

らグラフィックな画像等の取り扱いについて具体的な規律はないものの、「公安及び善良な風俗を害しないこと。」（放送法4条1項1号）という抽象的・概括的な要請は存在しており、それを踏まえて放送局の側でその要請を具体化して遵守するという自律の発揮が期待されているというのが、この問題に関する法的枠組の基礎となる[18]。

　このような枠組の下で、民放連の放送基準は、前節で指摘されているとおり、「8章　表現上の配慮」において「(47) 不快な感じを与えるような下品、卑わいな表現は避ける。」、「(54) 残虐、悲惨、虐待などの情景を表現する時は、視聴者に嫌悪感を与えないようにする。」といった規定を置いている[19]。この項目も、グラフィックな画像等に限らず、また、報道に限定されない、番組一般のレベルでの規律であるとともに、さらなる具体化を各放送局に委ねるものである。

　したがって、現実の番組規律の確保は、第一次的には、各社の放送倫理に関するルールや実践に委ねられることになるが、いわば報道現場におけるノウハウに当たる個別的なマニュアルはもちろん、原則的な指針となる規程すらほとんど公表されていない。先の民放連の放送基準が存在し公表されていることを前提に、その先は専門職能集団としての報道機関の自律によって埋められるべき領域であり、外部に公表すること自体が不要な指摘や介入を招く、また柔軟な判断や運用の変更を困難にする、といった懸念は、ある程度まで理解できるものでもある。しかしその実質においては、後述するとおり、放送局ごとに、より正確に言えば報道部門ごとの先輩・後輩関係を前提として、前節にいう「暗黙の了解」に基づいて個別の判断が現場でなされ、それがある程度集積された段階でマニュアルに反映されることもある、そしてそのマニュアルの枠組自体を変更することは容易ではない、というのが、ヒアリングを通じて浮かび上がる番組規律の現状と評価できる。

　むろん、現状においても番組規律は、報道部門単位で完結するものではなく、放送局の職制上は報道局長等が存在し、さらに後述する司法判断に関係する論点については法務部のような管理部門が関与することもある。しかし、日本的組織システム一般に共通することであるが、経験に基づく現場の力は相当に強いと見られる。そのことは個々の記者の報道・取材の自由ないし放送の「内部

的自由」からはむしろ肯定的に評価すべきものでもあろうが、しかしそのような評価が前提としているのは、記者やデスク等の現場が報道に際していわば「攻め」の、そして上司や管理部門が「守り」のモードにある事態を想定している。換言すれば、ひとたび現場が「守り」のマインドセットに入った場合には、本研究に即して言えば、グラフィックな画像等の取り扱いを萎縮する方向が昂進するおそれを内包しており、しかもそれが現実化しているのが現状であるといわざるを得ないように思われる。

　外的な番組規律としては、行政指導等の問題を除けば、番組が著作権や肖像権を違法に侵害している場合には、被害者の提訴により裁判の場で決着がなされる。また、権利侵害に加えて放送倫理違反一般については、放送業界における自主的な枠組としての BPO の判断がありうる[20]。しかしいずれも発動する場面は限定的であることは周知のとおりであり、かつ、グラフィックな画像等の取り扱いという本研究の場面では、問題になりにくい点に注意が必要である。

(3)　放送局が直面してきた環境変化

　このようないわば現場任せの番組規律に加えて、デジタル化をはじめとする放送局にとっての環境変化は、放送倫理のあり方一般、本研究にとってはグラフィックな画像等の取り扱いをめぐる対応に大きな影響を及ぼしていると考えられる[21]。

　第 1 に、デジタル化は、安倍元首相が銃撃されたシーン一つとってみてもわかるとおり、専門のカメラマンが現在しない場所でも画像等が撮影され、放送局がそれを一般市民から入手して、放送に耐えうる程度の画質で報道することを可能とした。しかも後述する点にもかかわるが、番組の画像等が SNS で改変され利用されることも容易に想定される。

　第 2 に、もはや常識に属するところだが、インターネットの進展は、放送等のジャーナリズムに基づくメディアとは異なる、一般市民による自由な情報発信を可能とした。そのことは表現の自由・知る権利の観点からは積極的に評価すべきである一方、権利侵害、昨今では SNS における偽情報・誤情報を含む違法・有害情報の急速な拡散が問題とされている。本研究の文脈では、このような違法・有害情報がテキストから音声・画像、そして、いわゆるディープフ

ェイクを含む高画質の動画へと広がる一方で、それが放送番組のあり方に跳ね返ってくるということがポイントである。例えば、かつては肖像権・プライバシー権侵害の問題は出版や報道によるものを念頭に考えられたが、現在ではSNSにおける一般市民の投稿による事案が増えている。司法判断の変化が緩やかであったとしても、これらの問題に関する社会の権利意識の方が変化し、それが放送の現場を萎縮させる方向に作用するものと考えられる。

これと関連して第3に、もはや放送はデジタル空間における情報発信の一部にすぎなくなっており、それは、放送よりも先にSNSで、しかも放送倫理の観点からは報道されないか、モザイクを欠ける・画質を落とす等の、いま流にいえばコンテンツ・モデレーションが行われるようなグラフィックな画像等が、拡散するという形でわかりやすく顕在化している。より構造的に見れば、放送局の経営基盤の脆弱化や記者の職業意識・働き方の変化という経営・人事面を通じて間接的に放送倫理のあり方に影響する。端的に言えば、上記のような環境変化が報道の現場にこれまで以上に複雑な対応を求めている一方で、その現場には人手が不足し、従来の報道の質量を維持するのにも事欠いており、本研究が提起するような課題への戦略的な対応は、大きな社会問題になる、BPO案件となる等の事情もない限り、後手に回らざるをえないのではないか。

2・3 グラフィックな画像等の取り扱いに関する現状の問題点と提言
(1) グラフィックな画像等の取り扱いが独立に主題化されないという問題

放送局によるグラフィックな画像等の取り扱いの現状とその課題については、個別の画像等の取り扱いについての判断といういわばミクロなプロセスの問題と、その判断の集積としての規程・マニュアル等の見直しといったマクロなプロセスとに分けて問題点を整理し、本研究の成果として筆者からの提言を記しておきたい。

そもそも論として、グラフィックな画像等の取り扱いそれ自体を放送局が独立の主題として対応すべきであるという本研究の問題意識であり核心となる部分が、このような整理そのものによって放送局の関係者の意識から抜け落ちるおそれがあるので、改めてこの点に注意を喚起しておきたい。

他のメディアとは異なり、画像等とりわけ動画の取り扱いこそが放送による

表現の生命線であろう。なればこそ先に見た民放連の番組基準においても、「(61) 細かく点滅する映像や急激に変化する映像手法などについては、視聴者の身体への影響に十分、配慮する。」と定められているわけである。その反面、グラフィックな画像等をいかに取り扱うべきかという論点は、規程・マニュアル等のレベルで明示されないことはもちろん、担当者による個別の判断のレベルでも独立の問題として意識されず、表現上の配慮一般の中に埋没しているようである。

　それは善解すれば、本来、権利侵害等の場合を除いて取材で得られた画像等の使用は現場の自由な判断に委ねられるべきだという建前の下で、民放連の番組基準のいう視聴者の不快感・嫌悪感との関係で避けるべき画像等が消極的に存在するにすぎないところ、これらは例外として多様であるので、その他大勢の中の一つとして意識されるにすぎないということであろう。それは、放送の現場の内部の論理としては一貫しているが、すでに本章で述べたような事情を考え合わせれば、次の2つの理由から、グラフィックな画像等の取り扱いをそのような位置付けにとどめることはもはや許されないのではないかと考えられる。

　第1は、グラフィックな画像等の取り扱いの現状が、視聴者の知る権利に応えるという放送の役割から見て、十分に説明できるものかどうかということである。番組の制作・報道の現場では、ニュースバリュー、視聴者に短時間で効果的に伝える工夫等の比較衡量的判断がリアルタイムで求められる。そして、グラフィックな画像等については、視聴者の不快感・嫌悪感等の高まりへの配慮から、時々刻々の過酷な比較衡量の中で、十分な検討と理由なく使用を控える方向へと流れ、それがまた「暗黙の了解」を形成していくという負のスパイラルに陥るのではないかという本研究の問題意識は、ヒアリングにおいても一定の裏付けを得たものと考えられる。このような自縄自縛を避けるためには、むしろ、この種の事情があればグラフィックな画像等についても視聴者の知る権利の観点から利用すべきである、このような画像等についてはぼかす・画質を下げる・事前に視聴者に予告する等の方法を採る等の意識的・積極的な位置付けを与えることこそが、放送の役割にふさわしい報道のあり方につながるのではないかと考えられる。

　第2は、デジタル時代の放送の意義一般に通じる論点である。グラフィックな画像等がSNSで拡散される可能性がある、あるいはすでに拡散されている中で、放送する・しないのいずれであっても、放送局はその判断の理由を対内的にも対外的にも説明できなければ、そして画像等の発信の可否や方法についての一つのロールモデルとしてデジタル空間の成熟化に資するようでなければ、今後その役割を十分に果たしていくことはできないと考えられる。この点で、放送にとってのグラフィックな画像等の取り扱いは、放送による表現の根幹にかかわるだけに、デジタル時代の報道一般における実名報道のあり方が独立の問題として取り上げられ議論が深められるのと同様の位置価を、今後占めるべきものと思われる[22]。

(2)　規程・マニュアル等の問題点

　グラフィックな画像等として独立の扱いではなくて、各放送局の放送倫理に関する規程・マニュアル等には、この問題に関連する判断の手掛かりを詳しく提供しているものがある。特に、他の放送局を含めて問題になった事例を具体的に取り上げる、判断に至った理由や、当時の現場での議論の内容を記載しているものは、この問題に限らず、ベスト・プラクティスとして広く放送業界で推進されるべき取り組みであろう。

　他方、実体的なルールは常にそれを現実に運用する手続、そして組織と一体のものでなければ、現実には機能しがたい。前節で指摘されたとおり、このような規程・マニュアル等は、現実の判断プロセスないし判断権者について触れるところはない。放送局の一般的な職制の建前は建前として、現実には、当該画像等が問題となる分野の先輩に当たる報道幹部が誰か等々のその時々の属人的な部分で補われているところが多いように思われる。後述するように、経験を合理化された組織知として蓄積し説明可能なものとするためには、やはりそのような手続・組織面についてもルール化が望まれるように思われる。

　より大きな問題としては、規程・マニュアル等の見直しのあり方がある。個別の判断事例の検討や共有は現場で、あるいは系列を通じて随時行われているということであるが、その成果が規程・マニュアル等に反映されるのは、直ちにではなくその改訂が行われるタイミングとなる。そしてその改訂作業がいつ、

何を契機として行われるか、そして放送局内でどの範囲の人びとがどのように関わるかは、判然としない。おそらくは、民放連の番組基準が変更された、BPO から勧告等を受けた等の大きな外的事情があれば改訂作業が始まり、その際に合わせて個別の判断事例の経験が書き込まれることがあるのだろうが、番組編集の自律を実践する観点からは、定期的な見直しを行うべきではないだろうか。

　そしてデジタル空間の環境変化に合わせる観点からは、他の放送局の事例等に限らず、一般社団法人セーファーインターネット協会の違法・有害情報に関する「運用ガイドライン」[23]やデジタルアーカイブ学会の「肖像権ガイドライン」[24]等も参考にすべきではないだろうか。もちろんこれらの規範は、それぞれ固有の文脈がある。前者はホスティングプロバイダが、一般市民である発信者の発信を削除すべきかどうか、市民の通報を受けて削除を促すべきかに関するルールであり、後者はデジタルアーカイブ機関が所蔵写真を公開するに当たってのガイドライン策定の指針である。しかし同時にそれらもまた、デジタル空間におけるグラフィックな画像等の取り扱いに関する一つの比較衡量的判断として参照し、放送の役割・機能の観点から取り込めるものは取り込んだり、従来の取り扱いを見直したり、逆に差分を説明できるようにしていくことが、今後の放送局の姿勢として望まれるように思われる。

(3) 個別の判断の問題点

　この点は、特に前節での詳細な紹介、分析に譲るところがとりわけ多いが、筆者が特に気になっているのは次の点である。

　まず、報道素材一般に関わることでもあるが、基本的には、記者→デスク、ディレクター等→各報道部門の部長、プロデューサー→報道局幹部からボトムアップで取り扱いが検討されていく中で、先述したとおり、より現場に近い方の判断が萎縮しないことも含めて、上位の判断を適切に仰ぐことが確保されることが前提となる。その点でも、関連する規程・マニュアル等や個別事例の判断の経験が組織知として周知され、認識されることを確保する必要がある。

　この点に関連して、担当者の判断は社内システムで共有されたり、系列に連絡されたりということが日々行われているとのことであるが、それが組織知と

して形成されていくためには、関連する規程・マニュアル等のどの記載との関係で、今回は使用する・しない、どのような条件・方法で使用するといった理由を明示し、記録することが望まれる。

　グラフィックな画像等の使用のあり方は、高度のニュースバリューが認められる事態の発生直後の数時間の速報とその後の報道とでは、当然に異なると思われる。逆に、事態の発生から記憶が生々しい数か月から数年の間には当該画像等の使用に制限をかけつつ、ある種の歴史となり同種ないし関連する事態を報道する際に必要な場合にはその限度で使用するといったことも行われているようである。このような時間軸の中での画像等の取り扱いについても、あらかじめ一定のルール化が望まれる。

2・4　原則的ルールの策定・公開と放送業界としての取り組み
(1)　原則的ルールの策定・公開

　本研究を進める過程では、グラフィックな画像等の取り扱いを含む放送倫理の基準が十分に公開されておらず、デジタル時代の放送の役割にふさわしい透明性の確保や説明がなされていないということも、改めて意識せざるをえなかったので、この点についても述べておきたい。

　放送局が定める放送倫理に関する規程・マニュアル等は、記者等の番組制作関係者の時々刻々の比較衡量的判断を迅速かつ適正に行うために必要なものであるべきであり、それをすべて公開する必要はないことは確かである。しかしそれらが公開されていないがゆえに、個別の番組が番組編集の自律の適正な行使としてなされたものとして尊重すべきかどうかを、合理的に議論したり、外部から評価したりする手掛かりは乏しい。もちろん民放連の番組基準は公表されているが、それは目の粗い基準にとどまる。これを補うものとして「民放連放送基準解説書」が存在するが、視聴者に対してオンラインで公表されているわけではなく、また、現実の番組規律の遵守を自律的に担う放送局の規程・マニュアル等が解説にどのように対応するのかも定かではない。

　そこで、民放連の番組基準と各放送局の規程・マニュアル等の間の、いわば中二階的な原則的ルールを策定して公開するにとどまるのであれば、司法判断やBPOの勧告等の基準とされることによって現場が萎縮する等の懸念も避け

られるのではないかと思われる。その一方で、このような原則的ルールを環境に合わせて適切に示すことは、世論といった抽象的な存在に対してだけではなく、取材対象者はもちろん、SNS で発信した画像等を提供する一般市民のような取材協力者に対しても、その予期を形成し放送への理解と協力を促す点でも、有意義な取り組みとなるように思われる。

(2)　放送業界としての取り組み

　そしていまさらであるが、このような中二階となる原則的ルールとして、すでに民放連は「児童向けコマーシャルに関する留意事項」[25]や「アニメーション等の映像手法に関するガイドライン」[26]を策定・公表しているところでもある。

　番組規律の確保は、第一次的には各放送局の自律と責任に委ねられている。しかし、グラフィックな画像等の取り扱いは、すでに述べたとおり、各放送局が十分に対応し切れておらず今後もその見通しが立たない一方で、デジタル時代の放送の意義の根幹に触れる部分、また、放送外の取り組みや環境変化に対応していく必要が高い論点でもある。このように考えてくれば、系列の垣根を越えて、放送業界一体としての取り組みを推進する必要があるのではないか。

　本研究のヒアリングにおいても、各放送局の担当者からは、個社の取り組みを越えて、放送業界全体としての対応が望まれる旨の回答を多く頂いた。これまで各放送局は、放送倫理違反が問われるような事案について、社内の規程・マニュアル等や個別の判断理由を共有して議論して共通の相場感を形成することを控える傾向があったように、外部からは見える。それはそれで一つの見識であると思われるし、いわゆる競争領域における過剰な協調がかえって視聴者の知る権利を阻害することはいうまでもない。しかし繰り返しになるが、グラフィックな画像等の取り扱いについては各社が問題状況を共通しており、それぞれが同じ事態に遭遇して同じ時期に同じように悩んでいるというのが現状であり、そしてデジタル時代の放送の意義の根幹に関わる問題である。それはまた、NHK や他の動画投稿・配信サービスとの対話や協働にも関わっている。

　このように考えれば、デジタル時代の放送倫理のあり方全般とまでいわなくても、グラフィックな画像等の取り扱いというところから、民放連の放送基準

審議会ないし番組委員会のような場で、各社の担当者がそれぞれの経験や直面する悩みを持ち寄って、原則的ルールの策定・公表に向けて議論を始める機は熟しているように思われる。

　民放連は、番組編集準則のあり方が政治の場で議論された 2018 年以降、番組審議会の機能強化に向けて、「番組審議会ポータルサイト」[27]を設置する等の具体的な取り組みを進めている。このような問題発生の前に地道な取り組みを重ねることこそが、ニュースメディアとしての放送の信頼を確保する上で有効な取り組みだと思われる。

2・5　むすびに代えて

　最後に、本章執筆のタイミングで生じた、本研究に関わりのある 2 つの出来事に触れておきたい。

　第 1 は、2024 年 7 月 13 日に発生した、ドナルド・トランプ前大統領の銃撃事件である。日本でも広く報道され、本章執筆の時点でも、メディア各社のウェブサイトに動画や写真が掲載されている。本研究の対象とするグラフィックな画像等に当たるものの、前大統領が血を流してはいるが生命の危険はなかったこと、ニュースバリューが決定的に高いこと、外報であること等々を考え合わせれば、報道やウェブサイトでの掲載は当然といえよう。他方で、関連する偽情報・誤情報の流布とも合わせて、グラフィックな画像等の取り扱いが、単なる視聴者の不快感・嫌悪感にとどまらず、民主的政治プロセスにおける感情と理性のバランスの面からも、放送倫理の基本に関わることを改めて痛感させられる出来事でもあった。

　第 2 はより個人的な出来事であるが、筆者は 2024 年 5 月、総務省の検討会において、「放送」概念の見直しを含む放送制度改革の提案を行った。そこでは、将来的には、伝送路に関わりなく、公衆形成に向けた、機能的に同時・同法と理解できる公共的な情報発信サービスを「放送」として位置付けた上で、番組規律とセットで著作権処理や視聴データの公共的な共同利用等の特例を認めてはどうかという提案を行ったところである[28]。そのような制度改革の当否は別途議論されるべきことであるが、いずれにしても、放送業界が自ら、デジタル時代の放送の意義を高める機会を捉えて活用することが制度提案の前提

としても求められる時代にあって、その一つの機会に本研究が取り上げたグラフィックな画像等の取り扱いに関する取り組みがなるだろうことは、改めて強調しておきたい。

　最後になるが、本研究に当たって、ヒアリングに応じてくださった放送局、動画配信サービス企業の担当者各位に、心より御礼を申し上げたい。

注

1)　NHK 内部でも、SoLT などデジタル分野を中心とした情報収集とは、差別化よりも、むしろ「集合知」を発揮しやすい分野なので、他の報道機関と情報を分け合い、NHK からも積極的に情報をシェアしてもいいのではないかという「オープン SoLT」というアイディアも議論されているようだが、まだ具体的な動きには至っていないという。

2)　ニュースメディアが「ミッション・ステートメント」や「倫理規定」などを公開して、読者との信頼を築く仕組みについての議論は、奥村信幸「会見の『質問制限』問題をアメリカで考える（前）：信頼の基盤とは何か〜ワシントン DC 研究ノートその 2」及び「会見の『質問制限』問題をアメリカで考える（後）：透明性で信頼を作る〜ワシントン DC 研究ノートその 3」Yahoo! ニュースエキスパート（2019 年 3 月 16 日、17 日）、https://news.yahoo.co.jp/expert/authors/okumuranobuyuki?page=2#artList（最終閲覧：2024 年 6 月 6 日）を参照。

3)　https://www.nhk.or.jp/info/pr/bc-guideline/（最終閲覧：2024 年 6 月 6 日）

4)　https://j-ba.or.jp/category/broadcasting/jba101032（最終閲覧：2024 年 6 月 6 日）

5)　https://www.tv-tokyo.co.jp/main/yoriyoi/rinri.html（最終閲覧：2024 年 6 月 6 日）

6)　NHK 放送ガイドライン 2020　インターネットガイドライン統合版　5 取材・制作の基本ルール④撮影・録音、https://www.nhk.or.jp/info/pr/bc-guideline/、20 頁（最終閲覧：2024 年 6 月 6 日）

7)　よくよく考えてみればニュースメディアの倫理規定に「表現の自由を守る」という項目があるのも、おかしな話である。倫理規定は「読者との約束」として公開されるものであり、読者に真実を届けるためにニュースメディアがとらなければならない手続きや約束事を明記し、それをどのように遵守するかを説明すべきものである。その手続きを経て発信されるニュースに何らかの外的な圧力がかかり、内容が隠されたり、歪められたりする恐れがある際に防止策をとることが「表現の自由を守る」ことであり、あるいは日々の実践を誠実に重ねて実績を積み重ねることで「表現の自由の実績を定着させる」ことであるが、一般のジャーナリズムの原則に示されているような「真実をどのような手続きで検証するか」とか「利益相反とはどのような状況で、それを社内で避けるためにどのような申請制度をとるか」などとは異なった議論である。ニュースが民主主義に資するよう、読者に正確な情報を届けるという価値観を尊重するという前提で整理された項目とは考えられない。

8)　https://www.bbc.co.uk/editorialguidelines/guidelines/（最終閲覧：2024 年 6 月 6 日）

9)　https://www.nytimes.com/editorial-standards/ethical-journalism.html（最終閲覧：2024 年 6 月 6 日）

10)　BBC やニューヨークタイムズなど欧米のメディアの倫理規定と、日本の大手メディアの倫理規定の比較を行った考察は、以下の拙稿を参照のこと。奥村信幸「会見の『質問制限』問題をアメリカで考える（後）：透明性で信頼を作る〜ワシントン DC 研究ノートその 3」Yahoo! ニュースエキスパート（2019 年 3 月 17 日）、https://news.yahoo.co.jp/expert/authors/okumuranobuyuki（最終閲覧：2024 年 6 月 6 日）

11)　https://www.nhk.or.jp/info/pr/bc-guideline/、41 頁（最終閲覧：2024 年 6 月 6 日）

12)　Eliot Higgins, "Russia's Bucha 'Facts' Versus the Evidence", Bellingcat, April 4, 2022, https://

www.bellingcat.com/news/2022/04/04/russias-bucha-facts-versus-the-evidence/（最終閲覧：2024 年 6 月 6 日）

13)　The New York Times, "Caught on Camera, Traced by Phone: The Russian Military Unit That Killed Dozens in Bucha", December 22, 2022, https://www.nytimes.com/2022/12/22/video/russia-ukraine-bucha-massacre-takeaways.html（最終閲覧：2024 年 6 月 6 日）

14)　大きな災害や事件、事故などが発生し、継続的に取材をネットワークの各局が共同で分担するような場合には、キー局や準キー局を中心に「取材団」などが組織される。その場合にはキー局の全国ニュースの判断基準が全面的に採用されるような事例もあるが、本稿では突発事件などの対応で速報を行うような、明確な合意がなされていない場合を想定して、何が必要になるか議論を進める。

15)　日本民間放送連盟　放送基準　第 8 章（61）、https://j-ba.or.jp/category/broadcasting/jba101032#9%E7%AB%A0（最終閲覧：2024 年 6 月 6 日）

16)　NHK 放送ガイドライン 2020　第 6 章③映像表現　25 頁、https://www.nhk.or.jp/pr/keiei/bc-guideline/pdf/guideline2020.pdf（最終閲覧：2024 年 6 月 6 日）

17)　読売新聞オンライン「山上容疑者、1 発外れた後に 2ｍ前進し 2 発目…至近距離から発射で致命傷」2022/7/12、https://www.yomiuri.co.jp/national/20220712-OYT1T50221/（最終閲覧：2024 年 6 月 6 日）

18)　宍戸常寿「放送の規律根拠とその将来」日本民間放送連盟・研究所編『ネット・モバイル時代の放送―その可能性と将来像―』（学文社、2012 年）19 頁以下。

19)　https://j-ba.or.jp/category/broadcasting/jba101032

20)　宍戸常寿「BPO の意義と課題」日本民間放送連盟・研究所編『ソーシャル化と放送メディア』（学文社、2016 年）98 頁以下。

21)　宍戸常寿「『2040 年問題』から考える放送制度」民放連研究所客員研究員会編『DX 時代の信頼と公共性』（勁草書房、2020 年）27 頁以下も参照。

22)　この問題については宍戸常寿「デジタル時代の事件報道に関する法的問題」東京大学法科大学院ローレビュー 6 号（2011 年）207 頁以下参照。

23)　https://www.safe-line.jp/guideline/

24)　https://hoseido.digitalarchivejapan.org/shozoken/

25)　https://j-ba.or.jp/category/broadcasting/jba101032#jidou

26)　https://j-ba.or.jp/category/broadcasting/jba103852

27)　https://j-ba.or.jp/category/references/jba103618

28)　総務省デジタル時代における放送制度のあり方に関する検討会（第 26 回、2024 年 5 月 24 日）。https://www.soumu.go.jp/main_sosiki/kenkyu/digital_hososeido/02ryutsu07_04000469.html

第5章
知的財産としてのテレビドラマ（コンテンツ）の開発と担い手の課題

中町綾子

第1節　はじめに

　コロナ禍の終息以降、テレビドラマの制作本数は増加傾向にある。複数の配信プラットフォームが一般化し、その存在感が高まった。地上波で放送されない海外ドラマも魅力ある作品が時間差なく、多くの国で人気を得ることも一般化した。一方で、初回放送から年代を経た作品であっても魅力ある作品の評価は色あせない。

　そんな状況の中で、魅力あるコンテンツはどれくらい制作されているのだろうか。魅力ある（テレビ）ドラマコンテンツとは何か。制作本数が増加したからこそ、量ではなく、質が問われる。コンテンツがいかに魅力的であるかは常に問われるところだが、ますますその検討が重要となるだろう。

　本章では、テレビドラマの開発の歴史、これまでのテレビドラマのクリエイター（ここでは、主としてドラマコンテンツの大きな担い手であるフリーの脚本家や一部演出家を含む）の実際に目を向け、国外で魅力ある作品として人気を博したテレビドラマを振り返りながら、魅力あるテレビドラマコンテンツの可能性と課題を探る。

第2節　コロナ禍／アフターコロナのテレビドラマ再評価

　2020年の新型コロナウイルスの感染拡大下では多くのエンタテイメントが

打撃をうけた。テレビドラマの制作現場の多くは各局ともに 2 か月近く撮影自体がストップすることになった[1]。再開後もスタジオをはじめ、撮影現場の衛生環境の確保などの理由から、それまでの「通常」とは異なる環境下での撮影が続いた[2]。

　テレビドラマ制作の現場がさまざまに制約を受ける一方で、いや、その制約ゆえに配信コンテンツや再放送のドラマが大きな注目を集めた。とりわけ Netflix の配信コンテンツだった韓国ドラマ『愛の不時着』[3]（日本配信 2020 年 2 月 23 日〜）と同じ Netflix で配信されていた『梨泰院クラス』[4]（日本配信 2020 年 3 月 28 日〜）が大きな注目を集め、社会現象と言えるブームとなった。

　『梨泰院クラス』は、韓国でのケーブルテレビ、JTBC での放送時にすでに韓国で大きな話題を集めており、最終回（3 月 21 日放送）の視聴率は、初回の視聴率から飛躍的に伸びて好記録を打ち立てていた[5]。『愛の不時着』も、その最終回（2 月 16 日放送）が韓国 tvN の歴代視聴率トップの記録を打ち立てる高視聴率ドラマだった[6]。脚本を手掛けるパク・ジウンは、『星から来たあなた』（2013 年、SBS、主演＝キム・スヒョン、チョン・ジヒョン）、『青い海の伝説』（2016 年、SBS、主演＝イ・ミンホ、チョン・ジヒョン）などで知られるヒットメーカーだ。

　日本の地上波ドラマは、4 月にスタートする予定だった連続ドラマの多くが撮影中止となり、放送を延期する。過去のヒットドラマが特別篇として再編集されるかたちで放送された。その多くは同じ放送枠で過去に放送されたドラマが中心である。いずれも、コロナ禍の巣ごもり需要と、SNS での盛り上がりとともに再放送番組が広く注目を集め話題になった（**表 5・1**）。

　再放送（特別編や傑作選として放送）されたドラマの脚本家には、ヒットメーカーの名前が並ぶ。4 月にスタート予定だった作品と同じ脚本家が手掛けたドラマも少なくない。ここで注目すべき点は何か。かつて人気を得た番組は、番組名の認知度が高い一方で、すでに多くの人がそのストーリー（ドラマの展開）を知っていることになる。それにもかかわらず（あるいはそれゆえに）、繰り返し視聴者の心をつかんだ。そこでは、同時期に共有される話題の中心としてテレビドラマコンテンツが大きな役割を担ったことが重要だったのではないだろうか。過去のコンテンツが新たなファンを獲得し、話題が集中する現象

表5・1　コロナ禍でのゴールデン枠ドラマスタート延期による主な再放送ドラマ

局	タイトル	制作	放送日	原作	脚本
NHK	「アシガール」	2018	4/17 ～ 7/3	森本梢子	宮村優子
	「野ブタ。をプロデュース」特別編	2005	4/11 ～ 6/20	白岩玄	木皿泉
	「春子の物語・ハケンの品格 2007年特別編」	2007	4/15 ～ 6/11	—	中園ミホ
TBS	「ノーサイド・ゲーム」	2019	4/26 ～ 5/24	池井戸潤	丑尾健太郎
	「コウノドリ」傑作選	2015・2017	4/10 ～ 4/24・5/8	鈴ノ木ユウ	山本むつみ他
	「恋はつづくよどこまでも胸キュン！ダイジェスト」「胸キュン！特別編」「胸キュン！完結編～最終話」	2020	4/21 ～ 5/12	円城寺マキ	金子ありさ他
	「逃げるは恥だが役に立つ」	2016	5/19	海野なつみ	野木亜紀子
	「JIN ―仁―レジェンド」	2009/2011	4/18, 19, 25, 26, 5/2, 3	村上もとか	森下佳子
	「グッドドクター」	2018	4/9 ～ 6/11	韓国ドラマ	徳永友一他
	「コンフィデンスマン JP」傑作選	2018	4/27 ～ 7/21	—	古沢良太
	「やまとなでしこ 20 周年特別編」	2000	7/6・13	—	中園ミホ
	「不思議な選 TAXY」	2014	4/14 ～ 6/19	—	バカリズム
テレビ朝日	「BG ～身辺警護人」	2018	4/16 ～ 6/11	—	井上由美子
	「DOCTORS ～最強の名医～スペシャル」	2013 ～ 2015	4/19	—	福田靖
	「特捜 9」傑作選	2018 ～	5/6 ～ 6/11	—	徳永富彦他
テレビ東京	今野敏サスペンス				
	「サイレント・ヴォイス 行動心理捜査官・楯岡絵麻」	2018	5/1 ～ 7/10	佐藤青南	ブラジリィー・アン・山田他

出典：筆者調べ（再編集版、特別編とタイトルに付されたものを含む）。

が起きた。

　『恋はつづくよどこまでも』（TBS、2020年）は、同年の1月から3月まで放送されていたもののダイジェスト版で、初回放送から間をあけず再放送された。病院を舞台にした恋愛模様、職場での仕事ぶりが魅力のドラマで、サブタイトルの通り「胸キュン」シーンにSNSが再び盛り上がった。そのほかは、2018年に放送された作品が多いが、『やまとなでしこ』（フジテレビ）の初回放送は、2000年、20年前の作品だった。同じく『野ブタ。をプロデュース』（日本テレビ、2005年）は初回放送の15年前、『春子の物語・ハケンの品格』（日本テレビ、2007年）は初回放送の13年前の作品だった。『逃げるは恥だが役に立つ』（TBS、2016年）は4年ぶりの放送だが、エンディング曲で出演者が踊る「逃げ恥ダンス」シーンが新たに撮影されて話題になった。

　コロナ禍、急速に進む配信プラットフォームの需要の高まりを受け、これまで放送された魅力あるテレビドラマが紛れもなく「パワーコンテンツ」であることが再認識された。コロナ禍の視聴行動から見えてきたことは、魅力あるコンテンツが瞬く間にコンテンツ市場を席捲するということだった。さらには、魅力あるコンテンツが継続的な価値をもつということだった。

第3節　テレビドラマ開発の起源に見るドラマの魅力

　テレビの本放送がスタートする10年以上前のことだ。1940年に日本初のテレビドラマとされる『夕餉前』がNHKの世田谷砧村の技術研究所から、千代田区内幸町のNHK東京放送会館、愛宕山旧局社（現在のNHK放送博物館）の常設テレビ観覧所、日本橋三越本店で開催されていた「電波展」の受像機の3か所に送信された。12分ほどのホームドラマだった。撮影時の苦労話は、脚本を手掛けた伊馬春部らによって語られている。夕暮れ時に家族が帰宅する場面を描く本作は、なぜ食卓を囲むドラマではなく、『夕餉前』だったのか。食卓で「スキヤキ」を囲みたいが、放送時間内では肉が煮え切らず食べられないため、食前に変更したというのである。また、撮影には強い照明が必要なため、その熱で俳優はみな汗だくで演技し、強烈な熱で衣類が焦げ出す、ポマードから湯気が出るというエピソードも語られている[7]。

　脚本を手掛けた伊馬春部は、1932 年に創立した新宿ムーランルージュの座付きとなり、伊馬鵜平の筆名で新喜劇の脚本を書いていた[8]。軽妙な語り口で時事を風刺する作品を得意とした[9]。評論家のこうたきてつや氏は、伊馬鵜平（筆名）は「風刺劇を得意とし」、「反骨の喜劇作家である」としている[10]。

　実際の映像は確認できないが現存する脚本から日本初のテレビドラマの内容がうかがい知れる[11]。当時の技術的な制約やテレビドラマへの期待が伝わる。以下にその特徴について挙げたい。今日のテレビドラマの魅力の種となるような表現の工夫がふんだんに盛り込まれていると言えるだろう。

　①家族の物語（身近な存在）
　②歌などのエンタテイメント
　③カメラワーク（映像表現）のダイナミズム
　④日常性と非日常性を融合させる
　⑤生活に直結する話題を扱っている
　⑥社会的なトピックスを扱っている
　⑦新鮮なニュースを盛り込む
　⑧家族に直結する問題を扱っている
　⑨登場人物／視聴者共通の話題を扱っている
　⑩異世代（親子）のコミュニケーションを描く
　⑪食を題材・話題にしている

　舞台は、とある母子家庭の茶の間である。年頃の兄妹が夕飯のスキヤキを楽しみに母の帰りを待っている。**【①家族の物語（身近な存在）】**
　ファーストシーンは、妹・貴美子が「宵町草」を唄う顔だ。**【②歌などのエンタテイメント】**
　そのシーンには、次のような指示がある。「アップにて、何かの音楽会みたいな効果をもたせること」（本文の旧漢字・かなづかいは筆者が改めた）。続くシーン（＝カット＝○茶の間）では、「唄いながらハタキをかけている貴美子（アップよりカメラをひくと、エプロン姿の貴美子なのである）」とある。**【③カメラワーク（映像表現）のダイナミズム／④日常性と非日常性を融合させる（音**

楽会の雰囲気から家庭の茶の間への転換）】

　そうこうするうちに、外から豆腐屋のラッパが聞こえてくる。貴美子が、豆腐を買いに出て、十二銭のお代を払うところで貴美子が新しい十銭（硬貨）を話題にする。豆腐屋がこんなふうに答える。「アルミのやつでしょう？　今度あたらしくできた……どうも軽くって扱いにくいねぇ。もっとも子供のやつは、水に浮かして遊んでやすがね」といった具合だ。**【⑤生活に直結する話題を扱っている／⑥社会的なトピックを扱っている】**

　と、夕刊が届き、「……──か（その日のもっともトップ記事のみだしを読む）」というセリフの指示がある。**【⑦新鮮なニュースを盛り込む】**

　その後は、ラジオをつけ「子供の時間の童謡」が流れたりするが、貴美子が新聞で、ラッシュアワー時のバスと電車の衝突事故を知り、母を心配する。これも当時の交通事情を反映したものだろう。

　母が帰宅した後の話題は、持ち帰ったお見合い写真のことで盛り上がる。**【⑧家族に直結する問題を扱っている／⑨登場人物／視聴者共通の話題を扱っている】**母の思いと兄妹の思いが見える。亡くなった父の写真が写る（写真は冒頭で貴美子が掃除をするシーンにも映される）。**【⑩異世代（親子）のコミュニケーションを描く】**

　ここでふたたび、母が買い求めてきたスキヤキ用のロース肉の話題になる。**【⑪食を題材・話題にしている】**というわけだ。

　脚本家が、舞台喜劇、ラジオを手掛ける人物であったからこそ、テレビドラマならではの表現というものが意識され、模索されたのではないだろうか。

　以後、放送時間帯（編成）の拡大や、新技術の開発とともにテレビドラマが新しい表現を獲得していったことは言うまでもない。ただ、今は見ることができない日本のテレビドラマ第1号には、テレビドラマの可能性の多くがすでに見出されていたのであった。

　脚本の制作には複数の制作者の意見や事情も反映されただろうが、この『夕餉前』の脚本を読む限り、その革新（確信）的な表現の多くを担ったのは脚本家だったのではないか。

第4節　テレビドラマにおける脚本家発掘と課題

4・1　1970 年代「作家の時代」から 1980 年代「新たな才能」を求める脚本コンクールへ

　本節では、組織に属さないクリエイターとしての脚本家がテレビドラマの制作現場においてどのように位置づけられてきたのか、その変遷をたどる。映画や演劇、ラジオの後発メディアであるテレビドラマでは、当初、「映画のシナリオライターか、劇作家、もしくは劇団文芸部員などに台本を依頼することが多かった」[12]という。先行メディアの制作者が多く参画することでスタートしたのである。テレビコラムニストの松尾羊一は、1960 年代は「テレビドラマには何ができるか、茶の間がドラマに何を感情移入し、作り手と受け手は何を共同幻想するか。さまざまな意匠が一斉に開花したのがこの時代である」[13]として、テレビドラマ史における脚本家の軌跡をたどりながら、豊かなジャンルの模索があったことを示している。

　やがて、1970 年代に入ると、テレビ局の名プロデューサー、名ディレクターとともに脚本家が日本のテレビドラマならではの個性を示す。1976 年には、NHK の「土曜ドラマ」で山田太一の『男たちの旅路』に始まる脚本家シリーズが登場した。読売新聞編集委員（当時）の鈴木嘉一氏は、脚本家の山田太一、倉本聰、向田邦子、橋田壽賀子、早坂暁の名前を挙げ、1970 年には「『脚本家』の時代の到来を告げた」[14]としている。コラムの冒頭では、1965 年に松竹を退社して TBS の『木下惠介劇場』で脚本を書き始めた山田太一の駆け出しの頃の回想を示し脚本家の置かれた立場を伝えている。「原作者の小説家に比べ、脚本家の地位がまだ低かった。制作発表では原作者が真ん中に座り、僕らは端の方に座らされた。脚本はドラマを支える大事な要素なのにと、大きな声で言いたかった」（山田太一）[15]。テレビドラマの脚本家の立場が低かったことも、重要な要素を脚本家が担っていたことも当時の状況である。その中から、豊かなテレビドラマ作品が作られていくこととなる。1974 年には、NHK の大河ドラマと朝の連続テレビ小説でそれぞれの作者（脚本家）が降板し、日本放送作家協会が NHK に脚本家の待遇改善を求めたことで、当時の川口幹夫ドラマ部

表5・2　最新版「シナリオ・コンクール脚本募集情報」
月刊『ドラマ』掲載の脚本賞一覧

コンクール名	主催	歴史	ジャンル
TBS 新鋭シナリオ大賞	TBS	1986 〜	
フジテレビヤングシナリオ大賞	フジテレビジョン（協賛：シナリオ作家協会）	1986 〜 ※	
ディレクターズ・カンパニーシナリオ募集	ディレクターズカンパニー	1983 〜	映画
BK ラジオドラマ脚本懸賞募集	NHK 大阪放送局	1980 〜	ラジオ
FBS 福岡放送　二時間ドラマストーリー募集	FBS 福岡放送局	1983 〜	
NHK 演芸台本懸賞募集	NHK	1980 〜	落語／漫才
創作テレビドラマ脚本懸賞募集	日本放送作家協会（後援：NHK、日本放送出版協会）	1976 〜	
新人テレビシナリオコンクール	シナリオ作家協会　映画文化協会（協賛：東宝）	1962 〜	
城戸賞脚本募集	城戸賞運営委員会	1975 〜	映画
ATG 脚本賞募集	日本アートシアターギルド映画文化協会	1980 〜	映画
創作ラジオドラマ脚本懸賞募集	日本放送作家協会（後援：NHK、日本放送出版協会）	1972 〜	ラジオ
新人映画シナリオコンクール	シナリオ作家協会	1951 〜	映画
読売テレビゴールデンシナリオ賞	読売テレビ放送	1980 〜	
部長刑事ストーリー募集	毎日放送	1958 〜	

注：そのほかに週刊 TV ガイド 25 周年第 5 回向田邦子賞記念企画「東芝日曜劇場」ストーリー募集（昭和 62 年／協力：日本放送作家組合、東京放送、東芝）の応募要項が掲載されている。
　　記載のものは募集中のもの、次回開催未定のものを含む。
　　歴史は開催開始年。
出典：月刊『ドラマ』1987 年 4 月号をもとに作成。

表 5・3　シナリオ学校情報（1987 年 4 月）に掲載の 16 機関

	学校名	所在地	開設年
1	シナリオ作家協会東京山手 YMCA シナリオ講座	新宿区西早稲田	1983 年
2	東京映像芸術学院	港区赤坂	
3	シナリオ・センター	港区南青山	1970 年
4	放送作家組合 放送作家教室	港区六本木	1965 年
5	松竹　シナリオ研究所	中央区築地	1980 年
6	日本映画学校	川崎市麻生区	1975 年
7	にっかつ芸術学院	調布市	1975 年
8	東映京都俳優養成所　シナリオ・演出科	京都市（太秦）	
9	大阪シナリオ学校	大阪市	
10	創翔塾（そうかじゅく）シナリオコース	大阪市	
11	朝日カルチャーセンター・横浜	横浜市	
12	東急クリエイティブ・ライフセミナー　渋谷 BE〈シナリオ創作〉	渋谷区道玄坂	
13	NHK 文化センター「シナリオ作法」講座	港区南青山	
14	アニメ・シナリオハウス	渋谷区渋谷	1986 年
15	グラスフルーツアカデミー	渋谷区猿楽町	
16	NTV 放送作家セミナー	新宿区新宿	

注：表記、掲載順（順不同）は掲載誌による。
　　開設年は筆者が調査。空欄は開設年不明。

長は、「ドラマの命は脚本」とし、脚本料のアップに努め、新しいドラマ枠の開発を進めた[16]。

　鈴木氏は、引き続き 1980 年代は「高視聴率のドラマだけではなく、数々の名作や秀作を生んだという意味では黄金時代とも言えるが、後半には陰りも見え始めた」[17]としている。脚本家の名前がとどろくようになり、ドラマが若者の心をつかむようになり、新しい才能が求められたのが 1980 年代だろう。新たに多くの脚本コンクールが開催され、応募作品を募った（**表 5・2**）。

　"シナリオ作家志望者のためのシナリオ情報マガジン" 月刊『ドラマ』（映人社）は、1979 年に創刊されて現在に至るまで発刊されているテレビドラマ脚本の情報誌であり掲載誌である。1985 年 2 月号の特別企画は、「作家になるため

の方法と体験」、特集は「シナリオ学校」（**表 5・3**）。その翌月 3 月号の巻頭の特別企画は「シナリオライターへの道　デビューの研究」だった。1985 年から 1987 年の『ドラマ』は、新たな才能を発掘する脚本の公募情報であふれていた。

　1987 年に創設されたフジテレビヤングシナリオ大賞は、これまで（2023 年まで）に 35 回を数え、現在では歴史ある脚本コンクールのひとつになっている。受賞者からは現在も活躍する脚本家を多く輩出している。当初のフジテレビヤングシナリオ大賞の募集要項（締切＝1987 年 1 月 31 日）には次のようにある。

　「私達、フジテレビのプロデューサー・ディレクターは、キミの『若い』『新鮮な』そして『ハツラツとした』才能を真に求めています。今だかってシナリオ等書いたことがないという方もやってみてください。大いに歓迎です。今、このシュンカンから、キミの頭脳とハートをめいっぱい ON にして、『1987』をドラマにして下さい。待っています。」（フジテレビ募集要項より）[18]。

　時を同じくして、TBS は、TBS 新鋭シナリオ賞をスタートさせる（締切＝1986 年 12 月 15 日）。募集要項に掲載されたフレーズは以下の通りだ。

　「1986 年夏、TBS では新人作家との出会いの場として TBS 新鋭シナリオ賞を設置することになりました。今春で 4 年目をむかえた TBS の若手制作スタッフの自由な企画実現の場として機能してきました。来年の夏、このシリーズがドラマを志す新鋭シナリオ作家の旗揚げの舞台に生まれ変わります。あなたのフレッシュな感性を生かした脚本を待っています。」[19]

　ふたつの大きなコンクールの募集開始を特集した『ドラマ』1987 年 4 月号には、「第 2、第 3 の倉本聰の登場は？」とのコピーがあるものの、そこで求められていたのは作家としての才能にとどまらず、若い世代による時代と共振したドラマのクリエイター、若手スタッフと協働できる脚本家だったのではないだろうか。審査にはいずれも、脚本家とともに主催局の若手（ドラマ）制作スタッフが加わっていた。TBS は「TBS 若手制作スタッフ」と脚本家 3 名が審査、フジテレビは、「フジテレビのプロデューサー、ディレクター、その仲間のシナリオライター」が審査することが明示されていた[20]。募集の文面には、「若い」、「新鮮な」、「頭脳とハート」、「フレッシュな感性」といったフレーズが、当時のコンクールの目的を象徴するものとして目をひいた。

　フジテレビヤングシナリオ大賞の第 1 回目の大賞受賞者である坂元裕二は、

受賞後まもなく AD（アシスタントディレクター）としてフジテレビのドラマ制作現場に入り、その 2 年後に、『同・級・生』（1989 年 1 月 7 日〜3 月 18 日、フジテレビ）の脚本を手掛ける。その 2 年後の 1991 年には、『東京ラブストーリー』（1991 年、フジテレビ）の全話の脚本を担当した[21]。印象的なセリフが流行語となり[22]、主題歌がヒットするなど世間をにぎわす社会現象にもなる大ヒット作となった。『東京ラブストーリー』の原作者、柴門ふみは、ドラマのシナリオ集の冒頭に次のようなコメントを寄せている。

「坂元裕二さんは、私と違って男性であり、そして私より十歳も年下です。（中略）登場人物の女の子が原作より可憐で元気になり、男の子はより繊細でナイーブになってしまうのは、そのへんの性別と年齢なのかもしれません。
　（中略）テレビドラマの脚本という分野は、様々な規制や細かい指示が入って随分と大変だったことだと思います。その中で、自分を見失わず、原作アリという大制約の下、〈坂元裕二の個性〉を主張したしたたかさに、将来の大器を感じずにはいられません。」[23]

また、坂元裕二の脚本を「彼の創り上げる瑞々しい台詞劇」と評してもいる。第 2 回の大賞受賞者、野島伸司もフジテレビ月曜 9 時『君が嘘をついた』（1988 年 10 月 24 日〜12 月 19 日、フジテレビ）で、連続ドラマデビューを果たし、同枠『愛しあってるかい！』（1989 年 10 月 16 日〜12 月 18 日）、同枠『すてきな片想い』（1990 年 10 月 15 日〜12 月 17 日）で、トレンディドラマ路線の人気を確固たるものにした。一方で、『東京ラブストーリー』の半年後に同枠で放送された純愛ドラマの『101 回目のプロポーズ』（1991 年 7 月 1 日〜9 月 16 日）で、高視聴率が話題となり、第 6 話のクライマックスで主人公の男性（武田鉄矢、浅野温子とW主演）が叫ぶ「僕は死にません」がその年の流行語大賞を受賞するなど、大ヒットドラマとなった[24]。
　二人の活躍は、『ドラマ』誌の特集でもしばしばニュース性をもって取り上げられた。『ドラマ』90 年 3 月号「★90 年代シナリオ作家たち SPECIAL　僕らの時代がやってきた　対談　野島伸司　坂元裕二」では、コンクールの締め切りを間近に控えるタイミングで、二人の対談が 10 ページにわたって掲載さ

れた。また、同誌の 1988 年 11 月号では、「特集コンクール出身新人脚本家大活躍！！」の記事で、「シナリオコンクールは今、確実にシナリオライターの登竜門になりつつある！　テレビドラマの世界でこの一、二年、新人作家の進出が目覚ましい。中でも、各種のシナリオコンクール入賞者が早々にデビューし、連続ドラマや単発ドラマで活躍している……！」[25] と見出しをうち、野島伸司のインタビューを 5 ページにわたって掲載している。

野島伸司は『すてきな片想い』について次のように自作を解説している。「毎回毎回、枷をつくりました。ばれそうでばれない。（中略）この頃から、シナリオっていうのは、ある意味で数学だなと思い出した。方程式にハートみたいなものをねじこんで作るもんだと（笑）」[26]。

インタビューや対談の中で過酷な執筆についても告白している。脚本への熱い思いと、若い才能（感性）の登場はテレビドラマの表現の変化を圧倒的に印象付けた。野島氏は、この 5 作品以降もフジテレビでの月 9 枠で放送されたホームドラマ『ひとつ屋根の下』（1993 年）で高視聴率の記録を打ち立て[27]、一方で TBS 金曜ドラマ枠での連続ドラマを手掛けている。TBS での第一作目となる『高校教師』（1993 年、TBS）も教師と生徒の〝禁断の恋愛〟というセンセーショナルなモチーフで社会現象となった。

野島伸司作品のプロデューサーである大多亮は、野島伸司の優れているところは企画力としている。手掛けた 5 作品[28] を振り返り、「『101 回目……』も『すてきな片想い』も、この五本というのは彼の企画ですよ。（中略）脚本力もあって企画力もある」[29]。1990 年代に入って、プロデューサー主導のドラマづくりが展開される動きもあったが、大多氏は野島氏の企画力を高く評価していた。

野島伸司は坂元裕二との前出の対談の中で、フジテレビのコンクールと同時期に TBS のコンクールにも応募し、TBS への応募作のほうが自信があったが 1 次選考も通過しなかったことを明かしている[30]。「勉強したのが、フジのドラマじゃなくて TBS の金ドラ[31] だから。俺たちの時」。そう語っていた彼は、その後、TBS 金曜ドラマ枠で社会派と言われる大胆なドラマを何本も手掛けヒットさせている。『高校教師』（1993 年）、『人間・失格』（1994 年）、『未成年』（1995 年）、『聖者の行進』（1998 年）である。金ドラと言えば、山田太一、鎌

田敏夫など作家の時代を牽引してきた脚本家のホームグラウンドのひとつでもあった。

　ここまで、作家の時代から、新時代を切り拓いたコンクール出身の脚本家として二人の作家のテレビドラマへの志向と評価をみてきた。会話劇としてのセリフの新鮮さ、大胆さ、登場人物と視聴者をとりもつ時代との共振性、社会性・時代性、エンタテイメント性、それらがしばしば社会現象として成立するドラマが、生み出された。それらは脚本家の個性、感性、企画力によるものだったと言えるだろう。

　新しい才能による新しいドラマの出現。それは世代交代の時機であったとともに、若者を中心とする新しい視聴者層が拡大し[32]、ドラマコンテンツが圧倒的に増加する時期でもあった。ただ、その新しさの中にも、ヒットドラマには、第3節でみたテレビドラマならではの表現（時代との共振性や社会性など）が巧みに織り込まれてもいる。それはコンクール出身者以外の脚本家にも通じることだった[33]。

4・2　再び脚本家が求められる時代の課題への対応

　2022 年 7 月[34]、NHK が既存のシナリオコンクールとは違うかたちのプロジェクトを始動させた。「脚本開発チーム WDR プロジェクト」である。WDR は、"Writers' Development Room" の頭文字で、脚本開発室ということになる[35]。募集要項には、これまでにないかたちでの条件等が提示され、脚本家のあり方についても明確なイメージが示されていた。

　目的は、グループでの脚本開発メンバー（10 名）を選出し、シリーズドラマを開発するプロジェクトメンバーの募集だ。2022 年 10 月から翌 5 月まで週に 1、2 回のペースで NHK でブレスト会議を行い脚本の共同執筆を行う。会議で採択された企画の一部メンバーは、5 月以降も企画のシリーズ開発を行うという。このプロジェクトの意義を語る NHK ホームページ「脚本開発チーム WDR プロジェクト　小栗旬×保坂慶太対談[36]」記事には「世界を席巻するドラマを作る」と大きくうたっている。

　コロナ禍における魅力あるドラマコンテンツの需要が高まりを見せたことは第 2 節ですでに述べた。その流れと同時に、働き方改革や、海外での映像コン

テンツ制作のスタイルのあり方をモデルに模索・検討されてきたのが、脚本の共同活動執筆（あるいは分業制）であり、企画内容から製作、配給を含む企画戦略を牽引するショーランナーの存在だ。

　2017 年 10 月に開催された、国際ドラマフェスティバルシンポジウムが主催する東京ドラマアウォード 10 周年記念シンポジウム「ここから始まる "新しい" テレビドラマ」は[37]、脚本家の井上由美子、古沢良太、坂元裕二、野木亜紀子の 4 名と、民放、NHK、ドラマ制作プロダクションの若手プロデューサー、ディレクターが一堂に会する異色のシンポジウムだったが、そこでも制作会社所属の参加者の提案でショーランナーの可能性についての意見交換があった。

　チームとしての脚本開発・分業制、制作コンテンツ数の増加への対応、日本においては働き方改革によるスピーディーな制作、製作費の獲得、ヒットする企画の牽引、またプラットフォームや媒体を横断しての映像コンテンツの制作の実現など、従来のテレビ局のプロデューサーとは異なる立場でのショーランナー、映像コンテンツ開発プロジェクトとしての脚本開発の機運が盛り上がりつつあった。NHK のプロジェクトの始動はそんな流れのいくつかを確実に実現するものとしてスタートしたと言えるだろう。

　現在、新しいかたちでの脚本コンクール開催が続いている。フジテレビヤングシナリオ大賞（1987 年にスタート、2023 年に第 35 回開催）、テレビ朝日新人シナリオ大賞（2000 年にスタート、2023 年までに 23 回開催）は、シナリオコンクールのなかでも継続的な実施の実績がある。この 2 社に加えて、募集を中止していた日本テレビと TBS が 2023 年に脚本の公募を再開した。2023 年は、民放 4 局がシナリオコンクールを開催するというこれまでにない状況となった。NHK の新しい形での脚本プロジェクトはここまで見た通りだが、再開を機に各局も新しい方針を打ち出している。

　2023 年、日本テレビは、18 年ぶりに公募「日テレシナリオライターコンテスト 2023」を再開した[38]。2 年目となる「日テレシナリオライターコンテスト 2024」の告知ホームページには、「ショーランナー」や「ライターズルーム」についての言及がある。

　「海外のドラマ制作では、多様なバックグラウンドをもつ脚本家たちが、作品全体のクリエイティブを指揮する「ショーランナー」が率いる「ライターズ

ルーム」と呼ばれる場所に集まり、そこで議論を重ねてストーリーを生み出します。」[39]

　日本テレビでは 2021 年の中期経営計画のもと「コンテンツ戦略本部」を立ち上げ、「スタジオセンター」を立ち上げた。その構想の中で「まずシナリオを読ませていただいて[40]、そこで才能を感じたクリエイターと日本テレビのプロデューサーをマッチングすることで共に作っていきたいという思いがあります。（中略）『ライターズルーム』ならぬ『ライターズベース』に才能あるライターに集まってもらい、そこから新しいものが生まれていってほしいと思っています」[41]としている。ほかの発言には、「魅力的なストーリー、キャラクターを一から考えるシナリオライター」、「多種多様なプラットフォーム」というキーワードもみてとれる。

　同年、日本テレビと約 1 か月違いで、TBS が 6 年ぶりの公募の再開を発表する。「TBS NEXT WRITERS CHALLENGE 2023」（募集期間＝2023 年 9 月 1 日〜9 月 30 日）は、「プロジェクトの目的」として募集要項の冒頭に以下の 3 点を記載している。「海外でも通用する脚本家を発掘」、「ドラマに限らず、すべてのストーリーコンテンツの成長、業界の発展に寄与すること」、「主催者のコンテンツクリエイティブにとって重要なパートナーとなり得る人材の育成を目指す」である。NHK の WDR プロジェクトや日本テレビのコンクール再開と共通する問題意識と言えるだろう[42]。

　ただ、TBS のコンクール担当者間の座談会で語られた共通認識には、ショーランナー制度とは異なるところを目指していることがうかがえる。今回の公募では、TBS グループとして立ち上げる半年間の『ライターズルーム』の実施をプロジェクトのスケジュールに組み込んでいる。TBS の松本友香氏は、「ショーランナー制度など海外のドラマ作りのやり方を参考にしてドラマ作りを変えていきたいというよりも（後略）」[43]としている。韓哲氏は、「ショーランナー制度は、脚本家がプロデューサーとして番組全体をコントロールしている面が強いと思いますが、日本ではまだそうしたスタイルは定着していないと思います」としたうえで、以前実施していた勉強会は、プロデューサーとのマッチングの機会の意味合いが強かったが、「ライターズルームで複数の脚本家さん同士で意見を出し合えたり、我々の側もチームとして育成していただく形が取

れると思っています」としている。

　これまで、コンクールを継続してきたフジテレビヤングシナリオ大賞の第36回の募集（応募締め切り2024年2月29日、第35回2023年2月28日）には、次のように示されている。「作品を選んでお終いではなくて、その人を選んで、彼らと一緒になって手を携えて、新しいソフトを作り続けていき、シナリオライターとして一本立ちしていただく。そして、その結果我々のソフト力が増すということを目指しています。実際に今までのヤングシナリオ大賞の中から、野島伸司さんや坂元裕二さん、いろいろな作家の方が生まれました。これからもそういう形で「発掘して育てていきたい」と考えています。」[44]

　他のコンクールでは、メンバーやクリエイターとしているところを「作家」としているところに特徴がある。実際の制作現場では、グループ脚本、チーム脚本、メインライター・サブライター・脚本協力などの協働が少なくない昨今と言えるだろう。そんななかで、大賞受賞者に連続ドラマの脚本執筆のスタートの場を作る動きに期待ができる。

　1987年代以降、シナリオコンクール受賞者の活躍が目をひくなか、脚本コンクールは近年に至るまで脚本家を輩出する一方で、一部のコンクールは中断される時期があった。しかし、新たな才能の登場が期待される今、再びコンクールが相次いで再開されている。このことは、脚本家の志望者にとっては、「脚本家になる方法」の入り口がシナリオコンクールの受賞になる（ことが多い）ことをしめしてもいる、脚本家のキャリアマップは35年以上前の1980年代後半も、時を経た現在も変わらない。

　各局でコンクールが立ち上げられる時は、即戦力が求められるタイミングでもある。フジテレビのヤングシナリオ大賞では、ここ数年、コンクール受賞からデビューまでのタイムラグが短い傾向がある。フジテレビヤングシナリオ大賞の初期の頃は、すでに、坂元裕二や野島伸司の活躍の事例で見たところである。近年においては、2021年に締め切られた第33回の大賞受賞者・生方美玖が翌年2022年に放送の連続ドラマ『silent』（木曜劇場枠／10月6日〜12月22日）脚本をオリジナルで執筆し、高い評価を得た。続く2022年（34回）の大賞受賞者・市東さやかも翌年2023年の月9『真夏のシンデレラ』（7月10日〜9月18日）の脚本を完全オリジナルとして手掛けた。NHKのWDRでもライタ

ーズルームのプロジェクトで開発した土曜ドラマ『3000 万』が 2024 年 10 月から放送される[45]。

　ここまで、テレビ局側からの問題意識に沿ったコンクール実施の展開を整理してきた。ここで、コンクール受賞者の実際を別の側面から触れておきたい。

　インタビューした受賞経験者たちから多く聞かれたのが、キャリアアップの問題として、コンクール受賞後のステップが続かないということだ。新人脚本家が活躍する場はほぼなく、もちろん技術的な修練が必要ではあるが、ステップアップしていく機会があまりにも少ない。また経済的問題として契約書の有無や、原稿料についても課題は多い。原稿料の基準の不明瞭さ、また、原稿料の支払いのタイミングがすべての放送が終了した後であることも経済的な基盤の不安定さとなっている。制作面においては、アイデアの帰属先や制作期間の拙速なスケジュール等について疑問があるという意見があった。

　韓哲氏（TBS）は、2024 年の「ドラマの企画を立ち上げ、企画書とプロットが編成に通るか分からない段階で、脚本家さんと私たちがその作業を一緒に行っても、現状の日本のドラマ界ではそこにお金を払うというシステムが整っていません。連ドラ 10 話の放送が終わってから、全話分の脚本料のお支払が終わるシステムなので」

　「企画が決定して脚本料が後払いの方法だけではなく、企画をともに作っていく脚本開発の時点で開発費というべきじゃないかと改革を行いはじめています」[46]と具体的な改善の取り組みを語っている。

　NHK も WDR のメンバーには、開発期間の会議参加費が支払われた。すでに脚本家としての実績があるメンバーも含まれているが、開発した企画がすぐに放送に結びつくという点でもすでに実績をあげている。またフジテレビも、コンクール受賞者の連続ドラマへの起用をすすめていることがうかがえる。

　プロジェクトの規模のあり方や継続性、チーム体制での脚本開発に個人の才能をどのように活かすのかといったことにも課題があると考えるが、新たなる人材獲得に向けて、問題点は広く制作者に共有されており、引き続きの改善が期待されるところである[47]。

表5・4　コンクール受賞経験者へのインタビュー実施

			受賞歴	活動歴	事務所所属	協力	サブ	メイン
A	50代	女	2012年	10年	2年間のみ	1	5	25
B	40代	男	2013年	12年	約9年	5	16	6
C	30代	男	2017年	7年	あり	4	5	9
D	30代	女	2021年	6年	なし	8	0	2
E	30代	男	なし	14年	なし	0	約30	約40

注：Eさんはフリーの演出家。
※インタビュー実施期間 = 2023年6月〜2024年7月。
※再アンケート実施期間 = 2024年6月〜8月。

第5節　おわりにかえて：いまいちど魅力あるコンテンツとは何か
──国際競争力のあるコンテンツ　日本の実例から

　最後に、視聴者が求めるドラマという観点から、テレビドラマコンテンツの魅力について検討しておく。パワーコンテンツが求められる時代、テレビドラマが受け継いできた映像コンテンツとしての魅力は何か、海外でもヒットした日本のテレビドラマの歴史を見渡すことで確認したい。いまや魅力ある映像コンテンツは国内外を問わず評価されるものではないか。配信プラットフォームやSNSの一般化、高画質高音質（4K、5G）時代ゆえの課題もある。ここでは、そういった新たな機能を活かすための礎となる物語のあり方を紹介して結語に代えたい。

　まず、海外で受け入れられてきた日本のテレビドラマの最大の共通点は日本が映し出されているということだ。日本の文化が映し出されていると言ってもいい。そのうえで、映像のクオリティー、魅力的な人物、魅力的な会話が力をもつ。好まれるジャンルは、あえて大胆にいうならば、冒険、青春、日常、恋愛、家族、食（へのこだわり）といったところだろうか。

　2023年12月に石川県、七尾市で開催された「第16回アジアテレビドラマカンファレンス〈16th ATDC in 能登〉　The future of Asian Content〈アジアコンテンツの未来〉」[48]のセッションの中でKeiko Hagihara. Bang（ケイコ・ハギ

ハラ・バング（バンメディアグループCEO））氏が、「変革する最後のチャンス」という刺激的なトークを担った。日本のコンテンツの課題や、海外の映像コンテンツ市場からの日本の製作者への期待値の高さなどがレポートされた。彼女が指摘したのは、「日本の変わらない状況に憤りを覚えているが、同時に日本のコンテンツに注目が集まっている」ということだ。日本のアニメは世界中（アジア・欧米）で見られ、日本は高い関心をもたれているのに、日本の映像コンテンツ業界はその関心にまったく応えられていない。ハリウッドで日本を題材にした映画[49]がハイバジェットで作られていることを紹介し、この金額の予算があれば日本ならどんな素晴らしいものがつくれるだろうか、と会場に問いかけた。

　関心と期待に応える映像コンテンツがない。バング氏は、外国人、特にアメリカ人は、「日本を見てハリー・ポッターの世界な感じ」とたとえる。「中にエニグマがあって、ちょっと謎の国。だから、ハリー・ポッターの本当の学校があれば行きたくなると思うし（日本人も行きたいと思うように）、ドキュメンタリー、ドラマ何でも見たくなると思う。それと同じようにみんな日本のコンテンツが見たいが、でも出ない」。日本の現状は、バング氏の指摘するとおりと言える。

　「日本のガラパゴス化」はよく聞かれる言葉だが、これまでのヒットドラマは、まさにそのガラパゴスの強みが魅力を放ったものではないか。特殊で魅力的なコンテンツをいかに世界に広くアピールしていくか、そのあり方を再検討して転換させる必要がある。これまで、海外で評価を得たテレビドラマからその可能性を探ってもいいだろう。

　表5・5にまとめた、ヒットドラマのストーリーの軸には、いくつかの特徴や共通項も見てとれる。仲間や冒険の物語、個性的な登場人物（オタク的な人物といってもいい）がその代表的なものだ。

　現代において、映像コンテンツのあり方は、視聴者にとっても、作り手にとっても、あらたな課題を生んでもいる。

　ショート動画の需要が高まり、ロングコンテンツは、早送り視聴される傾向にある、高画質・高音質によるダイナミズムへの対応、日本の見逃し再生では、ジャンルとしてラブストーリーが多く試聴されるという特殊性もある。

表5・5　これまでの日本の海外ヒット作品（10選＋α）

放送年	タイトル	局	ストーリーの軸	ヒット国	（出演者）脚本
1978年	『西遊記』[1]	日本テレビ	冒険・旅・仲間・仏教観	イギリス	
1983年	連続テレビ小説『おしん』	NHK	経済成長、家族、努力、成功譚、強い女性、時代の変化		橋田壽賀子
1991年	『東京ラブストーリー』	フジテレビ	自立した女性像、ファッション、東京の暮らし、都市文化、やさしい（ナイーブな）男性像	中国	坂元裕二
1995年	『Love Letter』[2]	フジテレビ	北海道、日本の青春、恋愛、死別、タイムリープ的な時間構成、繊細な画づくり、抒情性	韓国・台湾	岩井俊二
2006年	『のだめカンタービレ』	フジテレビ	自由な女性像、ハイカルチャーの市民化	韓国	（漫画原作）
2010年	『MOTHER』[3]	日本テレビ	家族、親子、セリフ、映像	トルコ他（リメイク）	（芦田愛菜）坂元裕二
2012年	『リーガルハイ』	フジテレビ	正論を逆手にとる、個性的な人物像		（堺雅人）古沢良太
2013年	日曜劇場『半沢直樹』	TBS	勧善懲悪、正論を貫く、個性的な人物像、ヒーローもの	中国	（堺雅人）
2014年	『昼顔〜平日午後3時の恋人たち〜』	フジテレビ	日本的な倫理観、大人の恋愛（30代）	中国[4]	井上由美子
2017年	『カルテット』	TBS	個性的な人物、オタク、家族、日本的なあはれ		坂元裕二
2022年	『花より男子』[5]	TBS	アイドル文化のフォーマット化	韓国	（漫画原作）
2012年〜	『孤独のグルメ』[6]	テレビ東京	オタク的、日本的な個の尊重、食	韓国	（松重豊）

2007 年	『プロポーズ大作戦』7)	フジテレビ	タイムリープ、異世界転生もの、消極的な恋愛、日本の青春	韓国	金子茂樹
2023 年	『ブラッシュアップライフ』	日本テレビ	タイムリープ、異世界転生もの、友情、日本の日常、時代感、若者文化		バカリズム
2019 年〜	『キングダム』8)		歴史もの		
2020 年〜	『今際の国のアリス』9)	Netflix	異世界転生、サバイバル		
2023 年	『サンクチュアリ』10)	Netflix	日本の伝統文化		

注：1) 日本テレビ開局 25 年記念番組として企画・制作。1978 年は日中平和友好条約が調印された年。中国ロケに中央広播事業局（現・国家広播電視総局）が協力した。イギリスでは BBC で放送され英語版 DVD がリリースされた。
2) 映画、製作＝フジテレビ
3) トルコで、2016 年に『ANNE』（全 33 話）というタイトルでリメイクされる。トルコ国内で高視聴率を記録するほか、35 か国に輸出されてヒットする。2022 年にはスペイン版のリメイクがヒット。世界 100 か国以上でリメイクされている。
4) 「「昼顔」中国で異常人気の理由　チケット 5 千枚、30 秒で完売の事態に」テレビ版から 2 年後の映画版の公開時の人気を伝える記事（2017 年 6 月）。https://withnews.jp/article/f0170626001qq000000000000000W06l10501qq000015434A）
5) 1995 年に映画化、韓国でテレビドラマ化、さらにのちに日本でテレビドラマ版がリメイクされた。シリーズ 3 作を数える。
6) 2023 年までにシリーズ 10 が放送。複数のスペシャル版が放送、劇場版も公開されている。
7) 韓国でリメイクされた。
8) 2019 年に映画がヒットし、その後、地上波放送（日本テレビ）、配信コンテンツとして人気が広まる。
9) 配信。
10) 配信。

　しかし、海外展開という点においては、かつての日本のテレビドラマの海外展開の課題と言われてきたいくつかの点がゆるやかに解消されつつある。例えば販売価格、ロット数（話数）が少ないこと、非英語圏であること、人種（欧米／アジア）の違いがあること、場所が限定的なこと、設定が特殊すぎる、海外でのコンテンツ発信のプラットフォームがほぼないことなどだ。また言語の問題も大きな障壁と言われていた。しかし現在、日本の独自性がより受け入れられやすい状況だとすれば、これまでのヒット作にヒントを見出し、再検討すべきである。またとない好機がおとずれているといえるのではないだろうか。

注

1)　野木亜紀子『MIU404 シナリオブック』に、当時撮影がスタートしていた『MIU404』の撮影休止、再開までの時系列や経緯が詳しい。のちに 2020 年 11 月 1 日開催の国際ドラマフェスティバルシンポジウム『ニューノーマル時代のテレビドラマ〜今こそ共有したい、あの時とこれから〜』で演出の塚原あゆ子氏が当時の経緯を語った。同ドラマは、4 月 10 日スタートし全 14 話の予定が 6 月 26 日開始で全 11 話に変更。

2)　『ニューノーマル時代のテレビドラマ〜今こそ共有したい、あの時とこれから〜』で、日本テレビ櫨山裕子氏が撮影状況について解説。NHK では、単発ドラマ・ドラマ＆ドキュメント『不要不急の銀河』（2023 年 7 月 23 日放送）で、コロナ禍における自粛をテーマにしたドラマの制作プロセス（撮影状況を含む）のドキュメンタリーを放送した。

3)　韓国 tvN で 2019 年 12 月 14 日〜 2020 年 2 月 16 日放送。原案＝スタジオドラゴン、脚本＝パク・ジウン、監督＝イ・ジョンヒョ、出演＝ヒョンビン、ソン・イェジンほか。

4)　韓国 JTBC で 2020 年 1 月 31 日から同年 3 月 21 日放送。原作＝クァンジン（ウェブ漫画）『梨泰院クラス』、脚本＝チョ・グァンジン、監督＝キム・ソンユン、出演＝パク・ソジュン、キム・ダミほか。

5)　「パク・ソジュン出演、ドラマ「梨泰院クラス」視聴率 16.5％で自己最高記録を更新…有終の美を飾る」2020 年 3 月 22 日配信（初回視聴率は 5％／データはニールセン・コリアによる）。https://news.kstyle.com/article.ksn?articleNo=2139242

6)　「『愛の不時着』、韓国放送当時の視聴率が物語っていた "大ヒットの必然性" とは」2020 年 6 月 11 日配信。https://news.line.me/detail/oa-rp60169/4d768d44a0aa

7)　原田信男「夕餉前」『テレビドラマ 30 年』読売新聞社、1983 年。

8)　志賀信夫『テレビ文化を育てた人びと　作家・文化人・アナなどのパイオニア』源流社、2007 年、23 頁。

9)　『テレビ文化を育てた人たち』。

10)　こうたきてつや『昭和ドラマ史』映人社、14 〜 19 頁。こうたき氏は、1940 年は「米穀配給のもとに『贅沢は敵だ！』と叫ばれた年である」という時代背景から「スキヤキという贅沢ばかり」を楽しみにするプロットからは伊馬の気概が感じられるとしている。

11)　伊馬春部「テレビドラマ 25 年史・連載第十回　夕餉前—日本で初めてのテレビドラマ脚本」『ドラマ』1980 年 5 月号。

12)　松尾羊一「一九六〇年代のドラマ作家たち　テレビ的な豊かなドラマ・ジャンルの模索」『テレビ作家たちの 50 年』NHK 出版、2009 年、70 頁。

13)　同、71 頁。

14)　鈴木嘉一「一九七〇年代のドラマ作家たち　脚本家の時代」『テレビ作家たちの 50 年』NHK 出版、2009 年、130 頁。

15)　同、130 頁。

16)　同、134 頁。

17)　鈴木嘉一「一九八〇年代のドラマ作家たち　絶頂期と翳り」『テレビ作家たちの 50 年』NHK 出版、2009 年、187 〜 189 頁。

18)　『ドラマ』1986 年 10 月号、映人社、表表紙。

19)　『ドラマ』1986 年 10 月号、15 頁。

20)　TBS 新鋭シナリオ賞審査員、市川森一、伴和彦、鴻上尚史、TBS —赤地偉史（演出二部）、田代冬彦（編成部）、松田幸雄（演出一部）、伊藤一尋（同）、藤浩文（同）。1 次選考から 3 次選考までは TBS 若手スタッフによって行われた。所属表記は掲載誌『ドラマ』による。「特集 TBS 新鋭シナリオ賞入選作発表」『ドラマ』1987 年 9 月号、4 〜 23 頁。フジテレビヤングシナリオ大賞、山田良明（フ

ジテレビ第一制作部）、河毛俊作（同）、大多亮（同）、小林義和（同）、前田和也（フジテレビ編成部）、亀山千尋（同）、宅間秋史（同）、佐伯俊道（シナリオライター）、奥村俊雄（シナリオライター）、表記は掲載誌『ドラマ』による。「第 1 回フジテレビヤングシナリオ大賞発表」『ドラマ』1987 年 8 月号、映人社、4 〜 59 頁。

21)　坂元氏の大賞受賞作「GIRL-LONG-SKIRT 〜嫌いになってもいいですか？〜」は映像化され、1987 年 12 月 26 日に放送されている。出演＝河合美智子、角田英介ほか、演出＝石坂理江子。

22)　『同・級・生』の原作（柴門ふみ）と脚本の関係について、坂元氏は「原作のストーリー展開やセリフとは、あんまり関係なく書いてます。ただキャラクターだけは原作に忠実にキチンとおさえて。キャラクターがドラマでは一番大事なことだと思うんです。それさえ押さえておけば原作のさじは損なわないんじゃないかと。（後略）」と述べている。

23)　柴門ふみ原作・坂元裕二脚本『東京ラブストーリー「TV 版シナリオ集」』小学館、1991 年、2 〜 3 頁。

24)　拙著「『101 回目のプロポーズ』〜永遠の愛」『ニッポンのテレビドラマ 21 の名セリフ』で『101 回目のプロポーズ』のセリフや表現の特徴について論じた。流行語大賞受賞は、「僕は死にましぇん！」。

25)　『ドラマ』1988 年 11 月号、4 頁。

26)　「平成の 20 代熱血脚本家　野島伸司の研究」『ドラマ』1992 年 2 月号、18 頁。

27)　同番組の最高視聴率 37.8%（第 11 回）は 1990 年代全民放ドラマの最高視聴率、2024 年現在のフジテレビドラマの歴代最高記録（ビデオリサーチ関東）。また、主人公（江口洋介）のセリフ、「そこに愛はあるのかい？」などのセリフが流行語になった。

28)　『君が嘘をついた』（1988 年、フジテレビ）、『愛しあってるかい！』（1989 年、同）、『すてきな片想い』（1990 年、同）、『101 回目のプロポーズ』（1991 年、同）、『愛という名のもとに』（1992 年、同）の 5 作品。

29)　大多亮「フジテレビ大多亮プロデューサー『野島伸司』を語る―テレビドラマは彼の出現で変った―」『ドラマ』1992 年 2 月号、22 頁。

30)　「★ 90 年代シナリオ作家たち SPECIAL　僕らの時代がやってきた　対談　野島伸司　坂元裕二」『ドラマ』1990 年 3 月号。

31)　TBS 金曜 10 時台の金曜ドラマ枠、山田太一作品には、『岸辺のアルバム』（1977 年）、『思い出づくり。』（1981 年）、『ふぞろいの林檎たち』（1983 年）ほか、鎌田敏夫作品には、『金曜日の妻たちへⅠ・Ⅱ・Ⅲ』（1983 年・84 年・85 年）がある。

32)　野島伸司は、「シナリオの勉強は山田太一のシナリオ本を読んでいました。『金曜日の妻たちへ』や『俺たちの旅』とか鎌田敏夫さんのドラマをよく見てた」としている。『ドラマ』1990 年 3 月号、6 頁。また、YMCM のシナリオ講座に通った理由を「伴一彦さんが講師をしてらしたので、伴先生に読んでもらおうとシナリオ講座に（中略）一番売れてましたし、伴さんのドラマよく見てましたから」と答えている。『ドラマ』1990 年 2 月号、15 頁。

33)　岡田恵和、中園ミホ、北川悦吏子など。

34)　NHK 公式サイトホームページ「脚本開発チーム WDR プロジェクト　小栗旬×保坂慶太　対談」聞き手＝中山英臣（WDR プロジェクトプロデューサー）https://www.nhk.or.jp/wdr/interview.html

35)　海外のシリーズドラマ開発で、複数の脚本家が「ライターズルーム」に集って企画・脚本家が共同執筆することをモデルとしている。

36)　保坂慶太＝ WDR プロジェクト発起人。

37)　東京ドラマアウォード 10 周年記念シンポジウム「ここから始まる “新しい” テレビドラマ」2017 年 10 月 27 日（金）17 時〜 19 時・場所：千代田放送会館・内容：・モデレーター、中町綾子・参加者　脚本家：井上由美子氏、古沢良太氏、坂元裕二氏、野木亜紀子氏、その他、民放、NHK、ドラマ制作プロダクションのプロデューサー、ディレクターによるシンポジウム。

38）　日本テレビシナリオ登龍門（1996 年～ 2005 年）以来、18 年ぶりに公募を再開。募集期間 2023 年 7 月 21 日～ 10 月 31 日。

39）　フレーズは 2024 年の第 2 回の募集（募集期間 2024 年 10 月 1 日～ 11 月 30 日）時のものを確認。日テレ公式サイト「日テレシナリオライターコンテスト 2024『書いてみたい』と 1 秒でも思ったことがある、あなたへ」。https://www.ntv.co.jp/writers/

40）　応募作品は、28 行× 29 字を 1 枚とする 40 枚程度の作品。

41）　佐藤貴博（日本テレビコンテンツ戦略本部グローバルビジネス局スタジオセンター長）「日テレシナリオライターコンテスト作品受付中！」『ドラマ』2023 年 10 月号、9 頁、取材：編集部・黒沢広之／取材日 2023 年 8 月 19 日。

42）　TBS 公式ホームページ、TBS NEXT WRITERS CHALLENGE 2023 公式サイト https://www.tbs.co.jp/tbsnextwriterschallenge/『ドラマ』2023 年 10 月号、取材：編集部・黒沢広之／取材日 2023 年 7 月 19 日、45 頁。

43）　韓哲（TBS テレビ）、新井順子（TBS スパークル）、松本友香（TBS テレビ）「脚本家育成の新たな試み　TBS NEXT WRITERS CHALLENGE 2023 担当者に聞く」『ドラマ』2023 年 10 月号、41 頁。取材：編集部・黒沢広之／取材日 2023 年 7 月 19 日。

44）　韓哲（TBS テレビ）、新井順子（TBS スパークル）、松本友香（TBS テレビ）「脚本家育成の新たな試み　TBS NEXT WRITERS CHALLENGE 2023 担当者に聞く」『ドラマ』2023 年 10 月号、42 ～ 43 頁。

45）　NHK 公式サイト「脚本開発チーム“WDR プロジェクト”土曜ドラマ「3000 万」制作開始のお知らせ」。公開：2024 年 4 月 20 日 5：00、脚本＝ WDR プロジェクトメンバー＝弥重早希子、名嘉友美、山口智之、松井周。https://www.nhk.jp/g/blog/p5g2h6zegmis/

46）　佐藤貴博（日本テレビコンテンツ戦略本部グローバルビジネス局スタジオセンター長）「日テレシナリオライターコンテスト作品受付中！」『ドラマ』2023 年 10 月号。

47）　今回は、テレビ局のコンクールの取り組みを軸に論じたが、制作会社主導のドラマ制作については、異なる観点からの制作課題の検証が必要と考えている。

48）　16th アジア TV ドラマカンファレンス　in 能登、テーマ：アジアコンテンツの未来、日程：2023 年 12 月 3 日、4 日、5 日、開催場所：石川県七尾市和倉温泉「加賀屋」姉妹館「あえの風」、主催＝七尾市、主管：（一社）ATDC、共催＝（一社）全日本テレビ番組製作社連盟（略称 ATP）、（一社）日本放送作家協会、協同組合日本脚本家連盟、協同組合日本シナリオ作家協会、（一社）地域企業連合会九州連携機構、（一社）Water Planet Studio、社団法人韓国放送作家協会（KOREAN TV&RADIO WRITERS ASSOCIATION）、社団法人韓国ドラマ制作社協会、後援：（一社）能登半島広域観光協会、特別協力＝（和倉温泉）加賀屋、参加者＝日本：（一社）日本放送作家協会所属作家、（一社）全日本テレビ番組製作社連盟所属制作者、（一社）Water Planet Studio 所属制作者、企業版ふるさと納税寄付による参加者、その他、日本の IP コンテンツ制作にかかわる関係者、韓国：（社）韓国放送作家協会所属作家、（社）韓国ドラマ制作社協会所属制作者、韓国プラットホーム、その他、韓国 IP コンテンツ制作にかかわる関係者、中国：中国テレビドラマ制作産業協会。

49）　ディズニープラス独占配信コンテンツ『SHOUGUN 将軍』（アメリカ＝ FX 製作、主演真田広之）などを事例とした。

参考文献

原田信男（1983）『テレビドラマ 30 年』読売新聞社。

鳥山拡（1986）『日本テレビドラマ史』映人社。

伊馬鵜平（1980）「テレビドラマ 25 年史⑩　夕餉前―日本で初めてのテレビドラマ脚本」『ドラマ』1980 年 5 月号、映人社。

伊馬春部（1980）「テレビドラマ実験の軌跡・回想の一九四〇年」『ドラマ』1980 年 4 月号、映人社。

志賀信夫（2007）『テレビ文化を育てた人びと　作家・文化人・アナなどのパイオニア』源流社。

野木亜紀子（2020）『MIU404 シナリオブック』河出書房新社。

こうたきてつや（2019）『昭和ドラマ史』映人社。

こうたきてつや（2023）『ドラマ制作者はこうやって昭和と平成を切り拓いてきた』映人社。

日本放送協会総合放送文化研究所放送学研究室編集（1976）『放送学研究 28』日本放送出版協会、1976 年 3 月 20 日。

日本放送協会総合放送文化研究所放送学研究部編集（1981）『放送学研究（日本のテレビ編成）―別冊2』日本放送出版協会、1981 年 3 月 25 日。

日本放送作家協会編（2009）『テレビ作家たちの 50 年』NHK 出版。

『ドラマ』映人社。

特別企画【新鋭ディレクター】座談会「テレビドラマとは何か　TBS 新鋭シナリオ賞設定の意図」（出席者、市川哲夫、八木康夫、吉田健、伊藤一尋、加藤浩丈）『ドラマ』1986 年 10 月号。

「放送コンテンツの海外展開について」平成 25 年 12 月、総務省。

日本大学芸術学部（2010）『第 2 回 国際ドラマフェスティバル in EKODA ―シンポジウムの記録―』2010 年 6 月 30 日（シンポジウム開催は 2009 年 12 月 5 日）。

重村一（2010）「世界に向けての指針」『第 2 回 国際ドラマフェスティバル in EKODA ―シンポジウムの記録―』2010 年 6 月 30 日。

大山勝美『月刊民放』。

国際ドラマフェスティバル in TOKYO 事務局「国際ドラマフェスティバル in TOKYO　報告書」。

中井芳彦（2023）「【コロナ禍を振り返る①】TBS テレビドラマ制作の現場から　これまでに経験のない緊張感の中で」『民放 Online』2023 年 5 月 29 日。https://minpo.online/article/tbs-2023.html

シナリオセンター公式サイト「日本中の人にシナリオを書いてもらいたい」「『シナリオの父』と呼ばれた男　創設者 新井一」https://www.scenario.co.jp/about/

日テレ公式サイト「日テレ シナリオライターコンテスト 2023」始動！ジャンル、テーマは不問 大賞には賞金 300 万、2023 年 7 月 21 日公開。https://www.ntv.co.jp/topics/articles/19yu1ckxbf5talqr0r.html（2024 年 7 月 18 日参照）。https://www.ntv.co.jp/writers/

脚本開発チーム「WDR プロジェクト」立ち上げメンバーに独占インタビュー！https://locationjapan.net/newss/wdrproject/

佐藤貴博インタビュー（聞き手＝長谷川朋子）「日テレ『シナリオライターコンテスト』が目指す進化系ストーリー開発【日本テレビインタビュー後編】」/「日テレが始動した『シナリオライターコンテスト』の背景には『コンテンツ中心主義』がある【日本テレビインタビュー前編】」『Screens』配信コンテンツ 2023 年 9 月 25 日。https://www.screens-lab.jp/article/29172、https://www.screens-lab.jp/article/29171

取材協力（順不同）

一般社団法人 日本放送作家協会

一般社団法人 日本脚本アーカイブズ推進コンソーシアム

シナリオ・センター

一般社団法人 国際ドラマフェスティバル事務局

30 代〜40 代の脚本家、フリー演出家のみなさん

第6章
新聞各社のデジタル化の対応とプラットフォーム依存
に関する一考察

奥村倫弘

第1節　プラットフォーム依存の現状

　インターネット時代の「元年」とも言われるのが Windows 95 が発売された 1995 年である。ニュースを専業とする新聞業界は当初、この新しいテクノロジーを機会とも危機ともみなしていた。2005 年以降、紙の新聞の発行部数は継続して"右肩下がり"であり、斜陽産業とまで言われるようになった。

　一方、インターネット時代に勃興したヤフー・ジャパンなどのインターネット企業が展開するニュースサービスが、新聞社が発行する紙の新聞に代わって読者の支持を得た。その流れの中でニュース記事を生産・提供する新聞社（ニュースメディア事業者あるいはパブリッシャー）と、それを掲載・流通する IT 企業（ニュースプラットフォーム事業者あるいはプラットフォーマー）という関係が定着した。

　新聞社をはじめとしたニュースメディア事業者のデジタルビジネスは、ニュースプラットフォーム事業者からもたらされる直接的、間接的な収益が大きなウエイトを占めているが、両者が共存共栄しているとは言い難い。新聞業界はプラットフォーマーの一人勝ち（WTA）状況を好ましく思っておらず、プラットフォーム事業者からは十分な許諾料の支払いが得られていないとの不満の声が大きくなっている。2022 年に行った民放連研究所客員研究員会による北海道地区フィールド調査においても、北海道新聞の担当者から「新聞業界としてはプラットフォーマーとの対峙が課題」という旨の発言があり、ニュースメデ

ィア事業者とニュースプラットフォーム事業者の間には、対立構図が出来上がっている。

　そして両者の関係は、公正取引委員会が取引実態の調査に乗り出す事態になった。なぜこのような力の差がついてしまったのであろうか。本章の目的は、新聞社のデジタル化施策の軌跡を振り返ることで、新聞業界が得ようとした機会と逸した機会を観察することで、プラットフォームに依存するに至った要因を明らかにすることである。ひいては新聞各社がたどってきたデジタル化の反省を踏まえて、放送業界、とりわけ報道部門のデジタル化施策を進めるための教訓あるいは示唆を得ることにある。

1・1　プラットフォーム依存の実態

　まず、公正取引委員会が2023年9月に公表した「ニュースコンテンツ配信分野に関する実態調査報告書」を手がかりに、許諾料を巡る新聞業界が直面しているプラットフォーマーへの依存の現状を概観する。これまで取引の実態は表にされることはなかったため、新聞社とプラットフォーマーの関係を客観的に把握するのに貴重な資料となっている。なお、ヤフーは「ニュース配信市場全体のさらなる発展に向けて、報告書で示された考え方を踏まえて真摯に取り組んでいく必要がある」との見解を示している（NHK, 2023）。

　同調査報告書は、ニュースプラットフォーム事業者とニュースメディア事業者の取引や利用状況を詳細に把握し、課題の解決に向けた提言を行うことを目的としている。調査期間は2022年11月16日から同年12月7日で、日本新聞協会、日本民間放送連盟などに加盟する合計319者を対象にウェブアンケートによって行われた。

　これによると、ニュースメディア事業者が得る売上は、(1) 許諾料、(2) デジタル広告収入、(3) 消費者向け販売収入の3つである。売上構成比は新聞社の場合、許諾料収入が23.8％、デジタル広告収入が57.5％、消費者向け販売収入が16.9％であった。このうち、ニュースプラットフォーム事業者に直接的に依存する売上が許諾料であり、間接的に依存する売上がデジタル広告収入である。

(1) 許諾料とデジタル広告収入

　許諾料は「ニュースコンテンツの利用許諾に関してニュースポータルから得る売り上げ」である。ニュースメディア事業者とプラットフォーム事業者間の契約によって価格が決定され、1,000 PV 当たりの平均値は 124 円（2021 年度）であった。

　ニュースポータル事業者の支払総額全体に占める各ニュースポータルの割合は、ヤフーニュースが 40 〜 50%、ラインニュースが 20 〜 30%、スマートニュースが 10 〜 20% と続いた。ヤフーから 1 社が受け取る許諾料の規模感は「朝日新聞、読売新聞などの全国紙クラスでも年間 2 〜 3 億円から 10 億円未満」であり、ブロック紙や地方紙は一桁か二桁少ない（井坂・根来, 2018, 99 頁）と言われている。

　ニュースメディア事業者の約 6 割が現在の許諾料に不満を訴え、約 4 割がニュースポータル事業者との取引が現在および今後の事業戦略上不可欠であると答えている。許諾料の値決めの経緯は各社の事情で異なるため詳細は不明だが、ニュースメディア事業者側は「送客等の許諾料以外の対価を得ることが目的だった」などと回答しており、許諾料に不満がありながらも、送客価値を差し引いた対価を受け入れたケースもあったと報告している。その送客価値は、デジタル広告収入によって実現される。

　デジタル広告収入は「自社のニュースメディアサイトで配信しているニュースコンテンツとあわせて表示されるデジタル広告に基づく広告収入による売り上げ」である。デジタル広告の単価は 1,000 PV 当たり平均約 352 円であった許諾料の平均が 124 円程度であることを考えると相当に収益は大きく、また許諾料とは違って自社で値決めができる。例えば、読売新聞の場合、ニュース面のスーパーバナーのインプレッション単価を 2 円から、500 万回保証を 200 万円で販売[1]するなど、デジタル広告収入の単価は許諾料とは比較にならないほど大きいことがわかる。

　ヤフー・ニュース側は、ユーザーの課題解決につながる記事の支援をサポートする「課題解決バリュープログラム」（2016 年）やユーザーによる記事のフィードバックを基に支払い額を上乗せするプログラム（2021 年）など取り組みを進めている（ヤフー株式会社, 2021）が、満足に至る施策にはなっていない。

表 6・1　ニュースポータル事業者の支払総額全体に占める各ニュースポータルの割合

2019 年度

順位	ニュースポータル名	割合
1	Yahoo! ニュース	40-50%
2	LINE NEWS	10-20%
3	スマートニュース	10-20%
4	Microsoft ニュース（MSN ニュース）	5-10%
5	グノシー	0-5%
6	dmenu ニュース	0-5%
	合計	100%

2020 年度

順位	ニュースポータル名	割合
1	Yahoo! ニュース	40-50%
2	LINE NEWS	20-30%
3	スマートニュース	10-20%
4	Microsoft ニュース（MSN ニュース）	5-10%
5	グノシー	0-5%
6	dmenu ニュース	0-5%
	合計	100%

2021 年度

順位	ニュースポータル名	割合
1	Yahoo! ニュース	40-50%
2	LINE NEWS	20-30%
3	スマートニュース	10-20%
4	Microsoft ニュース（MSN ニュース）	5-10%
5	グノシー	0-5%
6	dmenu ニュース	0-5%
	合計	100%

出所：公正取引委員会「ニュースコンテンツ配信分野に関する実態調査報告書」から引用。

(2)　関連ニュースリンク

　同調査報告書は、プラットフォーム事業者からの送客についても触れている。ニュースメディアサイトに送客を実現しているのが「関連ニュースリンク」である。関連ニュースリンクは、ニュースポータルに配信された記事の末尾に付加される数本のリンクであり、これをクリックすることでニュースメディアサイトにトラフィックが流入する。例えば、ヤフー・ニュースの場合、記事末尾に【関連記事】として、5 本のリンクが設置されている。このリンクはニュースメディア事業者側で任意にそして随時変更が可能である。記事の閲覧数に占める総客数の割合は 2021 年度で 8.9%と示されている。ニュースメディア事業

表 6・2　ニュースメディア事業者のウェブサイトへの流入（送客）割合

	新聞	雑誌	放送	全体
ニュースプラットフォーム	89.0%	71.5%	94.4%	85.0%
インターネット検索	41.8%	28.8%	11.8%	27.5%
ニュースポータル	47.2%	42.7%	82.6%	57.5%
その他	11.0%	28.5%	5.6%	15.0%

出所：公正取引委員会「ニュースコンテンツ配信分野に関する実態調査報告書」から引用。

者のサイトへの流入の割合は、新聞では 47.2% がニュースプラットフォームを経由していた[2]（表 6・2）。

1・2　新聞業界のジレンマ

　以上のような仕組みでニュースメディア事業者は、（1）ニュースポータル上で自社の記事を読んでもらい許諾料を獲得し、（2）関連ニュースリンクから誘客をし、（3）自社サイトのデジタル広告や消費者向け販売収入でマネタイズをする、というサイクルでデジタル事業を成り立たせている。流入割合の大きさからは、ニュースポータルからの自社サイトへの誘客が戦術上大きな課題であることが理解できるであろう。調査報告書は「電子データでのニュースコンテンツの流通において、ニュースプラットフォームを介した流通の重要性が年々増加している」と指摘している。

　ヤフー・ニュースを例にとると、2021 年 4 月時点で新聞社も含むすべての配信媒体数は 650 媒体、1 日あたりの配信記事数は 1 日約 7,000 本である。一般紙は 72 社 106 媒体がヤフー・ニュースに配信している。テレビ放送事業者も 130 媒体がヤフー・ニュースに配信をしており、いわば仲間同士でヤフー・ニュース内の閲覧数というパイを奪い合っている状況である。

　このためか、新聞社の売上に対する許諾料の貢献度は極めて小さい。日本新聞協会加盟の一般紙 61 社の売上に占めるデジタル収入の割合は 1.630%、スポーツ紙 4 紙の平均は 10.856% に過ぎなかった（日本新聞協会, 2020）。ニュースメディア事業者の不満の源泉はここにある。

　しかし、そうした不満があるにもかかわらず、部数減が進む新聞本紙の売上

減を少しでも補完するためには、ニュース配信事業を継続しなければならないというジレンマが存在している。新聞業界ではヤフー・ニュースへの配信を「ヤフーの軍門に下る」と表現するなど、ヤフー・ニュース自体を好ましく思っていない。ヤフー・ニュースから新聞社の記事を引き上げるという議論はたびたび耳にする。しかし、それが叶わないのは、新聞社全体の売上に対して微小ながらも収入源となっていることに加え、一社が抜けても、別の社がその代わりを果たすと彼ら自身が考えているためである。

第2節　新聞業界各社のデジタル化施策

　次にプラットフォーマーに依存するに至った新聞業界のデジタル化施策の系譜を辿ってみたい。新聞各社のインターネットメディアへの取り組みを時代ごとに把握するため、1995 年から 2004 年を「黎明期」、2005 年から 2014 年を「成長期」、2015 年から現在までを「成熟期」と便宜的に 10 年ごとに区分する。これらの区分に従い、聞業界各社がデジタル化にどのように取り組んできたかを振り返り、その背景にある当事者の意識や戦略をとりまとめる。イベントの発生年は、必ずしもこの区分にはあてはまらず、多少前後することがある。

2・1　黎明期：ビジネスモデルの試行錯誤 (1995 ～ 2004 年)
　1995 年は、新聞業界において悲観論と待望論が入り混じっていた時代であった。ビジネスに関しては悲観論や慎重論が根強く、経営方針は明確でなかったようである。産経新聞社の編集委員であった増井誠氏は、新聞経営が成り立たなくなる可能性について触れ、「守勢に立って考えるか、攻めのツールとしてどう取り込んでいくか──取材現場はともかくとして、マネージメントサイドは、そのスタンスを明確にする必要がある」と述べている（増井, 1995）。紙媒体の普及が飽和状態であったこともあり、当時の新聞業界は紙媒体から電子媒体へのシフトを模索し、さまざまな課題に直面しながらも新しいビジネスモデルの確立に向けた試行錯誤を続けた。

（1）　無料広告モデル

　1996年7月のインターネットマガジン誌は早くも「もう新聞はいらないか⁉」と題する集中企画を掲載している。これによると、1995年8月に開設された朝日新聞社のアサヒ・コムは朝刊から60本と速報200本を掲載した。記事は文章を削って掲載していたようである。更新頻度は3、4時間に1回であった。産経新聞インターネット版は実験中ながら1日数本と朝刊の記事見出しを提供した。長期連載面は全文を掲載したが、総合面とスポーツ面の記事は文章を削り、ほかは見出しのみであった。更新頻度は1日2回で随時とした。日本経済新聞社は、95年4月に公開したNIKKEI Xを NIKKEI WEEKLYと統合し96年4月からNIKKEI NETとして運用を開始した。1日の記事本数は60本であったが、200文字から数百文字程度に短く再編集していた。毎日新聞社のJamJamは95年8月1日に開設。1日の記事本数は40本とヘッドラインニュースで、総合面や社会・事件に関する記事は全文を掲載した。更新頻度は1時間に1回であった。読売新聞社のYOMIMURI ON-LINEは95年6月に発信を開始した。1日の記事本数が150本で、政治・総合面、経済、国際、スポーツ、社会の記事は全文を掲載した。更新頻度は1日数回であった。

　同誌は、新聞各社はパソコン通信向けに有料で記事を配信していたため、無料ですべての記事を載せるわけにはいかないという事情を察しながらも、ウェブに掲載される記事は、新聞紙面よりも速く速報性に優れること、記事の長さは短いが無料で読めること、重要記事や社説は読めるが生活面・家庭欄はほとんどないと評価し、今後有料化するのか、無料で広告収入を柱にするのかは分からないとした。1996年時点のアサヒ・コムは、独立採算でやっていけるだけの広告収入があったという（喜多, 1996）。

（2）　有料課金モデル

　新聞各社は、無料で記事を公開すると同時に、並行して有料記事も販売していた。産経新聞は1996年に地上波放送の空き帯域を使った「E-NEWS」（受信料1,350円、その他加入手数料5,000円などが必要）を展開し、97年に月額2,000円で過去5年分の記事検索などができる「Web-S」を開始している。2001年4月に同社は新聞紙面を閲覧できる「ニュースビュウ」を開発している。ブロー

ドバンドを意識したサービスであった。清原武彦氏は「社を上げて（原文ママ）高速インターネットを通じて新聞のデジタルは心をする事業に取り組む」とし、他の新聞社や出版社に対してニュースビュウの利用参加を呼びかけた[3]。世界展開も視野に入れていたようである。

　1996 年 7 月、毎日新聞社はインターネットを通じてニュース速報などを朝夕の 1 日 2 回配信する「JustNet パーソナライズドサービス・毎日デイリークリック」を月額 970 円で開始している。毎日新聞社は 96 年 3 月にシャープの PDA 向けに電話回線経由で記事配信する「毎日ザウルス電子新聞」（月額 500 円）を始めている（インターネットマガジン, 1996）。毎日新聞社は、電子新聞でトレンド情報や娯楽情報を強化し、紙媒体では掲載できなかったコンテンツを増やす方針で、最も成果をあげたメディアを残して、最終的に統合する戦略を描いていた（野辺名, 1996）。

　朝日新聞社は 97 年 1 月から、月額 5,200 円の有料インターネット新聞「アサヒ・コム パーフェクト」をスタートさせて有料で販売することも積極的に行っていた。

　本章では触れないが、新聞各社は 1999 年にサービスが始まった NTT ドコモの i モードなどモバイル端末向けに記事配信を行っている。朝日新聞が 1992 年 2 月に提供した「朝日・日刊スポーツ」の料金は、当初無料であったが、その後月額 100 円とし、売上は当時の一般的な PC サイトをしのいでいたという[4]。年間に億単位の収益を得ていた社もあったといい、戻りは売上の約 9 割であった[5]。同時期にヤフー・ジャパンはモバイル版ヤフー・ニュースも展開。新聞各社は同サービス向けに記事配信を行った。

(3) 配信モデル

　1996 年 4 月に営業を始めたヤフー・ジャパンが、ヤフー・ニュースを始めたのは、同じ年の 7 月である。時期的には、新聞各社が自社サイトを開設した時期よりも遅い。

　当初、ヤフー・ニュースは毎日新聞とロイター通信から配信を受けていた。閲覧は無料であり、当初の文字数は、ラテ用の 90 文字であった。次にヤフー・ニュースは共同通信と契約をしたが、共同通信が配信を始めたことに対して、

中日新聞と北海道新聞から「共同通信の記事は加盟社に流すものである」とクレームがついた。共同通信の配信を取りやめるのと引き換えに、北海道新聞、河北新報、中日新聞、京都新聞、西日本新聞5社が配信を始めた。2001年には、読売新聞がヤフー・ニュースに配信を開始している（下山, 2019）。

　1998年夏にはヤフー・ニュースに配信されてきた記事の中からおすすめの記事をピックアップしてヤフー・ジャパンのトップページに掲載するヤフー・トピックスがサービスを始めている。同社の編集者が新聞社の記事だけでなく、雑誌やウェブメディアの記事も含めた無数の配信記事の中から、注目すべき記事をピックアップし、13文字のコンパクトな見出しをつけてユーザーに提供した。ピックアップされた記事には膨大なアクセスがあり、ニュース記事提供料が大きく変わってくるため、記事提供各社は速報性の向上、記事の長さの調整など、あらゆる工夫を凝らした。ヤフー・ニュースに配信されてきていない記事にも直接リンクをはった。2009年ごろには約150のニュースメディア事業者から配信を受けていた。

　デジタル化事業の収益性に対して、98年には早くも弱音が聞こえてきている。産経新聞電子電波局長の山元強は「当時は電子新聞の成功を確信していた。しかし、電子メディアで金もうけは簡単にできない、とわかりはじめた」（朝日新聞, 1998）と述べている。インターネット広告は、2000年まで順調に伸び続けてきたが、ITバブルが弾けたことで悲惨な状況に追い込まれた。同時期には、マスコミの高い給与水準で運営しているために赤字になる、データベース事業を事業の柱にしたいといった声も聞かれており（国際社会経済研究所, 2003）、2003年ごろでも新聞各社の収益に貢献する安定的なビジネスモデルが確立していなかった様子が見て取れる。

　黎明期において、インターネット事業への取り組みは決して守勢に回っていたわけではなかった。悲観論めいた意識はあったが、インターネット時代を機会ととらえ、さまざまなビジネスモデルを試行錯誤してきたことは間違いないようである。新聞各社は少なくとも96年の時点で、すべての記事ではないにしろ、政治や社会、スポーツといった分野の記事の全文が無料で読める環境を整えていた。「ニュースは無料」という世間の意識はかなり早い時期に芽生え

ていた。「デジタルは儲からない」という意識が試行錯誤とともにありつつも、この時期においてはどの社も大きな一手を打てなかったようである。

2・2　成長期：IT 業界との協業（2005 〜 2014 年）

2008 年 10 月の札幌で開かれた新聞大会研究座談会で、パネリストの秋山耿太郎朝日新聞社社長と川崎隆生西日本新聞社社長はそれぞれ、「新聞社のネット事業の一番の問題点は、儲からないこと」「もう少し収益が上がるものと期待していたが、実際にはほとんど上がらない」と発言している。新聞業界の行く末を案じる雑誌特集が目立ったのもこの時期である。その一方で、各社はIT 企業との協業や独自のプラットフォーム作りなど精力的にデジタル化事業に取り組んだ。過去 30 年の中で最も勢いがあった時期と言ってよい。

(1)　IT 企業との提携

2004 年 4 月、マイクロソフト社が運営するマイクロソフトネットワーク（MSN）と毎日新聞社がニュースサイト「MSN 毎日インタラクティブ」を立ち上げた。毎日新聞社の「Mainichi INTERACTIVE」とマイクロソフトの「MSN ニュース」を統合したメディアである。毎日新聞の優良なコンテンツと MSN が培った優れた操作性が加わる、と MSN のプレスリリースは書いた。

毎日新聞のニュースサイト部門は赤字であった[6]が、MSN との統合後の収入は初年度に 10 億円を突破し、以降 30 億円まで急成長した。しかし、毎日新聞側が「編成権、ビジネスの伸長に課題がある」と主張して、2007 年 9 月にMSN との提携を終了する。提携解消の理由は、次のような話もある。毎日新聞のデジタル担当の渡辺良行氏が同サイトを成功に導いた後、広告局担当に異動し、H 氏が後任となった。二人は不仲で、H 氏は渡辺氏のプロジェクト「MSN毎日インタラクティブ」を終了させるために動き、毎日新聞とマイクロソフトの契約を「不平等条約」と批判し、2007 年に契約解消に至った（たまさぶろ, 2016）。

毎日新聞社に続いて、2007 年 10 月に MSN と提携したのが産経新聞社であった。同社の「Sankei Web」は「MSN 産経ニュース」に衣替えした。産経新聞は紙面よりもインターネットに記事を早く出すという「ウェブファースト」

の方針を打ち出し、「紙かネットかではなく、報道機関としての使命を果たしていく」と宣言した（産経新聞, 2023）。しかし、2014年9月にMSNのグローバル展開の方針変更により、産経新聞との提携を終了した。産経デジタルの近藤哲司社長は、「7年間で大きく成長し、新聞社系ニュースサイトとして最大規模となった。ビジネスとしても成功した自負があり、円満合意の終了」であると評した（山崎, 2013）。

(2) 新聞業界横断プラットフォームの構築

　47NEWS は、2006年12月に共同通信と加盟地方紙など52の新聞社とともに立ち上げたニュースサイトである。トップページには、地図で全国ニュースを閲覧できる「ホッとニュース」、主要ニュース欄、動画ニュースコーナーを設置した。新聞記事を分析・ランキング化する「言葉ランキング」も提供し、横断的にニュースが読めるようにし、ユーザーとの双方向性を重視した。サイバー・コミュニケーションズ（CCI）は2007年4月に、全国47都道府県の地方新聞社49社と協力し、地方の特産品や工芸品を販売するECサイト「JPN47CLUB」をオープンすると発表した。オープン当初の出店数は500店で、ご当地食材や伝統工芸品を扱うコンテンツを揃え、トップページには地方新聞各社のニュースを表示する「47NEWSマップ」も置いた。両者は別会社が運営しており、2024年現在、相互のリンクはない。

　2007年には、読売新聞社、朝日新聞社、日本経済新聞社が新s（あらたにす）を立ち上げた。ヤフーなどのプラットフォーマーへの対抗意識があった。一面、社会面、社説の読み比べ、有識者による記事の評論・解説「新聞案内人」、最新ニュースやイベント情報を提供した。長田公平理事長は、「インターネットの普及をはじめ、メディアの多様性が進んでいるが、我々3社は新聞こそが最も信頼性の高いメディアであり、今後もそうあり続けたい」とした（Internet watch, 2008）。

　2010年1月21日に開かれた「デジタルコンテンツ配信の将来像」セミナーでは、デジタル配信でビジネスモデルを作っていくかが議論された。日本通信の福田尚久常務取締役は「新聞社がコンテンツの供給源として、デジタルの世界で流通をリードするには、業界が結束し、配信プラットフォームを統一する

ことが重要だ」と語っており（新聞研究, 2010）、業界の枠を超えたプラットフォーム構築に期待がかかっていた時期とも言える。

(3) モバイルアプリ時代へ

　成長期において、IT 業界の流れのなかで最も大きなトピックは、PC ウェブの時代からモバイルアプリへと時代が移ったことである。2007 年 12 月、米アップル社が初代 iPhone を発表した。日本で iPhone が発売されたのは 2008 年 7 月であった。2009 年にはドコモが国内初の Android 携帯を発表している。さらに、2010 年にはアップル社の初代 iPad が発売され、以降、本格的なモバイル時代へと突入した。

　モバイルアプリ対応に乗り遅れたヤフー・ニュースを尻目に 2012 年、新興のニュースプラットフォームであるスマートニュース（旧社名ゴクロ）やグノシーが設立された。

　「ヤフーが提供するニュースアプリの存在感は、PC におけるそれに比べて見劣りするのが現状」と評され、PC ウェブ時代のように圧倒的な一位ではなくなったことに業界の注目が集まった。ヤフー・ニュースアプリや LINE NEWS アプリ、NewsPicks アプリといった新興勢のうち「誰がヤフトピを倒すのか？」とメディアやマーケティングの関係者らの注目を集めた（appllio, 2014）。この競争は「ニュースアプリ戦争」とも呼ばれた。ヤフー・ジャパンがスマートフォン時代に乗り遅れたことに社内には相当な危機意識があった。

　時代の潮目を読んだ新聞各社の動きは早かった。産経新聞は、2008 年末に iPhone 用アプリ「産経新聞」を投入した。このアプリは、ダウンロードランキング上位の常連であり、サービス開始から 2 年目となった 2010 年も iPhone 用アプリの中で 6 位と健闘。11 年 10 月時点で累積ダウンロード数は 270 万となった。産経新聞デジタルの土井達士氏は「iPhone 版が文字通り、桁違いの利用者を獲得できた極めて大きな理由が「無料化」にあった事は疑いない」（土井, 2011）と述べている。2011 年 1 月には Android 版「産経新聞」を投入した。

　朝日新聞社は、2011 年 7 月 15 日、朝日新聞の電子版「朝日新聞デジタル」の iPhone 版をリリースした。同年 11 月には同紙の Android タブレット端末向

けアプリ「朝日新聞デジタル」を公開した。デジタルコースの購読料は月 3,800 円であった。

　あらたにすは 2011 年 5 月に iPad 向け無料アプリを公開していたが、産経新聞、朝日新聞をはじめ、ニュースアプリ競争のプレーヤーの一角には数えられなかった。

(4) 本紙以外のブランド展開

　あらたにすのように新聞の復権を訴えるサービスが立ちあがる一方、「ネット内を回遊すると、新聞も人々が必要としている情報の、ほんの一部しか伝えていないという事実を思い知らされる。新聞の方が解説・分析に優れている、ネットで長文は読まれない、といった通説も疑わしい。インターネットを甘く見てはいけない、との思いは、日々強まっていた。」(阿部, 2009) という認識が表に出てきた。新聞紙面では取り扱われない多様な視点からの記事が提供され始めた。2002 年ごろのブログブームを端緒に、日本版オーマイニュース (2006 年創刊) や PJ ニュース (2005 年創刊) といった市民ジャーナリズムに注目が集まったほか、2006 年からは炎上メディアとして知られる J-CAST ニュース (2006 年創刊)、テック情報を扱うギズモード・ジャパン (2006 年) など新興のメディアが次々と登場し、影響力を持ち始めた。

　2009 年に読売新聞社は医療情報のヨミドクターを開始し、2010 年には毎日新聞社がエンターテインメントサイトまんたんウェブと Twitter と連動した紙媒体 MAINICHI RT を創刊した。2012 年 12 月朝日新聞社は、ハフィントンポスト (現ハフポスト) 日本版の立ち上げを発表している。朝日新聞社の編集・国際担当である吉田慎一氏は「ウェブ上で発信されるオピニオンやブログは定着し、さらに増え続けています。新しいニーズに応え、ハフポストとともに、今までにないオピニオンフォーラムをつくります」とのコメントを発表し[7]、2014 年 7 月にはユーザーと一緒にコンテンツを作る双方向型ニュースサイト「withnews」の本格運用を開始した。「ソーシャルメディアがインフラ化し、LINE のようなメッセージアプリがメールに取って代わりつつある。この激しい環境の変化についていかなければ、PC 時代と同じく、ニュースの主導権を別のプレーヤーに取られる」(奥山, 2015) という言葉に見られるようにモバイ

ル時代に対応しなければならないという意識もあった。

　産経新聞社は、2014 年に総合オピニオンサイト「iRONNA」を開設し、「SNS や寄稿、コメントなどでユーザーが議論できる場」の提供を目指した（Internet Watch, 2014）。同社はまた、2016 年に産経デジタルとジフデービスとパートナーシップを締結し、「IGN Japan」のサービス開始を発表している。この流れは、成熟期に入っても続く一つのトレンドとなった。

(5)　有料化の動き

　黎明期において、無料広告モデルを選択した新聞各社であったが、有料化の取り組みが動き出した。日本経済新聞社は、「日本経済新聞 電子版」を 2010 年3 月に創刊。2011 年 5 月 18 日には朝日新聞社が「アサヒ・コム」を統合する形で「朝日新聞デジタル」を創刊した。

　2012 年 5 月、読売新聞社は、無料サイトでは読めない記事やバックナンバーを新聞購読者向けに提供する有料会員サービス「読売プレミアム」を開始したが、その後「ヨミウリ・オンライン」と統合して「読売新聞オンライン」を開設している。毎日新聞社が電子新聞「デジタル毎日」を創刊したのは 2015 年に入ってからである。

　共同通信社の紙面提供サービスであるニュースオアシスがスタートしたのは2011 年であり、地方紙の紙面提供も進んだ。

　2012 年 1 月、朝日新聞社は「asahi.com」を「朝日新聞デジタル」にブランド名を統一。産経新聞社は 2016 年 12 月 1 日から、有料の電子新聞「産経電子版」をスタートさせた。毎日新聞社は 2015 年 6 月 1 日、ニュースサイトを原則有料化し、新電子新聞サービス「デジタル毎日」をスタートした。

　各社の電子新聞有料化は一気に進んだが、日本経済新聞のような経済紙は生産財だが、読売新聞や朝日新聞など一般紙は消費財であり、一般紙が電子新聞を事業化するのは無謀という見立ては早くから提示されていた（坪田, 2010）。

　成長期の 10 年は、マイクロソフトとの提携、プラットフォームの構築、モバイル時代への対応、ブランド展開など新聞各社の動きは目覚ましく、「昨今のメディアを巡る環境変化が、従来は想定されなかった組み合わせの協業を実

現させた」と驚きを持って評された（定岡・浅野, 2008）。新聞各社はこの時期においても手をこまねいていたわけではなく、積極的に時代にキャッチアップしようとしていたことが見てとれる。無謀とも言われた一般紙の有料化への取り組みは、広告無料モデルだけでは収益が立ち行かず、ほかに打つ手がなかったことの現れでもある。新ブランドの創刊ラッシュは、新聞記事だけでは世の中のニーズを満たせないことに気づき始めたことの象徴であろう。

2・3　成熟期：健全化議論（2015 ～ 2024 年）

　この時期は「情報の健全化」と「許諾料の健全化」の議論が進んだ。2016 年には情報の信頼性を揺るがす大きな事件が 2 つ起きた。WELQ 問題と米国大統領選挙である。新聞各社・新聞業界は、以前により増して情報の健全化を声高に叫ぶようになり、「情報の信頼性」を商品訴求の中心に添えるようになっていく。一方で、インターネットやスマートフォンの登場に匹敵するような大きなエポックはなく、黎明期や成長期ほどの賑やかさはない。ネットメディア業界が伸び悩んでいるようにも見え、新たな未来を模索しているようである。

（1）別ブランドによるメディア展開続く

　成長期から続く別ブランドによるメディア展開が勢いをもった。2016 年に朝日新聞社は CMS プラットフォーム「ポトフ」を稼働させ、特定のニッチジャンルの話題を扱う数々のバーティカルメディアを展開した。2021 年には、朝日新聞社は BuzzFeed Japan とハフポスト日本版を統合した。2024 年 5 月現在、朝日新聞社は 35 のメディアを展開している[8]。

　2019 年には神戸新聞社が媒体の枠を超えてやわらかニュースを届けるまいどなニュースを創刊した。これには、ポトフが使われており、サンテレビ、ラジオ関西などグループ各社を中心に京都新聞も参画している。デイリーもあわせ年間数十億円の収益があるとの話もある。

　産経デジタル CEO の鳥居洋介氏はデジタルの売上は紙と比較にならないほど小さいが、利益率は伸びていると指摘。2017 年の時点で「「紙のビジネスをデジタル化する」というのは完全に終わったと思います。これからは、「デジタルで生まれたものを、どうデジタルで進化させてくか」だと述べている。バ

ナー広告が売れなくなってきたことに触れながら、コンテンツのコストに見合う仕組み作りの重要性のほか、広告以外のビジネスを伸ばす重要性を強調する一方、プラットフォーマーへの記事配信を戦略的に行っていくとした（DIGIDAY, 2016）。

　別ブランドによるメディア展開は、新聞発行部数の減少が背景にあり、新聞社本来の報道を支えるためにも収益性の高い記事作りに取り組み始めたということであろう。

(2)　健全化議論

　モバイルアプリ時代に入り、おおよそモバイルニュース界隈の勝者が確定した時期であることから、月刊ジャーナリズムは「ネットニュースは進化を続けるか？」と問うた。スマートニュースやグノシーをはじめとしたモバイルを中心としたニュースサービスや数々のメディアが登場している状況を受け、「ニュースメディアの黄金期」とする表現を紹介している。座談会の議論は許諾料に及び、スマートニュースの藤村厚夫氏は「まだまだパブリッシャー側に十分な対価をお支払いできていないと感じて」いると話し、ヤフー・ジャパンの片岡裕氏は「コンテンツ料だけで還元しても、十分満足していただけなくなっていると考えています」と答えている（Journalism, 2016）。新聞各社にとっては、パソコン向けのニュースサービスだけではなく、スマートフォン向けのニュースサービスが登場したことで、許諾料収入が上乗せされることを期待していたと思われる。

　2021 年には、オーストラリアで報道機関と IT 大手との関係に大きな影響を与える法律が成立した。メディア取引法である。新聞業界の許諾料を巡るプラットフォーマーへの姿勢を後押ししたと思われ、2022 年の月刊ジャーナリズム 10 月号は「プラットフォームは敵か味方か」という特集を組んでいる。オーストラリアで運営の実態調査をした米コロンビア大学のビル・グルースキン教授のインタビューを含め 5 人の識者の寄稿を掲載した。

　2023 年 1 月、オリジネーター・プロファイル（OP）技術研究組合が設立された。オリジネーター・プロファイルは、「信頼できる発信元からの情報だとインターネット利用者に表示する」ことが目的であり、フェイクニュースやア

ドフラウドなどの氾濫を抑止することにつなげる[9]としている。2024 年 1 月現在、朝日新聞社、TBS など全国紙・テレビ局をはじめ、高知新聞社や中国新聞といった地方紙のほか、ライン・ヤフーや ADK といった IT 企業、広告代理店が参画している。

　成熟期は、成長期後半から勢いづいた新ブランドの創刊以外、全体的にインターネットメディアの質的な大きな変化はほとんどなかったように見える。月刊ジャーナリズムのデジタルに関する特集では「メディアの未来」（2022 年 1 月号）、「メディアの未来　デジタル時代　次の一手」（同 2 月号）、「プラットフォームは敵か味方か」（2022 年 10 月号）といった未来を模索する特集が目立った。新聞業界全体が健全化議論に行き着いたのは、プラットフォーマー相手に許諾料値上げの根拠として、情報の正確性や取材のコスト負担論を訴えることしか手札に残らなかったようにも見える。

第 3 節　新聞業界が逸した機会

　これまで新聞各社のデジタル化の道筋を振り返ってきたが、新聞業界全体としては、ホームページの公開、モバイルデバイスへの対応、プラットフォームの構築と、決して日和見を決めこもうとしていたり、技術の進歩を拒否していたりしていたわけではなかった。むしろウェブサイトの構築、モバイルアプリへの対応は早かったと言える。日進月歩するテクノロジーに対して積極的に対応してきたと言えるだろう。しかし、明るい未来を作り上げることはできなかった。

　新聞各社のフラストレーションは、これまで宅配システムに支えられ、有料で読まれていた新聞が部数を減らしていることに加え、公取委の実態調査報告書に見られるように「ニュースプラットフォームでの無料閲覧が広がったことで、ニュースメディアの収益が減少した」ところにもある。要は紙もデジタルも思うように事業が展開できなくなったということである。

　新聞記事が無料で読める環境は 1996 年以降、新聞各社が少しずつ整えてきたものであるし、無料で読ませる以外に選択肢がなかったのは仕方がないとし

て、なぜ新聞業界・新聞各社はプラットフォーマーに対して大きく水を開けられたのか。同業界が逸した機会および対立構図に至った要因を考察していきたい。

3・1　無料広告モデルの選択

　1995 年から 1999 年の黎明期において、新聞各社はインターネットを利用したビジネスモデルの試行錯誤を繰り返した。無料広告モデルに落ち着いたのは、1995 年 4 月に USA トゥデイが 12 ドル 95 セントで記事を提供したがふるわなかったことと、CNN を始め米国内の新聞各社が無料で記事を公開したことなど、米国でのメディア環境が日本にも影響している（増井, 1995）。また、1998 年の時点で少なくとも有料版の電子新聞に関して「電子メディアで金もうけは簡単にできない」と気づいていたことから、有料モデルに道を見出す選択肢は早くから閉ざされていた。

　アサヒ・コムを立ち上げた大前純一氏は、インターネットの回線速度やセキュリティの問題からサブスクリプションモデルは難しかった事情もあり、広告収入を目指す戦略を取ったと述べている[10]。また、クレジットカード決済のインフラを整えることが難しく、かつ手数料が高かったという問題もあったようである。

　アサヒ・コムにおいては、独立採算でやっていけるだけの広告収入があると見込まれていたわけであるから、新聞各社も有料モデルにこだわり続ける理由が見つからなかったのかもしれない。少なくとも 2000 年に IT バブルが崩壊するまでは、各社の無料広告モデルの取り組みは順調に成長していたと見てよいだろう。新聞業界のビジネスモデルは、かなりの初期段階で無料広告の方向に向かう大きな流れができていた。

　しかし、無料広告モデルに舵を切った戦略は、新聞紙面がデジタルで売れないという課題に対する解決にはなっていなかった。インターネットのユーザーは、一般紙が提供する記事の内容は無料の範囲で満足していたのであり、伝統的な新聞社が提供しない“ニュース”に魅力を感じていたのである。こうしたユーザー・ニーズに初期から対応しなかったことが後に響いてきているようである。

　インターネットの歴史を見渡してみた場合、成長が目覚ましかったのは、ニュース記事で情報を得るためのメディアではなく、情報を得るための利便性をもたらすサービスの方であった。2000 年から 2001 年の段階で、ヤフーをはじめとした IT 業界が展開するサービスと新聞業界が展開するメディアサイトとの間では圧倒的なパワーの差がついていた。

　ウェブサイト利用者数ランキングで最も多かったのはヤフー・ジャパンであり、上位 10 位のほとんどがポータル、オンラインコミュニティサイトであった。また、上位 100 ウェブサイトの分類とランキング状況を参照すると、1 位から 25 位のうち 17 サイトがポータル、オンラインコミュニティサイトであった。新聞業界では、かろうじて 50 位に読売新聞のサイトがランクインしているだけであった（インターネット白書, 2002）。

　1997 年のさらに早い段階でも、長澤秀行氏は「ニュースを見るときに、新聞社サイトを見に行くのではなく、いろいろな情報が集まっているサーチエンジンを使う層が増えてきている」と述べ、新聞社系のサイトは厳しい状況にあると指摘していた。「その要因は、新しいインターネットユーザーである若年層、女性を取り込めていないからで、逆に他の企業はこうした層をいかに取り込むかで努力していることが、数字に表れている」と分析している（長沢, 2000, 25 頁）。ネットレイティングスの萩原雅之氏も、ヤフー内の視聴行動で「ページビュー数を稼いでいるのは、掲示板やオークションといった、ページ数が非常に多い特殊なコンテンツ」であるという評価を示している（荻原, 2000）。

　こうした情報は、新聞社側も当然知りえていたわけで、朝日新聞社の堀鉄蔵電子電波メディア局長は、1999 年 11 月東京国際展示場で開かれた新聞経営セミナーの中で、「社会は第 1 ステージの農耕社会から第 4 ステージのデジタルサービスへと変革していく」というソフトバンクの孫正義氏の言葉を引きながら、新聞各社は、ヤフーや AOL、アマゾンといった会社と同じような段階に入れるのかと問題を提起していた（新聞研究, 2000）。

　興味深いのは、インターネットが普及する十数年前、1980 年代の新聞業界はキャプテンシステムの需要調査を通じて、ニュースよりも旅行のチケット予約などのサービスの方に高い需要があることを認識していたことである。「ニュースなどの情報への利用度は低く、逆に切符の予約などのサービスを希望す

る意見が強い。またこれと歩調を合わせるかのように、情報提供者の中で、最近熱心さを帯びてきたのは、銀行や旅行業者、流通業者などであり、すでに具体的な構想を発表する企業も出ている」（金子, 1982）とし、「「ニュースを中心に情報を得る」という発想だけではむつかしくなったという気がしてならない。新聞機能の補完的な利用や全く新しいサービスの開発などに力を入れていくべきという気がする」と情報サービスに対するニュースコンテンツの商品競争力に疑問を呈する声は、インターネットが普及する前の時代にすでに出ていたのである。

　例えば読売新聞社は女性向け情報サイト「大手小町」を1999年に開設し、同じく女性向けネット掲示板である「発言小町」も展開していたし、毎日新聞社のJamJamは「新聞のイメージから脱したテレビ的楽しさ」を追求していたわけで、新しいインターネットユーザーの取り込みの努力をしていなかったわけではないし、メディアからサービスに転換するための芽がなかったわけではない。

　しかし、この頃は、新聞の発行部数はまだピークを過ぎたあたりで、新聞社経営はまだ比較的安泰であり、伝統的な新聞記事の商品力を信じていた。新聞業界のトップは「今後インターネットが発信されればされるほどゴミやがらくたのような情報が増える結果、信頼度の高い新聞の価値は一層高まって、戸別配達と高い知的水準に支えられた日本の新聞は来世紀も長く生き残りうる」（新聞研究, 2000）という旨の発言をしており、新聞記事の商品性に対する異常なほどの信頼が見て取れる。また、新聞各社とプラットフォーマーとの関係を検証するため、鈴木ら（2014）は各社トップの入社式挨拶を定点観測しているが、「だんだんおかしな人間が出てくるのではなかろうか」（1996年読売新聞）などといったインターネットに対して否定的な姿勢が消えたのは2003年であり、総じて2006年から2008年あたりで「ネットは敵」から「消極的・積極的に取り組む」「積極的に取り組むが弱気」への変容が見えるとしている。

　このような認識であるうちは、「新聞記事は、無料なら読むが、月々数千円のお金を払ってまで読みたいコンテンツではなかった」という現実をとうてい受け入れることができなかったであろう。

　結果として、新聞各社はサイトの制作と記事の無料公開にはいち早く取り組

み、成長するサービス分野に取り組める情報と機会が十分にあったにもかかわ
らず、その取り組みの芽は十分に育たなかったのである。

3・2　プラットフォームの構築

　その後、新聞各社は急成長するポータル・プラットフォーマーに危機感を覚
え、自前のポータル＝プラットフォーム構築に動き始めたのが、47NEWS とあ
らたにすである。結果として、47NEWS とあらたにすは、影響力のあるプラッ
トフォームの構築に失敗した。その原因は新聞業界の体質を表しているようで
象徴的である。その経緯と影響について見ていきたい。

　2006 年ごろ、電通新聞局が共同通信に働きかけて、47NEWS の構築に動き
出した。ヤフー・ニュースなどのプラットフォーマーに危機感を持っていた読
売新聞社も地方紙を巻き込んでプラットフォームを構築しようとしたが、47NEWS
が進行中であったため、地方紙の取り込みを断念して朝日新聞と日本経済新聞、
読売新聞の 3 社で協働することとなった。また、朝日新聞社と日本経済新聞社
は、読売新聞に対して、ヤフー・ニュースへの記事配信を止めるよう働きかけ
たが、これに対し、ヤフー・ジャパンの親会社であるソフトバンクの孫正義氏
が読売新聞に許諾料の特別待遇を図った。そのため、読売新聞はヤフー・ニュ
ースから足抜けをしなかった（下山, 2019）。その後、朝日新聞社は方針を変え
てヤフー・ニュースに配信を始めることになる。

　47News の設立にあたり、共同通信がヤフー・ニュースから離脱したことを
受け、ヤフー・ニュースは配信提供社のつなぎ止めのために、それぞれの記事
の末尾にニュース配信社へ 5 本のリンクを設けた（下山, 2019）。これが先に見
たニュースメディア事業者が依存する「関連ニュースリンク」であり、ヤフ
ー・メディア・ネットワーク（YMN）と呼ばれた。

　このリンクの効果は当初から絶大であった。2009 年のデータによれば、産
経新聞が運用するイザ！では全トラフィックの 9 割、毎日.jp は 5 割前後がヤフ
ー・ニュース経由であり、2009 年 1 月の主な新聞社ニュースサイト利用者数
を見ると、1 位は毎日新聞の「毎日.jp」で 947 万人、2 位が「MSN 産経ニュー
ス」で 787 万人、3 位は産経新聞社「イザ！」の 742 万人であった。そして、
読売新聞の Yomiuri Online, Nikkei NET, asahi.com と続いた（ニールセン, 2009）。

諸刃の剣で評価は難しいが、実態調査報告書から見てとれたように、ニュースメディア事業者がニュースポータル事業者に依存せざるをえない仕組みができあがったのである。

　朝日新聞社が 2012 年 10 月にヤフー・ニュースに対して記事の配信を始めたきっかけは東日本大震災であった。災害時の緊急対応として、一時的にヤフー・ニュースに向けて配信をした際、アサヒ・コムのアクセス数は 3 倍へと急増したが、平時対応に戻った際は、アクセス数も元の水準に戻っていた。記事コンテンツを自社サイトのみで公開してアクセスを集めるか、ヤフー・ニュースに記事を提供してアクセスを稼ぐかの二者択一の様相を呈していたことに加え、日経電子版の契約者数が 50 万人であったのに対し、朝日新聞デジタルが 5 万件と振るわなかったことから、配信をせざるをえない意思決定であった（鈴木・根来, 2014）。

　下山の取材からわかるように、あらたにすの失敗は、技術的な失敗ではなく、新聞業界内の信頼醸成の失敗である。業界横断プラットフォームの構築において、業界全体での協力が不足し、個々の新聞社の利益が優先されたのである。地方紙と全国紙が別々に動いていたこともそうであるし、NDA（秘密保持契約）を理由にお互いの許諾料を共有しないできた[11]。読売新聞の許諾料は、下山の著書によって初めて明らかにされたわけであるが、特別扱いを知った新聞社は互いに疑心暗鬼に陥り、ヤフー・ニュースと新聞社の間の信頼関係も揺らいだのである。

　時期的には、PC ウェブからモバイルアプリへの時代の転換点でもあり、モバイル対応も怠っていなかったことから、あらたにすには、スマートニュースやグノシーになれるチャンスはあったのではないかと思える。しかし、ユーザーニーズに無関心な新聞案内人や社説読み比べといった「新聞社然」としたプロダクト・アウト記事が中心で、UGC を取り込めなかったことはおろか、3 社以外に開かれることもなかったクローズドなプラットフォームは、とうてい商業ベースに乗せることは難しかったであろう。

　あらたにすは、プラットフォームの構築に失敗したのではなく、業界の結束と信頼の構築に失敗したのである。加えて言うと、2005 年から 2006 年にかけての新聞社聞き取り調査では、「編集部門とインターネット部門とが対立構図

になり過ぎ、双方が有機的に連動していない」（清水, 2006）という指摘やインターネットに対応するデジタル部署は当初、窓際の役職だったという証言もある。

　ここまで新聞業界が逸した機会を見てきた。2012年のあらたにす終了、2014年のMSN産経の終了、その後決定的なデジタル施策を打ち出せず、ヤフー依存が強まったという意見（松永, 2020）や井坂ら（2018）が指摘するように「ヤフーニュースに負けないサイトを作るための強い経営判断や、資金的な裏付けがなく、テクノロジーでも遅れを取ったため、ヤフーにコンテンツを提供して、一定の提供料をもらい、ページビュー（PV）を戻してもらう方法が、マスメディア側にとっての現実的なネット対応だったとも言えよう」という見立て（井坂・根来, 2018）は、そのとおりである。

　ただ、本章で見てきたように、かなりの初期から各社が積極的にITに取り組んでいたことからも、テクノロジーそのもので遅れをとっていたわけではなさそうである。テクノロジーに遅れをとったというよりも、新聞社が生み出す伝統的な新聞記事の商業的価値とその競争力を過信し、加えて業界横断的な協調体制の構築に失敗した。それは初期にインターネットのコンテンツを「がらくた」と切り捨て、「新聞社」という孤高の組織とエリート意識を保ち続けることで他者を排除してきたことに起因する。ユーザーニーズを取り入れたコンテンツやサービスの芽は一部にあったが、その可能性を、自らの言葉で摘んでしまったのではないだろうか。

　新聞業界が一枚岩となってインターネットと対峙してきたとは言い難い。47NEWSとあらたにすに見られる地方紙と全国紙の断絶、ヤフー・ニュースへの配信と許諾料を巡る読売新聞社の抜け駆け、許諾料交渉を巡る新聞社間のミスコミュニケーションといった個別の事情が業界の団結を阻害し、現在のプラットフォーム依存の現況を招いたように思えるのである。

第4節　展望

　新聞業界の苦戦は、日本のジャーナリズムや民主主義に関わる問題である。

報道を専門とする新聞社は苦戦を強いられているが、ドラマやバラエティーを制作する部門をもつテレビ局は経営資源に恵まれており、まだ希望がある。ドラマやバラエティーで獲得した利益を報道部門に回すこともできるであろう。しかし、その前に報道部門は自立するための努力をし続けなければならない。また、放送業界が新聞業界と同様に縮小し、インターネットにとって代わられる傾向にあるのだとすれば、なおさら報道のデジタル部門は自立しなければならないだろう。

ヤフー・ニュースなどプラットフォームへの配信を止められないのは、許諾料そのものが魅力的なわけではなく、「関連ニュースリンク」によるトラフィック誘客の方が魅力的なのは、これまでに見てきたとおりである。無料広告モデルは、テレビ放送業界にとっては慣れ親しんだビジネスモデルであるから、ユーザーニーズへの応え方、アクセス数の取り方は、新聞各社より上手に取り扱えるに違いない。

問題は、ニュースプラットフォーム事業者が提供するサービス上でどのように振る舞うかではなく、自前のプラットフォームを獲得し、自らがニュースプラットフォーム事業者になることである。主旨は、2022 年 6 月に民放連研究所がとりまとめた「放送の将来ビジョン研究プロジェクト報告書」に書いたこと大きく変わらない。

TBS NEWS DIG や日テレ NEWS NNN などは、系列局のニュースを束ねることには成功しているものの、系列を超えた連携は未着手であり、ユーザーのワンストップ性を実現しておらず、いまひとつ魅力に欠ける。もう一歩進めて、すべての系列局のニュースや海外のニュース、インターネット向けのオリジナルニュース、ひいてはユーザーが作り出したニュースをアグリゲートしたプラットフォームを構築できないだろうか。そうすることで外部のプラットフォームだけに依存しない経営が実現する。TVer や radiko の成功体験をもとに、外部のプラットフォームに依存することなく、影響力のあるプラットフォームを自らの手で作り出せる可能性は十分にある。

注
1)　広告料金一覧 https://yab.yomiuri.co.jp/adv/ad/pdf/mediaguide/yol_price.pdf

2)　同調査報告書では、「情報提供を依頼した 20 社のうち、2022 年 1 月から同年 12 月までの期間の自社ニュースメディアサイトへの経路別の流入数を保持していた 17 社の情報に基づき算出した」としている。

3)　桑本美鈴（2001 年 4 月 4 日）「産経新聞、紙面をまるごとデジタル配信」アスキー。https://ascii.jp/elem/000/000/322/322187/

4)　伊藤恭子（2015 年 8 月 11 日）「狭い画面にコンテンツ咲き誇る　ケータイ黄金時代」朝日新聞デジタル。https://www.asahi.com/special/timeline/asahicom-chronicle/mobile.html

5)　2022 年 9 月 27 日、全国紙元デジタル担当者へのインタビュー。

6)　「MS とニュースサイト統合を発表　毎日新聞、今春から」（2004 年 1 月 15 日）、アサヒ・コム。https://www.asahi.com/motion/TKY200401150319.html

7)　朝日新聞社とハフィントン・ポスト・メディアグループによるプレスリリース（https://www.asahi.com/shimbun/release/20121214.pdf）。

8)　朝日新聞デジタルメディアガイド（https://www.asahi.com/ads/guide/）による。朝日新聞デジタル本体も含む媒体数。すべてがポトフを使っているとは限らない。

9)　「信頼できる発信者を識別する技術の実用化・ウェブ標準化を目指す「オリジネーター・プロファイル（OP）技術研究組合」設立」（2023 年 1 月 18 日）。Internet Watch. https://internet.watch.impress.co.jp/docs/news/1471180.html

10)　2022 年 11 月 6 日、大前氏に対するインタビュー。

11)　2022 年 9 月 27 日、全国紙元デジタル担当者へのインタビュー。

参考文献

appllio（2014 年 3 月 21 日）「誰がヤフトピを倒す？　過熱するニュースアプリ戦争を読み解く——SmartNews、グノシー、LINE NEWS ほか」。参照先：appllio: https://appllio.com/20140321-4985-news-apps-wars

DIGIDAY（2016 年 12 月 26 日）「DIGIDAY「紙のビジネスをデジタル化する時代は終わった」：産経デジタル CEO 鳥居洋介氏」。参照先：DIGIDAY: https://digiday.jp/publishers/sankei-digital-yosuke-tori/

Internet Watch（2008 年 1 月 30 日）「「新聞こそが最も信頼性の高いメディア」、3 紙共同サイトをアピール」。参照先：Internet Watch: https://internet.watch.impress.co.jp/cda/news/2008/01/30/18290.html

Internet Watch（2011 年 11 月 9 日）「電子新聞「朝日新聞デジタル」の Android タブレット向けアプリが公開」。参照先：https://internet.watch.impress.co.jp/docs/news/489529.html

Internet Watch（2014 年 9 月 8 日）「「MSN 産経ニュース」終了へ、10 月 1 日より「産経ニュース」として全面刷新」。参照先：Internet Watch: https://internet.watch.impress.co.jp/docs/news/665629.html

Journalism（2016 年 8 月）「スマホとソーシャルメディアの活況でニュースメディアの黄金時代到来か」『Journalism』315, 6 ～ 19 頁。

NHK（2023 年 9 月 26 日）「ヤフー ニュース配信 契約内容の見直し検討 公取委の指摘受け」。参照先：https://www3.nhk.or.jp/news/html/20230926/k10014206671000.html

朝日新聞（1998 年 2 月 21 日）「明日の新聞　ネット上でニュースの提供競う」。

阿部雅美（2009）「アクセスが 3 倍以上に伸びた産経グループのネット戦略」『Journalism』224, 20 ～ 28 頁。

井坂公明・根来正一（2018）「ニュースメディアの課題」早稲田大学メディア文化研究所『『ニュース』は生き残るか メディアビジネスの未来を探る』一藝社、91 ～ 110 頁。

インターネットマガジン（1996 年 7 月）「インターネット・ニュースの見方」『インターネットマガジン』18，274 ～ 285 頁。

インターネット白書（2002 年 7 月 11 日）「ウェブサイト視聴ランキングトップ 100」『インターネット白書 2002』118 ～ 121 頁。

奥山晶二郎（2015 年 9 月 7 日）「新聞読者以外に通じる回路を　ゼロから始めた withnews」。参照先：朝日新聞デジタル：https://www.asahi.com/special/timeline/asahicom-chronicle/withnews.html

金子秀明（1982 年 10 月）「キャプテンシステムの実用化計画発表」『新聞研究』375，82 ～ 84 頁。

喜多充成（1996 年 1 月）「インターネットビジネス利用の現場から 朝日新聞社」『インターネットマガジン』12，164 ～ 167 頁。

国際社会経済研究所編（2003）『ネットは新聞を殺すのか—変貌するマスメディア』NTT 出版。

定岡祐二・浅野智之（2008）「国内インターネット広告市場の動向」『インターネット白書 2008』58 ～ 62 頁。

産経新聞（2023 年 6 月 21 日）「ネットで深く、速く、もっと便利に 挑戦を続ける「産経ニュース」」。参照先：https://www.sankei.com/article/20230621-E6HQK2KWQNIONPKPUIWXBMJJTA/

清水真（2006）「新聞社が展開するニュースサイトに関する分析 Ⅱ」ニュースサイト研究会『インターネット・ニュースサイトのジャーナリズム機能に関する日韓比較研究（1）』立教大学社会学部成田研究室、35 ～ 47 頁。

下山進（2019）『2050 年のメディア』文藝春秋。

新聞研究（2000 年 2 月）「デジタル時代に挑む 新聞の課題と進路」『新聞研究』583，52 ～ 66 頁。

新聞研究（2010 年 3 月）「共通プラットフォーム望む声上がる 新聞協会がデジタル配信のセミナー開催」『新聞研究』704。

鈴木修太・根来龍之（2014 年 3 月）「コンテンツビジネスリーダーの破壊的イノベーションへの対応〜音楽、新聞、書籍、テレビに共通するメカニズムの抽出〜」早稲田大学 IT 戦略研究所ワーキングペーパー 51。

たまさぶろ（2016 年 8 月 3 日）「毎日新聞とマイクロソフト協業の真相から考察する新聞社サイトの将来【前編】」。参照先：HUFFPOST: https://www.huffingtonpost.jp/tamasaburo/mainichi_b_11274108.html

坪田知己（2010）「「電子新聞」ブームの始まりと終焉」『インターネット白書 2010』30 ～ 31 頁。

土井達士（2011）「紙、デジタルともに伸ばす戦略　産経グループの「電子新聞」事業」『Journalism』259，38 ～ 45 頁。

長沢秀行（2000 年 6 月）「インターネット広告最新動向」『新聞経営』151，23 ～ 27 頁。

日本新聞協会（2020 年 10 月 13 日）「《新聞社の経営関連調査》その他収入が 11.5％増　総売上高 1 兆 6526 億円」。参照先：日本新聞協会：https://www.pressnet.or.jp/news/headline/201013_13777.html

ニールセン（2009 年 2 月 14 日）「ポータル誘導で利用者の多い毎日・産経、ロイヤリティの高い日経・朝日・読売」。参照先：ニールセン：https://www.netratings.co.jp/news_release/2009/02/Newsrelease20090224.html

根来龍之（2022 年 1 月）「新聞はプラットフォームとの協業を　DX を進め「変革の制約」を広げよ」『Journalism』380，44 ～ 49 頁。

野辺名豊（1996 年 9 月）「電子新聞ビジネスに立ちはだかる課題」『インターネットマガジン』20，264 ～ 271 頁。

荻原雅之（2000）「ページビュー数を稼いでいるのは、掲示板やオークションといった、ページ数が非常に多い特殊なコンテンツ」『インターネット白書 2000』122 頁。

増井誠（1995 年 12 月）「見えてきた二つの潮流—グローバル化と地域情報」『新聞研究』533，64 ～ 66 頁。

松永裕司（2020 年 7 月 13 日）「新聞メディアも「ヤフー依存」鮮明に　生き残りを懸けた DX 戦略の道筋は」。参照先：Forbes JAPAN: https://forbesjapan.com/articles/detail/35755

ヤフー株式会社（2021 年 11 月 17 日）。参照先：Yahoo! ニュース、媒体各社への配信料支払いに「記事リアクションボタン」のクリック率データを活用開始：https://about.yahoo.co.jp/pr/release/2021/11/17a/

山崎春奈（2013 年 9 月 8 日）「「msn 産経ニュース」終了　独自サイト「産経ニュース」にフルリニューアル　オピニオンサイトも新設」。参照先：IT メディア：https://www.itmedia.co.jp/news/articles/1409/08/news089.html

Ⅲ　放送・コンテンツを巡る制度と産業の変化

第7章
規制産業・放送の本業
——2040年に向けての超長期シフト戦略

内山　隆

第1節　はじめに

テレビ放送産業は、世界的には1950年代から急速な普及が始まり、インターネットがようやく映像伝送を事業化した2010年代初頭までの約60〜70年間、圧倒的な影響力をもってメディアの王様として君臨した。しかしネット映像配信事業の台頭とその普及により、王者は苦悩に満ち始めた。

第2節　どんな会社や産業にもある本業の成熟化とその対応

製品（事業）ライフサイクルの発想——導入期、成長期、成熟期、衰退期——はあらゆる経営学の教科書にでてくる基本的・古典的理論である。どんな事業にも栄枯盛衰は避けられず、無限の成長を遂げることは不可能である。しかし成熟段階に入ったのち、延命化を図ることで、事業や会社の延命化につなげようと思うことは、決して的外れではない。それでも企業の外、環境の中に自社本業の成長を止めたり、衰退を促す環境変化が起きた場合、衰退が避けられない場合もあろう。こうした場合を含め、自社事業の中核である本業転換を図る必然性が生まれる。その本業転換をいかにスムーズに行うかは、経営者に長期経営計画を超えるレベルの大局観が求められることでもあり、大変、難しい。

2・1　本業の衰退と対策（理論）

　経営学・経営戦略論の世界では、こうしたひとつの製品、事業、産業のライフサイクルに対して、多角化理論、コア・コンピタンス論、イノベーション論などの歴代の文脈の中でも語られてきた。

　ルメルトの1974年論文で提示された多角化の古典理論では、多角化類型をつくり、そのうちの本業集約型 Dominant Constrained、関連集約型 Related Constrained が業績（売上高年間成長率など10指標）に対して有意とされた。その分類のための変数は、専門比率（SR: Specialization Ratio）、垂直比率（VR: Vertical Ratio）、関連比率（RR: Related Ratio）である。多角化がある程度進んでいる場合の、集約（Constrained）とは、既存事業との何らかの関連性を認める場合、拡散（linked）はそうでない場合である。

単一事業型 Single Business
垂直統合型 Dominant Vertical
本業集約型 Dominant Constrained
本業非関連型 Dominant Unrelated
本業関連型 Dominant Linked
関連集約型 Related Constrained
関連拡散型 Related Linked
非関連型 Unrelated Business
コングロマリット型 Conglomerate

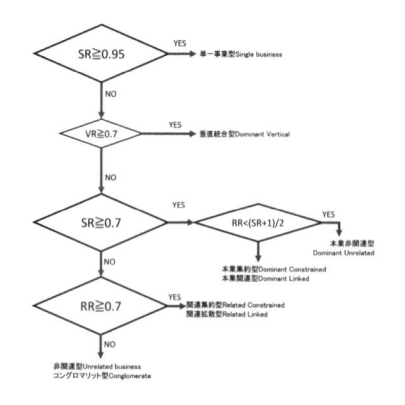

　少なくとも2000年代までの日本の民間放送の売上構造は、圧倒的にリニア広告収入（放送収入）で占められていて、放送外収入への拡散がほとんど進んでいないことにより、単一→垂直統合→本業集約→関連集約の程度差の中でも、垂直統合→本業集約あたりに分布の中心がくることは、ほとんど自明である。

　しかしこの分析のいくつかの問題は指摘されてきた。ひとつは環境要因の影響の考慮が不十分である。後にルメルトの1982年論文では、産業の効果（average industry return on capital）が企業の業績に影響を与えていることを考慮し、改めて関連集約型 Related Constrained を有意としている。後の Hamel and

Prahalad（1990）のコア・コンピタンス論も、関連集約型 Related Constrained の優位性を主張するものにも見える。その企業の競争力の核になるもの、本業は、産業分類表などで定義されるような客観的なものではなく、個社固有のもので、主観的であり、柔軟に解釈すべきとしている点は、ルメルトもハメル＆プラハラッドも共通である。コア・コンピタンスは、他社には真似のできない自社ならではの価値を形作る中核的な力である。

　インターネット映像伝送が普及する前まで、テレビ放送産業の映像伝送技術は、他産業ではマネのできない技術であった。映画は画質で上回るが、リニアや便利さ（ユビキタス）ではテレビの足元にも及ばない。放送の場合は、技術もさることながら、電波の稀少性に基づく政府参入規制の存在も、唯一無二の性格を形作るものであった。

　ルメルト分析のもうひとつの不十分な点は、これが静学的であり、動学的視点に欠ける点である。その点ではイノベーション論が補うことになるだろう。

　成長産業は、産業としての資本利益率（RoC: Return on Capital）が高い。その新規成長産業と既存の成熟産業が競合する場合、成熟産業は、強みを活かす観点から、上記多角化類型の本業集約型なり、関連集約型戦略で対処しようとするが、成長産業の成長速度についていけない。これをクリステンセンはイノベーションのジレンマとよぶわけである。古典理論のなかでも、Competency Trap（有能ゆえの罠）と関連する。また March（1991）以降の組織学習理論の系譜における知の深化（exploitation: 既知の知の活用）と知の探索（exploration: 新しい知の探究）との二側面に分けた場合の、それぞれの目的が相似である。静学的な合理性と動学的な合理性が一致していないのである。

　伝統的放送（電波リニア事業）とネット映像配信事業は、持続的イノベーションと破壊的イノベーションの関係、知の深化と知の探索の関係に見えがちである。前川（2021）のなかには、「ねじまげ族」という表現の中で、HDTV の導入に際して「そのころのハイビジョンは間違いなく毎日が実験的であった」と回顧しているが、これこそ映像表現（クリエイティブ領域）における知の探索である。こうした話題は、最近は、放送ではなく、ネット側から、生まれてきている。

2・2　転換過程の産みの苦しみ

　実際に本業が成熟ないしは衰退し、転換が強いられていくとして、何が起きるだろうか？　　放送に近しい産業の例として、まず NTT を挙げる。1985 年の電電公社の民営化前後から、NTT が持つ市内電話網の独占状態を、競争環境に変えていくことは大きな社会的課題であった。政策（郵政省／総務省）、経営戦略（NCCs）の関心も持続してもたれており、現在も NTT の巨大さや他社の競争促進への関心（例えば 2023 年に突如として湧いた NTT 法改正議論など）は続いている。しかし NTT 他、通信事業者の事業ポートフォリオは、社会的なインターネットの普及と携帯電話事業の台頭によって、様変わりしたことはいうまでもない（図7・1）。かつての寡占の根源であった市内電話網の位置づけは、相当に縮小している（もっともそれはインターネット接続事業の基盤でもあるが）。全体として、常に日本を代表するような巨大さを維持し続けている。

　その過程で、NTT がグループ全体としての事業規模を縮小することはなかった。通信産業の活用領域が単に音声通話や FAX から、インターネットの基盤となること（データ通信）で、インターネットの魅力的でわかりやすい技術進化と大幅な市場拡大によって、つまり環境変化によって、旧来分野の縮小が覆い隠されているからである。

　しかし、放送と近しい、そうでない産業もある。音楽産業である。その際、

　①ビジネス・モデルの違い

　②価値連鎖上の利害関係者の違い

　③進化のわかりやすさの度合い

といった要素が、スムーズな本業シフトへの壁になることがわかる。

　日本の音楽産業は、1980 年と 1998 年の 2 度、産業規模のピークをもっている（図7・2）。それぞれビニール・レコードの時代から CD パッケージの時代へ、そして CD からインターネット配信の時代への転換点であり、いずれも、一旦、産業規模の縮小に入っている。1980 年のそれは、比較的小さな縮小ですんでいる。ビニールから CD への転換は、生産設備への投資こそ必要であるが、①基本的なビジネス・モデルや、②利害関係を構築する流通構造に変化はなく、また③進化の度合いが、容易にアピール可能だったからである。2024 年の現

図 7・1　NTT の事業構造の転換

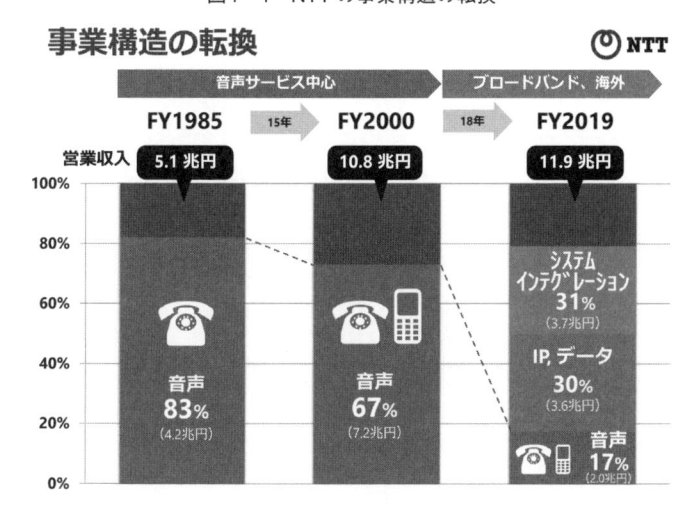

出所：「日本電信電話株式会社　会社説明会」資料、2020 年 12 月、11 頁。
(https://group.ntt/jp/ir/library/presentation/2020/pdf/201217.pdf)

在でこそ、世間では CD よりもビニールのほうが音質がよいという一面的な評
判があるものの[1]、CD が出た当時は、ビニールのもつ SN 比の悪さやダイナ
ミック・レンジの狭さ、盤のキズが生むノイズ、等から、CD のほうが音質が
よいとされており、取り扱いも容易で、ビニールから CD への進化のアピール
が明確であった。結果、比較的小さな縮小を経て事業転換ができうるもので、
末端消費者の CD 再生機器普及を待つものであった。1998 年の 2 度目のピーク
後は、一度、小さなピーク（2007 年）を迎えたうえで、再度、減少局面に入る。
その小ピークは、ネット配信（ダウンロード型）である。この場合、データの
売り切りの形なので、①基本的なビジネス・モデルの構造は変わらないものの
単価は下がり、また②流通末端の利害関係者（小売店）の利害とは相反するも
のであった。インターネットで配信という、③進化のわかりやすさ（便利さ）
は十分すぎるほどのものがあり、そもそもその少し前からネット上に蔓延って
いた違法流通への対処策としての正規ダウンロード販売開始という側面もあっ
た。しかしこれは日本でも世界でも拡大しなかった。幸か不幸か、日本の音楽
産業においては、図で示されるパッケージ以外の音楽展開領域として、カラオ

図7・2　日本の音楽産業規模（日本レコード協会）

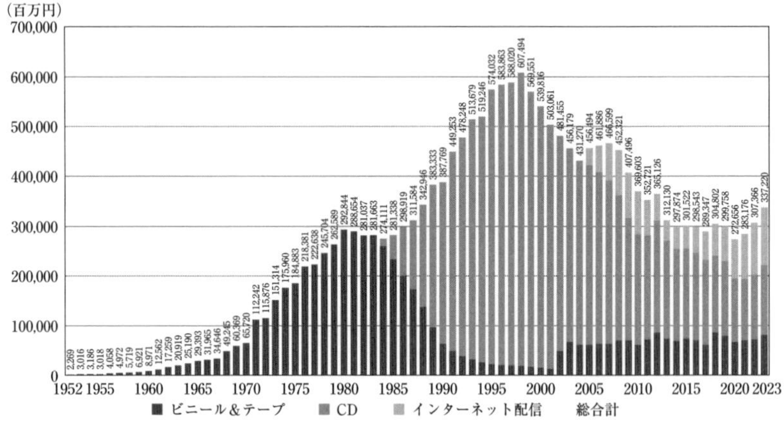

（百万円）

■ ビニール＆テープ　■ CD　■ インターネット配信　　総合計

出所：日本レコード協会。

ケが手堅く存在しており、また2000年代には、フェス・コンサート分野が拡大したことが、外国とのズレにつながっている要因と見られる。カラオケも、フェス・コンサートもそのビジネス・モデルや利害関係者は、ネット普及以前とは大きく変わってはおらず、音楽の核にある作詞・作曲・実演家にとってみれば、仕事の枠組みは大きく変わらず、収入を補完するような構造なのである。

　2010年代に入り、世界ではSpotifyに代表されるサブスク型、あるいはフリーミアム型ビジネス・モデルが急速に進展する。これは、①ビジネス・モデル、②価値連鎖上の利害関係者、いずれもパッケージ時代とは大きく異なるものであるが、途中にダウンロード型ビジネス・モデルが挟まったことで、転換への緩衝にはなっていただろう。③進化のアピールにおいては、強烈すぎるビジネス・モデルであるし、インターネットのユビキタス思想とのマッチングも優れている。全世界の産業規模的には2014年を底にしてデジタルによって再浮上し、すでに1990年代後半のCD時代のピーク水準を凌駕するところまで復権している（図7・3）。日本は2020年に底打ちし、ようやく再上昇の途についたところである。

　これらからは、さまざまな洞察が得られる。避けようのない本業の成熟化とその転換にあたって、

図7・3　世界の音楽産業規模（IFPI データ）

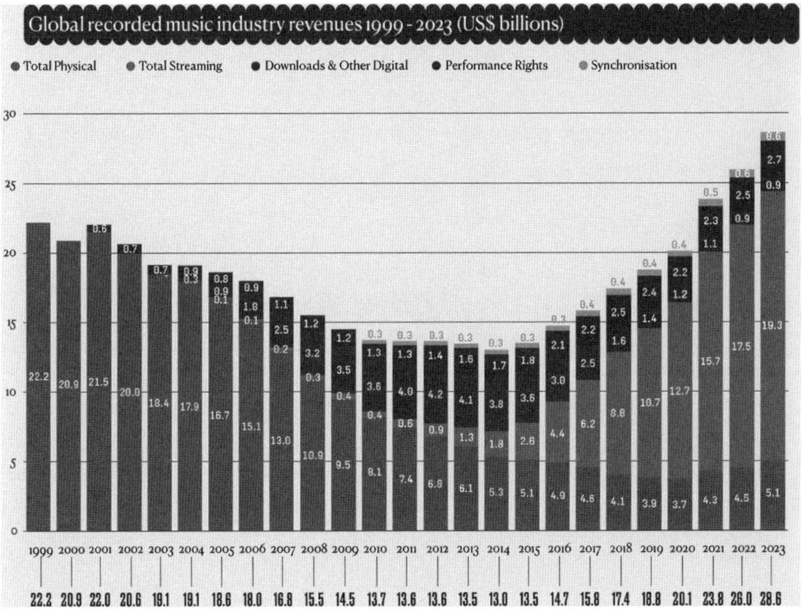

出所：IFPI（2024）, Global Music Report 2024;　https://ifpi-website-cms.s3.eu-west-amazonaws.com/IFPI_GMR_
2024_State_of_the_Industry_db92a1c9c1.pdf

・本業転換には複数のハードルがある。

・本業転換時、産業や会社の縮小も起こりえる。新しい本業の環境次第。

・その縮小時に、その時の多角化事業が延命化に役立つこともあるが、新本
業への乗り換えを遅らせる場合もある。

第3節　放送の場合の特殊性

　映像メディアは映画の時代、テレビの時代とおおよそ60 年単位で栄枯盛衰
している。超長期にわたるシフト戦略が必要である。映画から放送は10 年で
主役が変わった。対応を強いられた映画が新しいテレビ時代に対応するには20
年強かかった（詳細については内山（2018）参照）。音楽もネット対応には四半

世紀の時間を要している。経営者には難しい判断が迫られる。

　テレビは、世界的には 1950 年代、日本では昭和 30 年代の 10 年を通して映画産業を相当に追い詰めた立場である。その相似形が、今度はネットとテレビの間で起きているといってもよい。

　もっとも当時の映画に比べれば、現在のネットによるテレビの追い詰められ方は、まだ希望が持てる程度であり、広告収入の側面でいえば、大幅減ではない状態である。

3・1　規制産業であること——政府政策と経営戦略のゲームの問題

○本業の定義、放送産業の事業ドメイン

　経営者にとって、本業の範囲とは、長期経営計画の中身で定める事業ドメインやポートフォリオということになる。経営戦略論としても、事業ドメインやそのコア・コンピタンスは産業分類表などで“客観的に”定義されるべきものではなく、個社固有のものであるほうが望ましいことは、上述の諸理論のとおりである。

　ところが、放送は規制産業であるがゆえに、法による定義（関連法に規定される条文）が関与してくる。個社の経営戦略の合理性と、規制当局が考える産業単位での合理性のズレも生じる（結果、合成の誤謬という憂うる事態が生じうる）。欧州の場合、政府（EU、各国）と業界（欧州放送連盟 EBU）をあげて、PSB（Public Service Broadcasting）から PSM（Public Service Media）への転換を意図した。また英国は 2024 年 5 月 24 日に議会を通過したメディア法案（Media Bill）[2]にて、ネットフリックスやアマゾン、ディズニー＋などの専業配信サービスを、規制当局 Ofcom が定める VoD code の規制下に入れることになった[3]。

　日本において、総務省の研究会、公共放送 WG[4]（2022 年 9 月〜 2024 年 2 月までの期間）において、当初の NHK は欧州同様の PSM としての位置付けを求めたが、審議の結果として、必ずしもそのような形にはならなかった。

　つまり日本において、必ずしも欧州のような考え方を支持する意見ばかりでもないことが顕在化したわけである。ポリティカル・コレクトネスの流れで、どんどん窮屈になっていく古典的な放送の「言論の自由」空間に対して、別枠としての相対的に自由なインターネット空間を活かすことを求めるか、放送同

様の強い規制のある形にして放送事業者が健全な情報空間に寄与するという
"特別の正義"を求めるようにするか（しかし結果として規制強化）、政府と放
送業界を含めて、社会的合意がない状態である。その波及は放送法のなかの内
容規制に関わるような細目規制項目のみならず、電気通信事業法や著作権法、
情報流通プラットフォーム対処法などの関連法規、外部の放送倫理に関わるす
べての事象にも及ぶ。

　ネット専業事業者によるネット映像配信には、国家制度としてのハードロー
や縛りが異なる。表現の自由の度合いについて、どちらかといえばまだ未整備
な状態で、結果として伝統的な放送と比較すれば、まだまだ自由であるし、放
送との間には国家的な制度的非対称がある。そうした縛りが緩い点では、新聞
もネットと同様である。新聞は全くの非規制産業である。

　規制産業である放送において、政府と放送産業の間に、意思決定の方向性に
ついての合意が形成されているだろうか？　必ずしも意思決定や合意形成の主
導権を奪い合うという側面ばかりではなく、押し付けあうという側面も含めて
である。最悪は、政府と業界が"相互すくみ"、"お見合い"状態になり、意思
決定が滞ることである。政府と事業者のどちらかが強い意思をもてば、それが
優位になるが、そうでなければ"相互すくみ"状態になる。ここにも規制産業
の特性があり、イノベーションのジレンマを誘発している環境がある。

　こうした意思決定において、規制産業の常として、民間側は不利になりやす
い。政府側が、ある意味、省庁内での上意下達で意思統一できることに対し、
民間は、何らかの集合体、例えば系列や地域単位、業界団体、等で、合議のう
えで意思統一を行う。時間も手間もかかるし、合意に至るかも不確実である。
特に業界団体の意思決定は、その財務構造上、単純な多数決では意思決定しに
くい性格がある。一般によくある間違った認識は、業界団体は業界の司令塔と
いう認識であるが、どちらかといえば互助会的な性格のほうが強い。また監督
側と被監督側という関係性、放送が多面市場で利害関係者も多方面に広がって
いることも考慮すれば、政府側が主導権を取りやすい構造がある。押し付け合
いのアジェンダになると、民間側に投げられたボールが滞ることによって、社
会的意思決定が滞る確率が高まる。もちろん政府の場合とて、省庁内ではなく、
省庁間にまたがるアジェンダ（例えば放送番組の著作権マター）になってくる

と、とたんに意思決定の速度が鈍る。

3・2　わが国の映像産業の産業組織

わが国の放送業界では、なかなか配信シフトが進まない。その仮説や理由はたくさんあるが、視聴者の映像サービス課金への抵抗もひとつの理由として考えうる。実際、日本では、過去、ケーブルテレビや WOWOW の浸透には、外国と比べて比較的時間がかかった印象がある。市場に月極の支払意思のある視聴者が少なく SVOD 展開に際しても抵抗が高いのではないかという疑問である。

図7・4 は、視聴者が直接定額払いをする放送（公共放送受信料と有料放送契約料の合算（以下本章では、"月極ペイ放送"と略す））、映画興行、パッケージビデオ、OTT の4つの分野での G7 各国の市場規模を、日本を 100 として指数化したものである。なおパッケージビデオは、現在、米国、日本を除くほとんどの国で壊滅状態なので、少し前の 2017 年の数値による。

- ・すべての分野において、米国は突出しており、他6国を合算して、ようやくニアイコールである。
- ・各分野での日米格差は、月極ペイ放送と OTT での格差が相対的に大きく開き（日本が脆弱）、映画とパッケージでの格差が相対的に小さい（日本が充実）。
- ・日本と欧州・カナダとの比較では、規模は、ほとんど日本のほうが大きい。映画とパッケージで格差が大きく（日本が充実）、月極ペイ放送と OTT での格差は小さい（日本が脆弱）。絶対規模の点で例外が2点ある。OTT での英国と、月極ペイ放送での独国は日本よりも大きい。英国の OTT（ネット配信）の進展ぶりは、質量ともに日本を凌駕するものである。

総合的に見て、日本は、月極ペイ放送領域と OTT 分野において、G7 国中、相対的な脆弱さがある。逆に図7・5 から見られるように、日本は広告型の放送規模が、米国との格差が小さく、かつ欧州・カナダとの格差が大きいため、ここは充実しているといえる。それは視聴者にとっては無料である。これが月極ペイ放送や OTT を侵食していることは十分に考えうる。

同様に、他国に比べ、相対的な日本の充実を指摘できるものが、映画とパッ

図7・4　G7諸国での映像メディア市場規模

2022年 (単位　百万US$)	米国	日本	ドイツ	イギリス	フランス	カナダ	イタリア
市場規模 (2022年　百万US$)	76,205.43	10,118.43	15,759.98	10,195.09	6,795.71	8,065.67	4,459.96
■ 日本を100として	753	100	156	101	67	80	44

出所：PwC "Global Entertainment & Media Outlook 2023-2027".

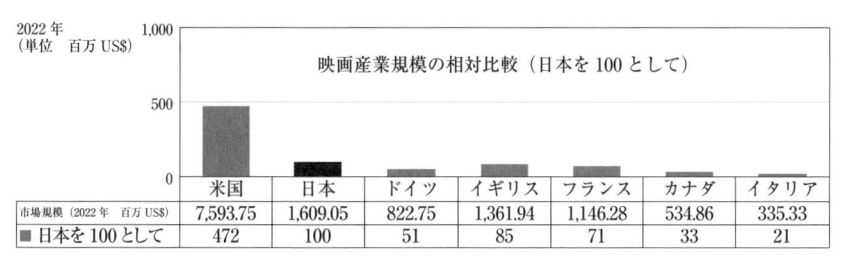

2022年 (単位　百万US$)	米国	日本	ドイツ	イギリス	フランス	カナダ	イタリア
市場規模 (2022年　百万US$)	7,593.75	1,609.05	822.75	1,361.94	1,146.28	534.86	335.33
■ 日本を100として	472	100	51	85	71	33	21

出所：PwC "Global Entertainment & Media Outlook 2023-2027".

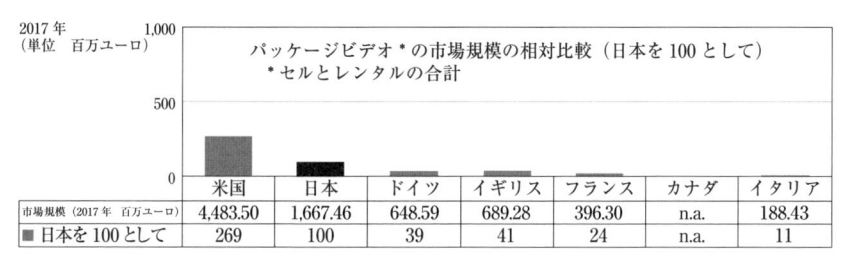

2017年 (単位　百万ユーロ)	米国	日本	ドイツ	イギリス	フランス	カナダ	イタリア
市場規模 (2017年　百万ユーロ)	4,483.50	1,667.46	648.59	689.28	396.30	n.a.	188.43
■ 日本を100として	269	100	39	41	24	n.a.	11

注：なおパッケージビデオは、現在、米国・日本を除くほとんどの国で壊滅状態なので、少し前の2017年の数値による。
出所：European Audiovisual Observatory Yearbook 2018.

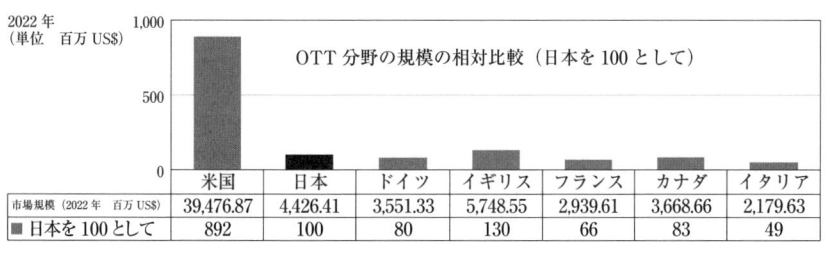

2022年 (単位　百万US$)	米国	日本	ドイツ	イギリス	フランス	カナダ	イタリア
市場規模 (2022年　百万US$)	39,476.87	4,426.41	3,551.33	5,748.55	2,939.61	3,668.66	2,179.63
■ 日本を100として	892	100	80	130	66	83	49

出所：PwC "Global Entertainment & Media Outlook 2023-2027".

図7・5　G7諸国での広告放送市場規模

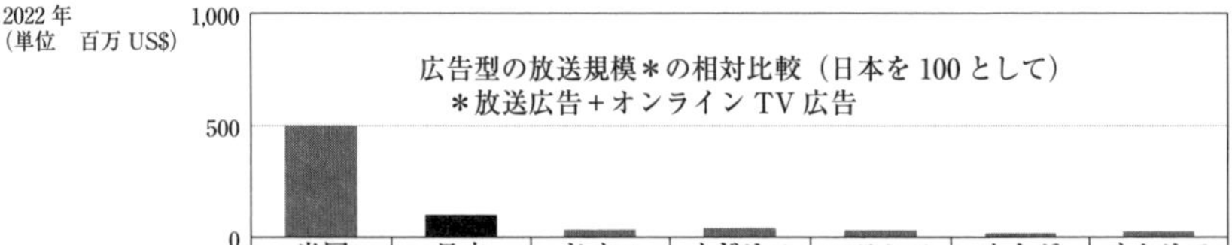

2022年
（単位　百万US$）

広告型の放送規模＊の相対比較（日本を100として）
＊放送広告＋オンラインTV広告

	米国	日本	ドイツ	イギリス	フランス	カナダ	イタリア
市場規模（2022年　百万US$）	72,101.64	14,406.92	4,956.80	5,986.09	4,328.58	2,739.86	3,830.51
■日本を100として	500	100	34	42	30	19	27

出所：PwC "Global Entertainment & Media Outlook 2023-2027".

表7・1　視聴者関与と日本の市場

視聴者態度	例	G7中の日本のポジショニング
低関与・領域	広告型（無料）放送	相対的な充実
中関与・領域	月極ペイ放送　⇒定額支払が中心	相対的な脆弱
高関与・領域	映画、パッケージ⇒都度支払が中心	相対的な充実

ケージである。「古典的な慣習を変えられない国民性」という解釈もできるが、「高い没入感があるものへの、高い支払意思」という解釈もできる。メディア研究の世界では、視聴者態度について、インボルブメント、エンゲージメント、高／低関与、能動／受動、とさまざまな着眼がある。仮に受益者が直接に高い支払いをするということを、高い関与の代理指標として考えると、都度支払で対価を意識しなければならない映画やパッケージは高関与な映像であるし、定額支払の都度視聴のごとに支払いを意識しない有料放送やSVODは中間程度、無料放送（極めて間接的な費用負担）は低関与な映像と置き換えることができる。英語でいうならば、高関与serious⇔低関与casualという意味合いで捕らえられたい。

　日本は低関与と高関与領域へのサービスが充実しているゆえに、"中とび"状態になっているともいえる。音楽CD売上低下に対し、デジタル配信ではなく、フェス・コンサートの活況が起きた日本の音楽業界と、相似的である。

3・3　映像にお金を支払う視聴者の慣習

　北米では、地上波の中継局の数の少なさ（伝送範囲の狭さ）や伝送品質の悪さから、ケーブルや衛星経由で、（地上波放送局を含め）視聴する慣習が1970年代以降、長く続いた。そのケーブル・衛星は2010年代に入り、顧客サービスの悪さなどを理由に、コードカット・トレンドが顕著になり、一方、ネットフリックスやアマゾンのような専業IT事業者のSVOD事業が受け皿となった。

　もちろん伝統的な放送事業者、ハリウッド・メジャーが手をこまねいたわけではなく、ネットワークは2010年代後半には、対抗的なSVOD事業を展開し2020年代に入ると、その収益がリニア放送の収益減少を補うことになっていく。いずれにせよ、一定程度、映像に対してお金を払う視聴者とその習慣があることが、環境変化に対する経営上の選択肢を生んだことになる。

（1）高関与領域に対応する市場——映画

　日本の映画市場は、ネット配信事業が本格化してからも（東日本大震災やコロナ禍の影響はありつつも）、決して縮小傾向とはいえない。その内訳で、邦画は好調でシェアの拡大も見られるが、むしろ外国映画の低調が日本映画興行市場全体の足を引っ張る構造になっている。

図7・6　日本の映画市場規模（日本映画製作者連盟）

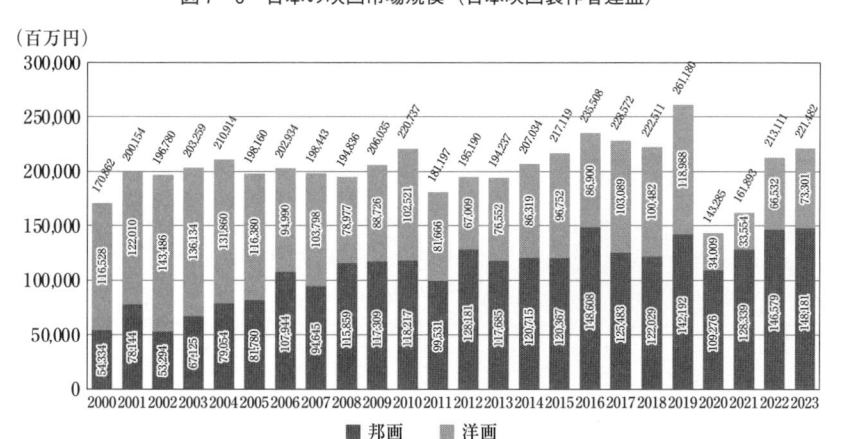

出所：日本映画製作者連盟。

図 7・7　日本のパッケージ市場規模（日本映像ソフト協会）

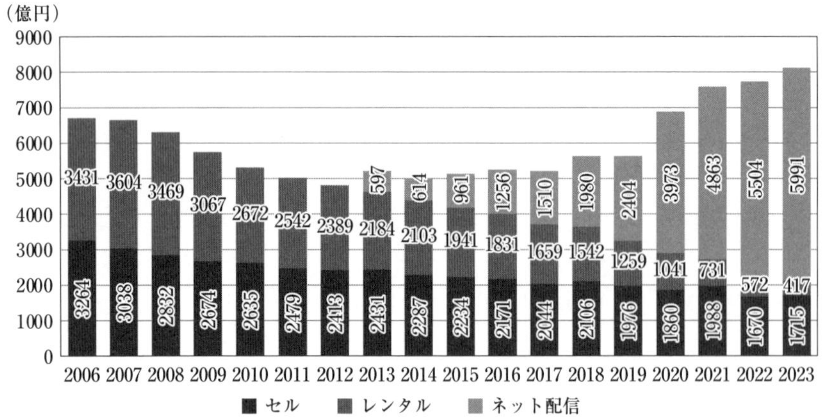

出所：一般社団法人日本映像ソフト協会。

（2）高関与領域に対応する市場——パッケージ

　パッケージ市場は、米欧では最もネット映像配信事業の直撃を受けた分野であるが、他国と比較すれば、日本はセル、レンタルとも、その縮小速度は鈍く、未だ、その市場が存在している。

　つまり明確に意識をしてお金を払うような領域、つまり高関与の映像に対して、日本の視聴者は決してお金を払っていないわけではないし、その市場が小さいわけではない。高でもなく低でもない中間程度の関与領域、わざわざ月極契約をして視聴する領域にて、支払意思が低いと考えられる。

（3）中関与領域に対応する市場——WOWOW とネットフリックス

　日本において、高品質な番組のサブスクリプション型のビジネス・モデルの有力プレイヤーの一つとして、WOWOW を挙げることができる。契約者向けの配信サービスである「WOWOW オンデマンド」も、2021 年 1 月 13 日から展開している[5]。しかしその契約者数は、外資系ネット専業プレイヤーとの間に、大きく開いた状態になっている。

　WOWOW の加入者数は、ピーク時、約 290.1 万契約（2018 年）を境に、減少局面にある。一方 2015 年に日本に進出したネットフリックスの日本での加入

者数について、同社チーフ・プロダクトオフィサーのグレッグ・ピーターズ氏
は、「ざっくり 300 万（roughly 3 million, 2019/09/16）」[6]、「500 万を超える（2020
年 8 月末時点）」[7] と発言しており、また一部の推計では直近 700 万人（2023 年,
2024 年）とも見られている[8]。

3・4　低関与領域のプレイヤーであった広告型放送の選択肢

　低関与領域を中心に活動する民間放送の事業者の立場で言えば、ここからい
くつかの直感的なオプションが考えられる。

Op1.　強かったはずの低関与領域である広告型放送（広告収益）を、リニア媒
　　　体に限定せず、ビジネス・モデルの変革を通して、まずは収益よりも広告シ
　　　ェアを守り抜く。その場合に、ネット・デジタル含め、他媒体への展開への
　　　躊躇は全く無意味である。
Op2.　低関与市場から中関与市場への軸足を移す努力をする。これは米国メジ
　　　ャー・ネットワークが実際にとっている戦略である。いくつかの SVOD 市
　　　場や、既に投資をしているケーブル・衛星事業向けのチャンネル・ネットワ
　　　ーク事業のネット向けリストラクチャリング。
Op3.　民間放送も投資をする映画等の高関与領域のコンテンツについて、中関
　　　与領域のコンテンツとなるように、ウインドウ戦略を再構築する。

　いずれのオプションにしても、実践上の課題は多いが、前提としてあること
は、やはり本業の再定義である。インターネット映像伝送ができなかった時代
は、リニアに映像を送る手段は電波とケーブルしかなかった。それを独占的に
使えていたという産業全体に共通するコア・コンピタンスは揺るぎのないもの
であり、過去において、そこを核にした個社の本業定義は合理的であった。そ
の核部分にインターネットが大きな切り崩しを行ったという認識は持つべきで
ある（図 7・8）。本業とコア・コンピタンスの再定義に際して、政府によって
定められる法的な「放送」に依拠していても、もはや、十分な本業やコア・コ
ンピタンスの再定義に及ばない。将来、個社ごとに異なる本業とコア・コンピ
タンスを持つことが起きても不思議ではない。日本ケーブルテレビ連盟は、業

図7・8　インターネットとの競争下における放送の価値連鎖の変化

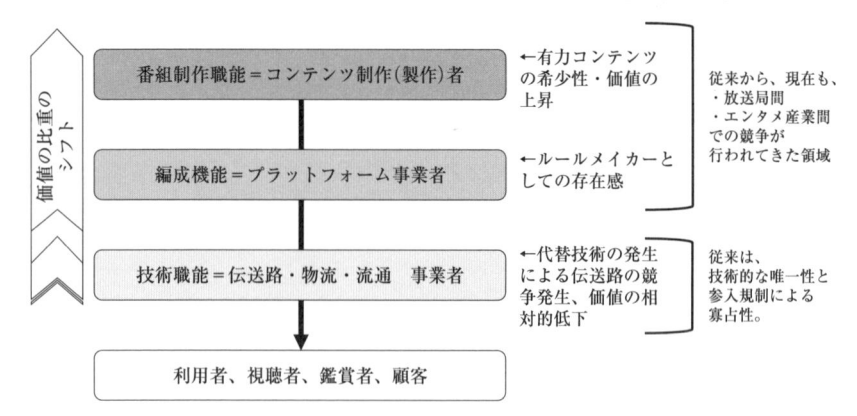

界としての長期戦略として「2030　ケーブルビジョン」を 2021 年 6 月[9]（改訂版 2023 年 7 月[10]）に公表している。これの特徴は、ケーブルテレビ業界が、過去においては、例えばトリプル・プレイといった業界統一的な方向性を打ち出せたこともあったが、昨今はネットとの競合の下で「本業」が揺らぐなかで、そうした業界統一的な方向性を立てることが難しくなった現在、6 つの方向性を示し、それぞれごとに賛同する加盟社が集まることによって、それぞれの競争優位の深掘をしていこうというものである。

　なお伝送以外の職能、番組制作や編成領域は、従来から個社間（放送産業内）、産業間（他のエンタメとの競争）ともに、比較的に競争的なドメインである。さりとて新規のネット専業事業者がそれらドメインに参入したとしても、伝統的映像事業者として、制作・編成それぞれでの伝統に基づく競争優位をもっているはずである。長く培ってきた IP という資産や財産は、最たるものである。伝送からそれらに本業の比重を移すことは比較的わかりやすい合理的である。

　ところがこの 2 つの制作・編成領域に対しても、ネット専業事業者、特にネットフリックス社は世界中で、有能な IP やスタッフの囲い込み、サービスのブランディング向上という形で、物量的な挑戦をしてきている[11]。さらに YouTube に代表されるような低関与領域の PF 職能部分で支配力を高める事業者もあるし、中関与領域 SVOD 事業者は、より低関与領域となる AVOD ビジネス・モ

デルへの拡張、さらに FAST（Free Ad-Supported Streaming TV）というオプションを得て、米国では 2023 ～ 2024 年にかけて、競争が 3 つの全領域的に過熱してきている。

3・5 中関与領域を市場として取り込んだ場合

　図 7・9 は、総務省『情報通信白書』でまとめられる放送産業の規模に、デジタルコンテンツ協会がまとめているネット映像配信市場規模を、単純に重ねたものである（ゆえに多少の重複集計がありえる）。もし何らの放送事業者がこの配信市場を取り込むことに成功していれば、2010 年代も「成長産業」であり

図 7・9　日本の放送／映像産業の全体像

（もしネット配信市場を取り込んでいたら）"映像"産業規模

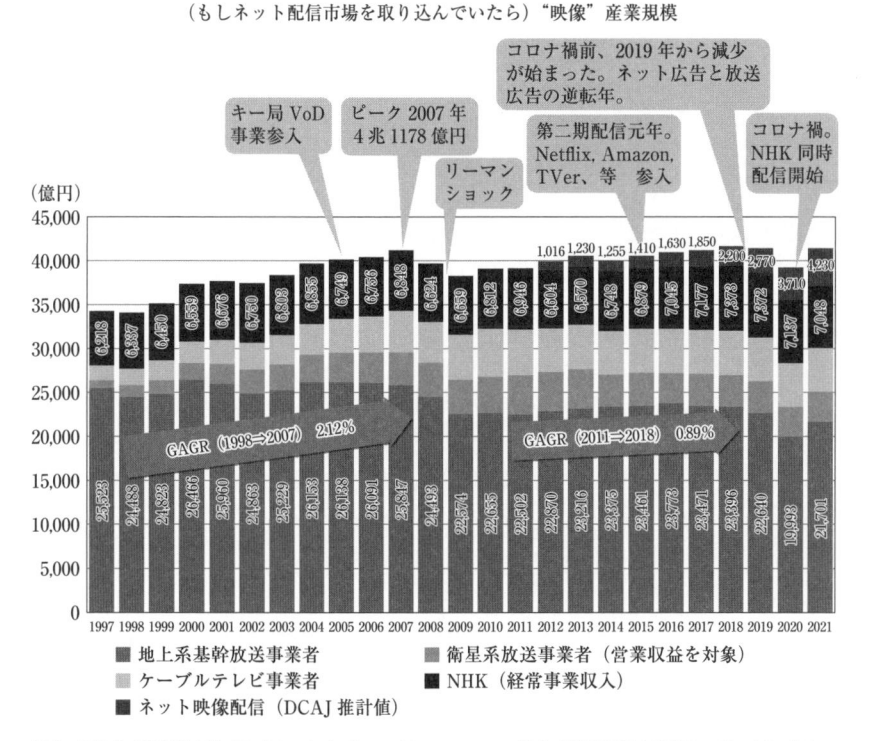

出所：総務省『情報通信白書』各年、および、デジタルコンテンツ協会『動画配信市場調査レポート』、各年。ただし、単純な足し合わせゆえ、配信部分に一部重複集計がありえる。

続け、この先、2040 年にまたがるような長い電波リニアからネットへのシフトに際して、数年の時間稼ぎができたともいえる。

3・6　放送事業者のネット対応

　しかし日本の放送産業のネット配信事業への取り組みは、決して消極的／遅いわけではない。2005 年には民放在京各局の映像 VOD 事業がスタートしているし、2008 年には放送番組を含めた、より一段拡充した VOD サービス展開、2015 年には "黒船" ネットフリックスの日本上陸にあわせ、TVer（見逃し配信）もスタートしている（**表7・2**）。

　その中で何が決定的に遅れたかといえば、同時配信である。視聴者のメディア接触時間についての調査は、NHK、広告代理店、他によるものが多々あるが、総務省調査[12] によれば、

　　・リニアテレビへの接触は最も長く接触されるメディアであったが、2020
　　　年あたりで、ネット接触時間と拮抗、以後、逆転される。
　　・録画視聴時間は、経年的に大きく変化していない。

ことから、視聴者のユビキタス指向、オンデマンド指向へのシフトがあると、よく言われる。

　こうした変化に対して、番組編成型、リニア放送の不便さが対比的に主張されるわけだが、いわゆる流しっぱなしの受動的な視聴が消えたのであろうか？

　例えば平日朝においては、テレビ視聴はまだまだ強いというデータ（山津, 2023[13]）もあるし、北米での SVOD/AVOD に対する FAST の隆盛も、リニアやストリーミングへの需要が消えたわけでないことを示すものと考える。さらにネットでのオンデマンド・コンテンツの拡充に伴って、レコメンド・システムの有用性が言われ続けているが、これも視聴者の受動性を示すものであるし、また物理的にも「CTV での番組検索は、視聴者にとってのフラストレーション」[14]という調査も出されている。

　その点で同時配信は、受動的視聴（低関与領域）に対応しやすい最たるものであるが、それへのネット配信対応が遅れた影響は、甚大と考える。強いはずの朝の視聴者ですら、若年層を中心としたネット転換というデータ（渡辺, 2024）も示されている。既にチューナーがある端末を持たない若年層が増えているこ

表7・2　在京民放事業者のネット配信への取り組み

	NHK	日本テレビ	TBS	フジテレビ	テレビ朝日	テレビ東京
最初期段階ネットオリジナルコンテンツを中心とした VoD		第2日本テレビ	TBS BooBo BOX ⇒ TBS オンデマンド	FOD フジテレビオンデマンド	テレ朝 BB AbemaTV TELASA	アニメエクスプレス ⇒ あにてれ ⇒ あにてれシアター テレ東プレイ
		2005/10/06	2005/11/01 2008/12/01	2005/09	2006/03/01 2016/04/16 2020/04/07	2000/06/06 2005/12/12 2006/02/12 2014/05/30
本格的 VoD サービス：放送番組を中心に（free & premium）	NHK オンデマンド	日テレオンデマンド ⇒ 日テレオンデマンド ゼロ	TBS オンデマンド	FOD フジテレビオンデマンド	テレ朝動画	テレビ東京ビジネスオンデマンド
	2008/12/01	2010/12/01 2012/10/01	2009/02/03	2008/11/01	2009/06/25	2013/03/18
（リブランド）		Hulu	Paravi			テレ東 BIZ
		2011/09/01	2018/12/01			2021/04/21
（リブランド）		Hulu（JP）				Paravi
		2014/04/01				2018/12/01
（移転）			U-NEXT			U-NEXT
			2023/06/30			2023/06/30
個社別見逃し（free）	NHK オンデマンド	日テレ無料 TADA！	TBS FREE	FOD+7（プラスセブン）、FOD 見逃し無料	テレ朝キャッチアップ	ネットもテレ東
	2008/12/01	2014/01	2015/10/01	2015/01/06		2015/04/13
統合型見逃しポータル（free）	TVer（民放在京・在阪局による合弁事業）					
	（NHK の一部番組）2019/08/26	2015/10/26				
同時配信	NHK プラス	日テレ系ライブ配信	TVer リアルタイム配信（主に GT 帯限定）			
	2020/04/01	2021/10/03	2022/04/01	2022/04/01	2022/04/01	2022/04/01

出所：筆者まとめ。

とを考えれば、このような調査結果が生まれることも不可避である。

　ただ世界は FAST の形で、流しっぱなしにするにしても、その FAST チャンネルをジャンル別の編成にするなど、より密度の濃い流しっぱなしのモードへシフトしている。

第4節　米国放送産業の葛藤

4・1　産業全体

　米国において、ネットフリックスやアマゾン・プライム・ビデオといったネット専業事業者による映像配信事業（SVOD 型）が本格化したのは、2012-13 年であった（開始したのは 2006-07 年）。コード・カットという現象に見られるように、この参入初期段階から、ケーブル・衛星といった多チャンネル放送事業者（MVPD: Multichannel Video Programming Distributor）との間で、視聴者獲得の競合が発生していた。これは単にケーブル・衛星事業者を直撃しているのみならず、ハリウッド・コングロマリットにとってみれば、MVPD 事業は地上波ネットワークと並ぶメディア事業の一角の場合もあるし、またローカル放送局への再送信料（Retransmission Consent あるいは retrans fees）、ネットワークへの逆補償金（reverse-compensation）の減少という意味で、間接的に影響を与えるものでもあり、2024 年現在もそうである。また YouTube に代表される UGC 型の映像配信は、視聴者の余暇・視聴時間を奪うことによって放送広告の領域を蝕んでおり、対する広告放送ネットワークも、リニアのみならず、ネット上の対応を始めることを強いられていた。そして、アマチュアのビデオではなく、SVOD 用の高品質プレミアムな番組と広告付きビジネス・モデルが結びつき始めたのが、コロナ禍後に本格化した AVOD（Ad-Supported VOD）と FAST（Free Ad-Supported Streaming TV）というビジネス・モデルであった。こうしてレガシーな放送業界と新規のネット専業事業者は全面的な競争モードに入っている（図7・10）。そこに大きなトレンドとしての視聴者側の動向として、

- ・ネットの便利さ（ユビキタス性）
- ・ケーブルの契約料よりも SVOD/AVOD の契約料のほうが安い。さらに一部の AVOD や FAST の場合はフリー。

図7・10　インターネットからの競争、放送側の対処

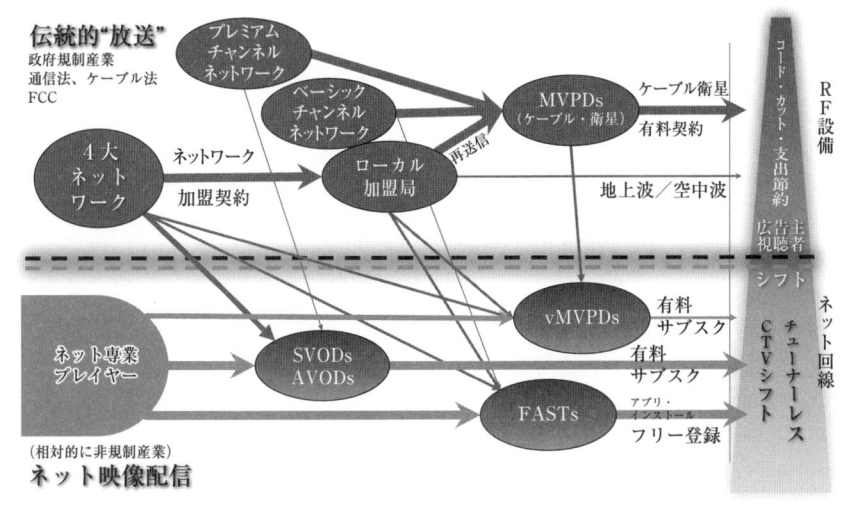

出所：筆者作成。

・端末もより安いチューナーレスの結線テレビへシフト。

という背景で、視聴者が伝統的な電波やケーブル受信からインターネット接続へシフトという動向が加わり、おのずと広告主もそれを追いかけるため、結果、レガシーな放送事業者も、視聴者と広告主を追随して、ネットの場を主戦場にしていく形をとらざるをえない（図7・10）。

4・2　ネットワークの葛藤

　米国の放送事業者のうちのネットワークは、日本に比べると、当初から多角化構造をもっている。先のルメルト類型でいえば、日本の場合に本業集約型が中心とすれば、米国は関連集約型または関連拡散型としてリニア放送広告収入以外の大きな収入源を持っていたわけである。例えばケーブル MSO/SO 事業（Comcast, Time-Warner Cable（過去），など）であったり、MVPD 事業者への番組ネットワーク事業（ディズニー ABC の ESPN、WBD の HBO、など）である。また映画事業やパーク事業など、直接消費者向け事業（DTC）の割合が無視できない。この点は新聞社由来の日本の民間放送局との決定的違いであり、

財務構造のみならず組織文化にまで強い影響を与えていると考える。実際、新聞的な正義の追求よりも、映画的な集客性追求のほうが、会社としての収益性に対して安定的なことは自明である。ただし、この度のインターネット事業者との競合は、パーク事業を除く全部門に影響しており、ハリウッド・コングロマリット、放送ネットワークにしても安泰ではない。

(1) ディズニーの直近の財務変遷

　2010年代後半に、ネットフリックスやアマゾンのSVOD市場拡大に早期から対応してきたのは、ワーナーとディズニーであった。特に2019年11月にローンチのDisney+ は、一時、急速な加入者増を示し、コングロマリット内のHuluやESPN+、インドでのHot star事業の加入者とあわせると、首位ネットフリックスの加入者に追いつきそうなときもあった。

　しかし急激な投資（とコロナ禍での全社的な不振）は、財務的な負荷も大きく、2020年2月に一度CEO退任していたRobert Iger氏のCEO復帰（2022年11月）は、その立て直しが一つの使命でもあった。Disney+ やHuluなどを所管するDTC部門は、売上拡大＆赤字基調で推移してきたが、売上拡大＆赤字縮小へ反転している（図7・11）。年間では依然、赤字部門であるが、四半期単位では2024年Q2期に黒字転換している。

　米国メジャー・ネットワークは、元来、映画会社の遺伝子が強いといえ、1970年代のケーブルテレビ普及期から、コンテンツ・マルチユースを行うための体制作り（HBO等の専門チャンネル・ネットワーク等の整備）を行ってきた歴史がある。1970年代、世界的に行き詰まった映画産業を救ったのは、ブロックバスター型作品のビジネス・モデルであり、同時にHBOなどのケーブル向け専門チャンネルが拡大する時代でもあった。

　ディズニーの場合は、こうしたメディア事業以外のExperienceとカテゴライズされるパーク事業やホテル事業、等の存在が大きい。コロナ禍を除けば、この部門は売上も利益も大変安定している。したがって、ネット専業事業者との産業間競争のもとで、削り取られるリニア放送の広告収入を

　　・SVODの整備によってネット専業事業者のSVODに対して競争し、
　　・AVOD・FASTの整備によってネットUGC（YouTube等）領域でのネッ

図7・11　ウォルト・ディズニー社の財務推移

The Walt Disney Company											
セグメント別売上／利益	2023	2022	区分変更	2022	2021	2020	区分変更	2020	2019	2018	2017
(in millions)											
売上											
全社	88,898	82,722		83,745	67,418	65,388		65,388	69,607	59,434	55,137
Linear Networks	11,701	12,828	Linear Networks	28,346	28,093	27,583	Media	28,393	24,827	21,922	21,299
うち広告	4,159	4,877		9,128	8,853	8,252		6,374	6,965	6,586	8,129
DTC	19,886	17,975	DTC	19,558	16,319	10,552	DTC	16,967	9,386	3,414	3,075
うちサブ	16,420	14,178		15,291	12,020	7,645					
うち広告	3,260	3,614		3,733	3,366	2,357		4,477	3,542	1,311	n.a.
Content Sales	9,048	8,766	Content Sales	8,146	7,346	10,977	Studio	9,636	11,127	10,065	8,352
			(上記内部取引)	-1,010	-892	-762		-6,110	-1,958	-668	-613
Sports	17,111	17,270									
うち広告	3,920	4,370									
うちサブ	1,517	1,113									
Experience	32,549	28,085	Park	28,705	16,552	17,038	Park	16,502	26,225	24,701	23,024
営業利益（税引き前）											
全社	4,769	5,285		5,285	2,561	-1,743		-1,743	13,923	14,729	13,788
Linear Networks	4,119	5,198	Linear Networks	8,518	8,407	9,413	Media	9,022	7,479	7,338	7,196
DTC	-2,496	-3,424	DTC	-4,015	-1,679	-2,913	DTC	-2,806	-1,835	-738	-284
Content Sales	-179	352	Content Sales	-287	567	1,153	Studio	2,501	2,686	3,004	2,363
Sports	2465	2710									
Experience	8,954	7,285	Park	7,905	471	455	Park	-81	6,758	6,095	5,487
（上記のうち）											
広告収入（単純合計）											
	11,339	12,861		12,861	12,219	10,609		10,851	10,507	7,897	
サブスクリプション収入（単純合計）											
	17,937	15,291		15,291	12,020	7,645					

出所：The Walt Disney Company の K-10 財務諸表各年より抜粋。

　　ト広告市場へ参入、競争
という体制を整備しつつ、伝統的なスタジオ（映画、作品製作）、ネット事業者がもたない領域、ディズニーのメディア事業のコンバージェンスの究極のゴールを、プロダクト・ポートフォリオ理論でいう「金の生る木」に位置づけていると、分析できる。

(2) 小活

　米国メジャーは、全社的な売上を広告から DTC への転換へと進めようとしているし、またディズニーは、実際にそのような数字になっている。広告はリニアと配信を合わせても、横ばいを維持するのが精一杯な状況である。

4・3　アフィリエートの苦悩
米国のローカル TV 局（アフィリエートおよび独立局）の収入は、木村（2022）[15]

が指摘するように、現在では広告収入と再送信料（Retransmission Consent あるいは retrans fees）の2本柱の収入構造となっている（表7・3、表7・4）。広告収入、再送信料の他には、一部の局のサブスクリプション収入、自主番組のマルチユース、ライセンス、プロダクト・プレイスメント収入などがある。

　再送信料はケーブル法（the Cable Television Consumer Protection and Competition Act of 1992）[16] で規定される再送信同意に由来を持つものであり、ローカル TV 局がケーブル TV などの MVPD を介して、地元等に再送信する場合に、MVPD から支払われるものである。これを原資として、さらにローカル TV 局からネットワークに支払われるネットワーク番組の負担料的なものは、逆補償金（Reverse compensation）とよばれる。10年以上にわたる MVPD のコード・カットの流れは、超長期的には再送信料と逆補償金を失わせるものとなる。

　ネットワークもアフィリエートも、川下 MVPD からの再送信料を分け合う形になっているが、新しい vMVPD を巡っての主導権争いがある。MVPD のネット版といえるものが vMVPD（Virtual MVPD）であり、Hulu live TV, YouTube TV, Sling Freestream, DirecTV Stream, fubo などがそれに該当する。vMVPD は、2024年時点で、ケーブル法の対象となっておらず、逆補償金の法的根拠がない。また Hulu のように、ハリウッド・コングロマリット自身が運営しているものもある。2023年の前半に、パラマウント・グローバル（CBS ネットワーク）と CBS 加盟局会（CBS Affiliates Board）、vMVPD である fuboTV の3社の間で、CBS 加盟局チャンネル（ローカル番組部分）の fuboTV への再送信交渉の交渉窓口権を巡って、極めて強い対立が起きた。ネットワークが加盟局分を束ねて fuboTV と配給交渉をしようとしたことに対して、加盟局会が猛反発したのである。

　また政府政策問題として vMVPD をケーブル法の対象にするか否かに対して、ネットワーク側とアフィリエート側に分かれた論争が行われている。ネットワーク側（および vMVPD 事業者自身）は Preserve Viewer Choice Coalition [17] を組み、vMVPD をケーブル法の非対象と主張、加盟局側は The Coalition for Local News [18] を組み、ケーブル法の対象に入れるよう、FCC にロビイングしているが、FCC 自身は判断を先送りしている。

表 7・3　PEW RESEARCH CENTER による米国テレビ局売上推計値

（推定、bill. US $）	2022 年	2021 年	2020 年	2019 年
放送広告	17.856 *	14.934 *	18.377	17.082
デジタル広告	1.697 *	1.543 *	1.401	1.317
再送信	14.462 *	14.083	12.740	11.531

注：* は推計値。
出典：Pew Research Center（2023）"Local TV News Fact Sheet", September 14, 2023, https://www.pewresearch.org/journalism/fact-sheet/local-tv-news/

表 7・4　S&P 社による米国テレビ局売上推計値

（推定、bill. US $）	2024 年	2023 年	2022 年	2021 年
全体	40.040 *	36.960	36.390	32.310
うち広告	24.815 *	21.863	24.153	20.557
うち再送信	15.220 *	15.090	14.910	n.a.

注：* は予測値。
出典：Nielson, J.（2024）"Broadcast outlook 2024: Challenges, opportunities facing US TV, radio stations," S&P, 23 Feb, 2024, https://www.spglobal.com/marketintelligence/en/news-insights/research/broadcast-outlook-2024-challenges-opportunities-facing-us-tv-radio-stations

第 5 節　民間放送にとっての短・中・長期の課題

5・1　長期の課題

　国の制度で定めている「放送」という本業の範囲のなかに、過去においては存在していたコア・コンピタンスは、現在、失われかけている。むしろ今後の重荷になるかもしれない[19]。産業全体が変革していくなかで、一時的な縮小も免れないという危惧は、1950 年代から 1970 年代にかけての映画産業や 1990 年代から 2010 年代にかけての音楽産業の歴史からも、十分に覚悟しなければならない。NTT の事例のような、都合のよい環境にはなかなか出会わないものである。

5・2　超長期にわたるシフト戦略

　電波からネットへの転換は、かなりの超長期になることが予想される。例え

ば放送免許は5年ごとの更新、局のマスター設備などはおおよそ10年ごとの更新であり、次の免許更新やマスター更新で、いきなり電波を止め、ネットに全面転換など、（視聴者・国民側の対応も含めて）不可能である。英国においても、Ofcom（2024）[20]は、

- ・DTT（デジタル地上波テレビ）は無期限に継続されるべきだという放送業界のコンセンサスは崩れた。
- ・業界と政府が検討すべきDTTの将来に対する3つのアプローチ（アップグレード、最低限に縮小、廃止）がある。
- ・（プロミネンス）アクセスしやすく使いやすいIPTVインターフェースは、大規模な導入に不可欠。
- ・DTTの将来の役割に関するすべての選択肢は、大きなトレードオフを伴う。
- ・DTTに依存している人々のために普遍的な提供を維持すべき点は合意。

として、2030年代の超長期にまたがるDTTの転換を問題提起し始めた。

5・3　日米、真逆のベクトル

　伝統的な電波メディアからネット配信にシフトしていくにしても、その先の端末については、日米の間で大きなギャップがある。日本は依然、モバイル志向が強いという認識でさまざまな行動がとられているが、米国ではCTV志向へ転換している（図7・12）。

　5インチのモニター向けと数十インチ大画面のモニター向けでは、全く映像作りが異なるものになるのはいうまでもない。前者向けならば、「いつでもどこでも」のために、より短尺志向となるであろうし、画作りも寄りのショットが増えることになるだろう。太いフォントを多用したテロップやクレジットの多い、よく海外番販で指摘される"うるさい"画面を作ることになるだろう。後者はその逆で、印象的な引きの画が映えやすくなり、世界感の広い画が向いているだろう。しかし「第七芸術」としての"映像"の完成度や、その結果得られる没入感を考慮すれば、後者のほうが優れていることは自明である。それは民間放送事業者の収益源である広告にも反映してくる。これも自明レベルとも思えるが、モバイルとCTVでは付随する広告への着目も異なる。媒体社は、

図7・12　米国——視聴者端末の変化（広告インプレッション・ベース）

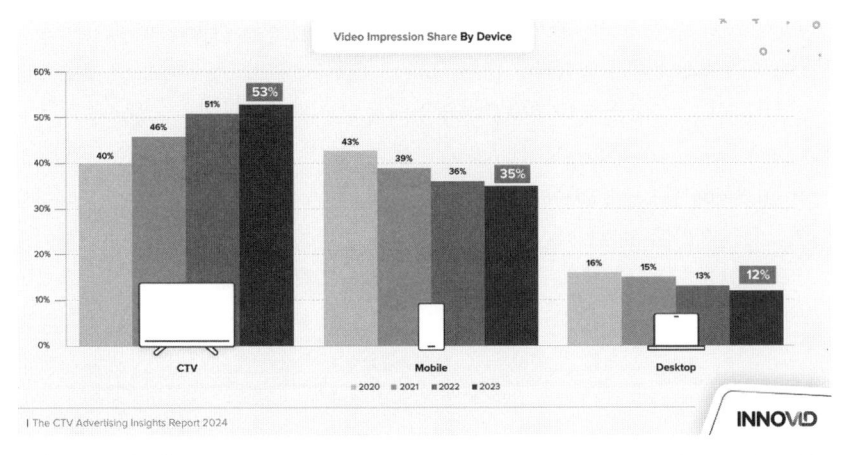

出所：Innovid（2024）*The CTV Advertising Insights Report 2024*, 2024/03/20, p. 5, https://info.innovid.com/2024-ctv-advertising-insights-report

モバイルよりも CTV のほうが広告効果の高いことを調査の上で示す（例えば Comcast（2022）[21]、DirecTV（2024）[22]）し、業界団体ともいえる VAB（Video Advertising Bureau）も、広告獲得の最たる競合相手になる、モバイル視聴の多い YouTube などの UGC 媒体とそのコンテンツに対して、伝統的な放送事業者等が創るプレミアム・ビデオ[23]への広告出稿の有効性[24]を訴える。

5・4　短中期の重い課題——広告メジャメントとカレンシー開発

　日本の民間放送が決定的に手を打てていないことの一つは、低関与領域の収入源、広告収入を守るための新しい広告メジャメントとカレンシー開発である。対して米国での動きは非常に活発で、ネット対応を含めて、競争的に開発が進んでいる。（もっとも、ネット技術全般の進展とそれに対する世界的なネット広告規制強化の流れで、2024 年 6 月時点でも確立はまだしていない。）

　大きな潮流は、クロスメディア（リニアに限らず録画機やネット等を含めて視聴数字をカウントすること）、およびビッグ・データ（サンプル調査のパネル・データではなく、実数ベース）へのシフトである。その競争の渦中にいるのは、伝統的な測定会社ニールセン、対抗するように NBCU、FOX、VAB な

どが中心になって結成した JIC（Joint Industry Committee to Focus on Premium Video Currency）[25]、測定技術を持つ新興企業 Comscore、Videoamp、iSpot など、また団体としての VAB や IAB（Interactive Advertising Bureau）などであり、それら以外にも多くの関係者が新しいメジャメント&カレンシーにコミットメントしている。米国での代表的なメディア広告売買の機会、New Front、Upfront sales でも、2020 年代に入り、パネルデータ・ベースからパネルとビッグ・データの組み合わせにシフトしている[26]。

　それに対して、日本の動きは遅い。日本テレビ放送網が ARM プラットフォームを発表[27]したのは 2023 年 11 月であるが、日本の放送業界では、まだまだ電波リニアに依存した構図があることが垣間見られる。ただし広告主側の動向とシンクロしている話でもあり、日本で、どの程度、ターゲティングやアドレッサブル広告が求められているか？　という需要面にもよる。

　環境には一つリスク要因がある。GAFA、Big Tech に対する世界中の規制強化動向のなかで、広告（ネット、ターゲティング、アドレッサブル）という領域にも、ますます規制が増えるトレンドにある。日本においても、総務省にて「『情報流通の健全性確保の観点から見たレコメンデーションやターゲティングの在り方』に関する主な論点」[28]という問題提起がなされており、それがやがて規制強化につながらないか、注意が必要である。

5・5　DTC をどうするか？

　上述のように、日本の放送局が、ネット配信に対して消極的であったわけではない。だが市場がそれについてこない。充実した低関与・広告収入型・無料放送の存在と高関与・有料課金コンテンツに、中関与領域が挟撃されている印象である。

　しかしながら広告市場において、テレビ広告はもはや支配的存在ではなく、ネット広告とパイを分け合うような状態である。したがって、民間放送が低関与領域の収入源、広告収入だけに依存し続けるのは望ましくなく、米国ネットワークの戦略のように中関与領域の DTC からの収入との併用を模索するほうが妥当である。

　実際、米国（ネットワーク、アフィリエート）と日本の放送局（キー局、ロ

ーカル局）の間にある表層上の決定的な差は、DTC 収入である。米国ネット
ワークは DTC 収入を 10 年がかりで開拓してきたし、アフィリエートの収入に
おいては、偶然に MVPD からの再送信収入が大きな比重を持っていた。もち
ろん伝統的な MVPD からの再送信収入の今後の見通しはかなり不透明である
し、FCC も vMVPD をどのように扱うか態度保留状態である。ただ現実的に、
vMVPD からの virtual multichannel（sub）carriage fee という収入概念とその
実態は既に存在し、非常に小さい規模であるが売上発生している。

　こうした点でも日本の民間放送は、あまりにリニア広告収入、放送収入に依
存し過ぎである。それもあって、本業を転換していくことの痛みは大きくなる
し、先送りすれば、痛みはより大きくなるだろう。その痛みは、上述のように、
①ビジネス・モデルの違い、②価値連鎖上の利害関係者の違い、③進化のわか
りやすさの度合い、がコンフリクトの元になる。新規事業を育成するくらいの
覚悟が必要であろう。

　改めて、日本の定額有料課金モデル（DTC）のどこに課題があるのか、再検
討は必要である。

第 6 節　結語

・**本業転換とは、産業間の競争でもある。産業内の競争ではない。**
　放送の 3 つの職能のうち、制作職能や編成職能では長く産業内外で競争が行
われてきたが、伝送職能は唯一無二の存在であった。しかしこの職能にネッ
トから産業間競争が持ち込まれたため、産業レベルでも個社レベルでも、コ
ア・コンピタンスが揺らいでいる。

・**電波リニア放送がもつコア・コンピタンスの喪失。次の模索は必然では？**
　唯一無二であったリニア映像伝送技術こそ、産業単位でのコア・コンピタン
スを、60 年間、裏付けるものであった。さらに電波の稀少性に基づく政府
参入規制制度が、一層、裏打ちするものであった。産業単位でコア・コンピ
タンスを共有できたことは、規制産業に特有の稀有な事象である。しかしネッ
ト技術が映像伝送の唯一性を崩し、放送のコア・コンピタンスを失わせる
流れでは、むしろ参入規制制度に伴うさまざまな付帯的な義務規定が、放送

事業者の今後の重荷になっていくことは容易に想像できる。

・**公的な「放送の定義」に依存する前に、自社としての意思と戦略をもち、類似の戦略をもつ同業者と協働すべきでは？　規制産業がもつ社会的意思決定の遅さは、破壊的イノベーションな性格を有する非規制産業に対する競争劣位である。**

公的な放送の再定義に依存して産業のコア・コンピタンス維持や回復を図ることは、意思決定に要する時間的な意味でも、付帯的な義務の再規定（結果としての規制強化）の意味でもリスクが高い。それよりも同じ戦略志向を持つ同業者と協働し、現実にネットによって失われたシェアを少しでも早く回復するほうが、スピードが要求される競争フェーズ、シェアを争う競争フェーズ（浸透戦略が有効な場面）において有効なはずである。

・**長く主張されてきた「放送外収入」拡充が実現できない理由を再検討すべきでは？**

米国のネットワークは、広告収入からDTC収入へ、ポートフォリオ・バランスを変えている。また広告収入も、必死にネットと競争できる体制を構築している。アフィリエートも再送信料という間接的なDTC収入を持っている。日本の放送産業は、あまりに広告収入／放送収入に依存する単一事業に頼ってきた（そもそもその構造自体がリスク）ことも鑑み、組織文化の変革も含め、構造と体質を変えざるをえないのではないか？

注
1)　なぜならばデジタルで20ヘルツから2万ヘルツに音域が限定されたCDよりも、ビニールのほうが幅広い音域をもつとされる。
2)　https://www.parliament.uk/business/news/2024/may/media-bill-completes-its-remaining-stages-in-the-lords/
https://bills.parliament.uk/bills/3505
3)　「Netflix、Amazon Prime、Disney+ などの主要なストリーミング・プラットフォームのサービスは、テレビ放送の有害コンテンツから人々を保護するものと同様の編集基準の対象となる。つまり、これらのプラットフォームに表示されるコンテンツに関する苦情を処理する。ストリーミング・サービスには、字幕などのアクセシビリティ要件も適用され、より多くの障害を持つ人々がこのコンテンツにアクセスできるようになる。」Ofcom（2024）, "What is the Media Bill and what does it mean for Ofcom?", 26 February 2024, https://www.ofcom.org.uk/news-centre/2024/what-is-the-media-bill-and-what-does-it-mean-for-ofcom
4)　https://www.soumu.go.jp/main_sosiki/kenkyu/digital_hososeido/index02.html

5)　WOWOW（2020）「WOWOW の配信サービスが進化！―テレビが無くても配信だけで WOWOW が楽しめる―」、2020 年 11 月 5 日、https://corporate.wowow.co.jp/news/info/3582.html

6)　臼田勤哉（2019）「Netflix の日本の会員数は「ざっくり 300 万」。日本から世界発信」、*Impress Watch*, 2019 年 9 月 6 日 16：41、https://www.watch.impress.co.jp/docs/news/1205820.html

7)　井上昌也（2020）「ネットフリックス「国内会員 500 万人」の衝撃度」、東洋経済、2020/09/21 5：30、https://toyokeizai.net/articles/-/376401

8)　"Netflix Subscribers in Japan," Flix Patrol, https://flixpatrol.com/streaming-service/netflix/subscribers/japan/ "Netflix Users by Country 2024," World Population Review, https://worldpopulationreview.com/country-rankings/netflix-users-by-country
ネットフリックスは、その財務諸表（10-K）にて、地域別の加入者数を公表している。が、日本での契約者数 300 万契約（2019 年）、500 万契約（2020 年）と発言されており、アジア太平洋地区での契約数 18 ～ 19％を占めていることになる。この数字をそのまま当てはめると、2022 年末で 684 万契約前後、23 年末で 816 万契約前後と見積もられる。

9)　https://www.catv-jcta.jp/jcta_news/detail/2005

10)　https://www.catv-jcta.jp/jcta_news/detail/2689

11)　内山（2022）、219 頁。

12)　総務省情報通信政策研究所（2023）『令和 4 年度情報通信メディアの利用時間と情報行動に関する調査報告書』、令和 5 年 6 月。

13)　山津貴之（2023）「「TV 放送を食うサブスク」の頭打ちが続く納得事情」、東洋経済新報社、2023 年 12 月 19 日 16：30、https://toyokeizai.net/articles/-/721151?page=2

14)　Comcast（2024）*Content Discovery in a Multiscreen TV World: Surfing and Scrolling in a Sea of Content to learn more..*, 2024/04/30, https://comcastadvertising.com/insights/research-reports/content-discovery/

15)　木村幹夫（2022）「米国ローカルテレビ篇 part 2：放送局所有会社のはなし～「データが語る放送のはなし」⑪」、民放 Online, 2022/12/06、https://minpo.online/article/part2-2.html

16)　https://www.congress.gov/bill/102nd-congress/house-bill/4850

17)　https://www.preserveviewerchoice.org/#/

18)　https://www.coalitionforlocalnews.org/

19)　総務省が音頭をとって始めた「中継局の共同利用推進」や「小規模中継局等のブロードバンド等による代替に関する作業チーム」は、放送局にとって伝送路維持が負担になり始めていることの表れである。https://www.soumu.go.jp/menu_seisaku/ictseisaku/housou_suishin/kyoudouriyou.html, https://www.soumu.go.jp/main_sosiki/kenkyu/digital_hososeido/index01.html

20)　Ofcom（2024）*Future of TV Distribution*, 9 May 2024, https://www.ofcom.org.uk/consultations-and-statements/category-1/future-of-tv-distribution

21)　Comcast（2022）*The Memories of TV*, Oct 13, 2022, https://corporate.comcast.com/stories/comcast-advertising-research-long-form-tv-streaming-advertising-memorable

22)　DirecTV（2024）*2024: KEY TRENDS IN ADDRESSABLE, Insights Powered by DIRECTV Advantage*, 2024/02/14, https://directvads-media.s3-accelerate.amazonaws.com/2024/02/DIRECTV-2024-Annual-Addressable-Report-Feb.pdf

23)　VAB（2023）"What Is TV? New Report by Video Advertising Bureau（VAB）Provides a Modern Look at How Consumers Define TV--and the Implications for Marketers", Mar 14, 2023, 11：42 ET, https://www.prnewswire.com/news-releases/what-is-tv-new-report-by-video-advertising-bureau-vab-provides-a-modern-look-at-how-consumers-define-tvand-the-implications-for-marketers-301771753.html

24)　VAB（2023）"The Passion of the Cinema Tapping into people's excitement for quality, premium video content", VAB, Oct. 2023, p. 6. https://thevab.com/insight/the-passion-of-the-cinema

25)　OpenAP（2023）"National PROGRAMMERS CREATE FIRST U.S. JOINT INDUSTRY COMMITTEE TO FOCUS ON PREMIUM VIDEO CURRENCY", Jan 09, 2023, 08 : 00 ET, https://www.prnewswire.com/news-releases/national-programmers-create-first-us-joint-industry-committee-to-focus-on-premium-video-currency-301716119.html

26)　VAB が 2024 年アップフロントに際して提示したカレンシー表。https://thevab.com/storage/app/media/insights/reports/Multicurrency%20Menu/VAB-Multi-Currency%20Menu_.pdf
ニールセンの 2024 年アップフロントに向けての概況説明　https://www.nielsen.com/insights/2024/upfronts-newfronts/

27)　日本テレビ（2023）「地上波広告におけるリアルタイムなプログラマティック取引を実現　「ARM プラットフォーム」を 2024 年度末にリリース予定　「視聴率」に加えて「インプレッション」の指標化を検討」、2023 年 11 月 27 日、https://www.ntv.co.jp/info/pressrelease/20231127.html

28)　総務省「デジタル空間における情報流通の健全性確保の在り方に関する検討会」、第 23 回（24 年 5 月 27 日）資料資料 WG23-1-2。https://www.soumu.go.jp/main_sosiki/kenkyu/digital_space/02ryutsu02_04000482.html

参考文献

Ansoff, H. I.（1967）"Strategies for Diversification", *Harvard Business Review*, Vol. 35, Issue 5, pp. 113-124.

Bower, Joseph L. and Christensen, Clayton M.（1995）"Disruptive Technologies: Catching the Wave", *Harvard Business Review*, January-February.

Christensen, C. M.（1997）, *The Innovator's Dilemma: When New Technologies Cause Great Firms to Fail*, Harvard Business School Press.

Fenn, J. and Raskino, M.（2008）*Mastering the Hype Cycle: How to Choose the Right Innovation at the Right Time*, Harvard Business Review Press.

Hamel, G., and Prahalad, C. K.（1990）"The Core Competence of the Corporation", *Harvard Business Review*, Vol. 20, No. 1, pp. 7-21.

March, J. G.（1991）, "Exploration and Exploitation in Organizational Learning", *Organization Science*, Vol. 2, pp. 71-81.

Rogers, Everett M.（1962）, *Diffusion of Innovations*, New York: Free Press of Glencoe.

Rumelt, R. P.（1974）*Strategy, Structure, and Economic Performance*, Harvard University Press.

Rumelt, R. P.（1982）"Diversification strategy and profitability", *Strategic Management Journal*, Vol. 3, No. 4, pp. 359-369.

前川英樹（2021）『あの日鎌倉駅は雨の中にあった　私と私の時代とテレビジョン』中央公論事業出版。

内山隆（2014）「スマート TV 戦略と 4K8K 高画質戦略」、民放連研究所客員研究員会編『スマート化する放送』三省堂、第 3 章。

内山隆（2016）「AI の台頭、技術的特異点にむけての映像産業の技術と経営戦略」、民放連研究所客員研究員会編『ソーシャル化と放送メディア』学文社、第 2 章。

内山隆（2018）「メディアの主役が変わるとき：1950 年代～ 80 年代、映画産業とテレビ放送産業」、民放連研究所客員研究員会編『ネット配信の進展と放送メディア』学文社、第 2 章。

内山隆（2020）「媒体と媒体の競争—テレビの対ネットすみ分け戦略と追随戦略」、民放連研究所客員研究員会編『DX 時代の信頼と公共性』勁草書房、第 7 章。

内山隆（2022）「続・媒体と媒体の競争—新しい技術との向かい合い」、民放連研究所客員研究員会編、

『デジタル変革時代の放送メディア』勁草書房、第 7 章。

渡辺康人（2024）「朝に支持される動画のポイントはコレ！〜映像視聴の生活者研究シリーズ〜」、VR Digest、2024 年 5 月 7 日。https://www.videor.co.jp/digestplus/article/media240507.html

第8章
放送と周波数オークション
——インセンティブオークションとチャンネルプラン

菊池尚人

第1節　周波数需要の変化

　インターネットの商用利用が可能になったのは 1990 年代に入ってからであり、アメリカでは 1990 年にインターネットへの加入制限が撤廃され、日本では 1993 年に商業利用が開始された[1]。同時に、1990 年代は世界で携帯電話などの移動体通信とそれを担う移動無線局が急増した時期でもあった。日本で携帯電話端末の売り切り制度が開始した 1994 年の無線局数は 1,083 万台であったが、2022 年には 3 億 56 万台となり、その 99% をスマートフォンなどの（電気通信事業用）無線局が占めることとなった[2]。固定網による通話から移動網によるコミュニケーション全般にトラフィックが変化するにつれて、移動体通信の周波数需要は大幅に増大した。

　1995 年 3 月に取りまとめられた、郵政省『マルチメディア時代における放送の在り方に関する懇談会』報告書では「デジタル放送導入の開始可能時期については、通信衛星（CS）によるテレビ放送では 1996 年から、地上テレビ放送では 2000 年代前半から、……それぞれデジタル放送の導入が可能となるような環境整備に努める必要がある」[3]と記載されていた。放送のデジタル化は未だ検討段階であった。

　このような環境下で、1995 年 3 月 31 日に規制緩和推進計画において「電波の公平かつ能率的な利用の観点から、オークション方式の導入の可能性を含め、周波数割当方式の在り方を検討する」と閣議決定された[4]。背景には、1994 年

図 8・1　アメリカと日本における放送用周波数の割当状況（インセンティブオークションが終了した翌年の 2018 年当時）

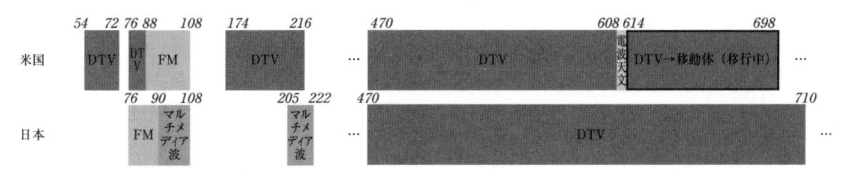

注：「周波数再編アクションプラン」（平成 29 年 11 月改定）の対象として有効利用の方策が検討されている。
出典：https://www.soumu.go.jp/main_content/000550227.pdf から抜粋。

からアメリカで周波数オークションが実施されたことがあり、同年に国会で初めて周波数オークションが議論されたことがある[5]。

　国会で議論が開始されてから本章執筆時点まで、30 年が経った。この間、放送は衛星、ケーブル、地上の順番でデジタル化が進展した。地上放送のデジタル化の結果、各国同様に周波数が再編されて、700 MHz 帯は移動体通信用に割り当てられた。また、1990 年代では研究開発段階であったミリ波（30 GHz 以上の周波数）[6]が 2020 年代には各国で 5G などの実用に供せられるようになった。この間の 30 年で周波数資源の開発も大きく進展した。

　他方、スマートフォンの普及とともにオンデマンドのメディア接触が増加し、放送視聴時間は特に若年層で低下した。そして、2020 年代になるとテレビ放送網を効率的に維持するために、小規模中継局等による放送をブロードバンド（光ファイバー、ケーブルテレビ等）で代替する方式が、総務省検討会で議論されるようになった。

　インターネットと移動体通信が急拡大した 30 年間で、視聴時間の減少とともに放送用周波数の利用密度（人数×時間）も低下してきた。これは電波利用全体において放送が占める割合が相対的に低下してきたことを意味する。

　周波数需要の変化を背景に、各国で放送用周波数帯として割り当てられてきた 600 MHz 帯がアメリカでは 2010 年代に移動体通信に割り当てられた。この周波数再編と割当を実現したのがインセンティブオークションであった。2012 年にアメリカでインセンティブオークション制度が導入されるまでは、放送事業にとって周波数オークションは直接的に影響がなかった。しかし、インター

ネットに接続されたコネクテッドテレビが増加することにともない、今後はさらに放送用周波数の利用密度が減少し、放送ネットワークの維持・管理が一層、困難になる。このため、周波数の割当を受け続けること自体が、放送事業にとって重荷となる可能性があり、放送による周波数利用や周波数割当方式が改めて問われることになる。

本章は周波数需要の変化を踏まえて、アメリカのインセンティブオークションを補助線に、放送と周波数オークションを考察するものである。

第2節　周波数オークションとは

2011年12月に公表された総務省「周波数オークションに関する懇談会」報告書では「周波数オークション制度とは、電波の特定の周波数に係る免許人の選定に関し、国が競売を実施し、最高価格を入札した者を有資格者とする制度である」と定義していた[7]。なお、免許人とは無線局の免許（ライセンス）を受けた者である。

図8・2は2022年にOECDが公表した報告書 "Developments in spectrum management for communication services"[8] からのものであり、周波数オークションを市場ベースのアプローチとして、従前の比較審査方式と対比させている。本章では、周波数オークションを「競売を通じた市場ベースの周波数割当方式」[9] と認識して、論述を進める。

アメリカでは周波数割当手法は、1）先願、2）比較審査、3）抽選、4）オークション、の順に新たな手法が加わり、変遷してきた。その他の多くの国では先願、比較審査を経て、オークションが制度化された。オークション導入の背景には、第1節で記載した、移動体通信の普及による周波数資源への急激な需要拡大がある。

周波数オークションは1989年にニュージーランドで初めて制度化された。翌1990年には、落札者の支払金額について、次点の入札者が付けた入札額を支払う封印入札方式（second price sealed-tender auction）によりUHFテレビ用の周波数オークションが実施された。

また、オーストラリアでも1993年4月に衛星テレビ放送免許の入札が実施

図 8・2　市場ベースの周波数割当への変化

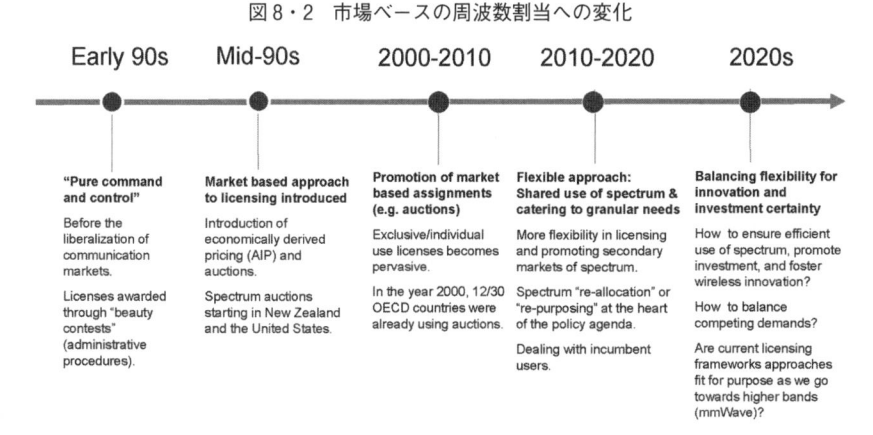

出典：OECD, "Developments in spectrum management for communication services," p. 13.

された。その後、周波数オークションは、アメリカで 1993 年 8 月に連邦通信法が改正され、1994 年 7 月から狭帯域 PCS（Narrowband Personal Communications Service：双方向のページャー、ポケベルなどの無線呼び出しサービス）で開始された。これを契機に周波数オークションは国際的に広く知られるようになった。1990 年代以降、先進各国は移動体通信の周波数割当で周波数オークションを制度化したが、歴史的には放送免許の割当に用いられた方が実は早かった。

　「オークションの本格的理論分析は 1961 年の Vickrey による論文により始まる」[10]と解説される。それに先立ち、周波数オークションに特化すれば、L. Herzel「カラーテレビ規制の公益と市場」（1951 年）、R. H. Coase「連邦通信委員会」（1959 年）などの研究があった[11]。1980 年代までの理論的な検討を経て、1994 年にアメリカで実施された狭帯域 PCS オークションでは同時複数回オークション（SMRA: Simultaneous Multi Round Auction）方式が採用された。この方式は Paul Milgrom、Robert Wilson[12]等によって提案され、2000 年代に各国で普及して、現在も用いられている方式だ。2010 年代からは、組み合わせ時計オークション（CCA: Combinatorial Clock Auction）方式が広く各国で普及している。時計オークションでは各ラウンドで価格が発表されて、入札者は数量を応札する。インセンティブオークションでは、リバースオークション、フォワー

ドオークションの双方で時計オークション方式が採用された。フォワードオークションでは入札者は個別の免許を応札するのでなく、各地域で割当を希望する免許の数量を示して、ラウンドを進める。この方式の利点は、オークションに要する時間が節約されること、入札が戦略的に単純化されること、数量の入札によって代替が可能になることなどである[13]。

　同時複数回オークション方式は、地域免許間にシナジーがある場合や帯域幅が増大することにシナジーがある場合のほか、入札者が戦略的に入札するインセンティブを有する場合には周波数割当が非効率になる。他方、組み合わせ時計オークション方式はこれらの場合であっても効率的な割当が可能であると認識されている[14]。

　周波数オークションは 2023 年時点で、日本を除く OECD 37 か国のすべてで導入されていた[15]。OECD 加盟国は携帯電話方式が 3G または 4G へ移行する時期に周波数オークションを制度化した。

　1995 年から 1996 年にかけてアメリカで実施された C ブロックの PCS オークションや 2000 年のイギリス、ドイツでの 3G オークションは、制度設計の不備による周波数オークションの失敗であったと認識されている[16]。一般的には、「代替・補完関係にありうる複数の免許について、ばらばらにオークションを行うと、必要以上の免許を手に入れたり、必要以下の免許しか手に入らないことが起こらざるをえない」[17]と分析される。

　また、実際の周波数オークションの導入における課題として、カバレッジエリアの確保や既存事業者への周波数の集中が挙げられる。これらの課題は、落札可能な周波数帯に上限を設けたり、小規模事業者への落札額を割り引いたり、新規参入者への優遇措置を講じたりすることにより、解決可能であると認識されるようになってきた。2010 年代以降は周波数オークションは先進各国で定着し、4G や 5G の周波数割当において広く実施されている。

第3節　30 年にわたる検討

　日本で周波数オークションが未だ導入されていないことを考察するにあたり、1990 年代前半から 2010 年代前半を中心に、30 年間に渡る検討を振り返ってみ

る。以下のカッコ内は 1994 年から 1996 年に旧郵政省電気通信局に在籍してい
た筆者の所管を記述したものであり、＊に係る部分は筆者の解釈および注釈で
ある。

・周波数は戦前の国家管理を経て、戦後は実質的な事前調整を含む先願主義
　や比較審査が周波数割当の方式となった。
・1993 年に電波利用料制度が開始され、利用に係る対価が徴収されること
　となった。(新たに免許人に負担を強いることとなった電波利用料を制度
　として定着させることが政策的な優先事項であった。)
・1994 年から、アメリカにおける周波数オークションの実施を踏まえて国
　会で質疑がなされるようになった。また、同年に行政手続法が施行されて、
　電波法関係審査基準が制定された。以降、無線局免許手続の透明化は漸次、
　進展した。(1994 年の携帯電話端末売り切りにより、移動体通信の需要拡
　大が見込まれた中、周波数オークションはネットワーク投資に負の影響を
　与えると考えられたため、行政、免許人の双方が導入に前向きではなかっ
　た。また、アメリカにおける抽選制導入（1981 年）の弊害と周波数オーク
　ションがその解消手段であったことを指摘した上で、日本とアメリカとで
　は周波数オークションを導入する前提に差異があるとの見解もあった。)
・1996 年から 1998 年にかけては、行政改革会議において中央省庁再編が議
　論されて、周波数行政の所管が検討される状況であった。そのため、周波
　数割当方式についての検討はほとんど進まなかった。(周波数オークショ
　ン導入を検討する機運は全く高まらなかった。)
・2000 年からは携帯電話の割当方式は絶対審査と比較審査の二段階審査に
　改正された。
　＊部分的ながら割当審査の見直しがなされたことは評価できる。
・2000 年代は地上デジタル放送への移行が周波数行政の最大課題であった。
　＊移行後の空き帯域、いわゆる「跡地」において周波数割当にオークショ
　　ン方式を導入する議論は低調であった。
・2011 年に民主党政権下で移行費用負担方式が導入された。
　＊民主党政権の成立によって、周波数オークションを導入する機運が一気

に高まった。
・2012 年に周波数オークションを制度化する電波法改正案[18]が提出されたが、廃案となった。
・2019 年から 5G 等の開設計画の認定に当たり、従来の比較審査項目に周波数の経済的価値を踏まえて申請者が申し出る周波数の評価額が追加されることとなった。また、総合的に審査を行う特定基地局開設料制度が導入された。

2012 年に自民党が政権に復帰して以降、周波数オークション導入を巡る議論は低調であった。ようやく 2020 年代になって以下の状況変化などにより、検討が進んだ。
①周波数割当において参入者間の合意が形成されなくなったこと
②カバレッジエリアの確保や既存事業者への周波数の集中などの課題に対して、先進各国の制度的対応が成果をあげてきたこと
③オークションを実施するための条件が限定されたこと
そして、周波数オークションに関する電波法改正が廃案になった 2012 年から 10 年が過ぎた 2022 年に、改めて周波数オークションを導入する方針が総務省の研究会「新たな携帯電話用周波数の割当方式に関する検討会」で、移動体通信用周波数の割当方式として示された。

第 4 節　移動体通信事業者の見解

本節では、この 30 年間における移動体通信事業者などの見解を、以下の 4 つの時点で確認する。
1）周波数オークションの導入の可能性が規制緩和推進計画で閣議決定された 1995 年
2）周波数オークションを導入する電波法改正案が提出された前年の 2011 年
3）楽天モバイルが新規参入する前年の 2017 年
4）携帯電話用の割当方式として周波数オークション導入が示された 2022 年

1）1995 年　郵政行政に係る規制緩和等に関する意見・要望[19]

　　・オークション制度の慎重な検討・導入の反対（電気通信事業者協会、電波産業会）

2）2011 年　「周波数オークションに関する懇談会　報告書（案）」に対して寄せられた意見[20]

　　・新規参入が困難となり競争が進まない……非常に懸念している。（イー・アクセス）

　　・再免許の際のオークション実施は行うべきではない。（NTT ドコモ）

　　・再オークションを実施することは適当ではない。（KDDI）

3）2017 年　規制改革推進会議投資等ワーキング・グループ[21]

　　・オークション制度導入は不要（ソフトバンク）[22]

　　・オークションを導入することに反対（KDDI）[23]

　　・電波オークションの導入には「反対」（NTT ドコモ）[24]

4）2022 年　「新たな携帯電話用周波数の割当方式に関する検討会取りまとめ」（案）に対する意見募集の結果及び意見に対する考え方[25]

　　・基本的な方向性に賛同……。（NTT ドコモ）

　　・「「条件付きオークション」を選択可能となるよう、検討を進めることが適当である」とした原案に賛同。（KDDI）

　　・ミリ波帯及びそれ以上の帯域、並びに共用帯域、を対象とすることは……妥当……sub6 帯域については……従来の総合評価方式による割当てを維持することは合理的。（ソフトバンク）

　　・オークション方式を導入する必要性はない。（楽天モバイル）

　2017 年に規制改革会議はオークション慎重論の意見[26]を次のように整理した。

　　・インフラ整備遅延への懸念。

　　・事業者の研究開発力が衰える。

　　・ユーザー料金への転嫁への懸念。

　　・（電波法に外資を排除する規定がないことから）安全保障上の問題への懸念。

・事業者からオークションを求める声がない。

・現行の比較審査のもとでも新規参入事業者は生まれている。

　中でも「事業者からオークションを求める声がない」との理由は、既存の移動体通信事業者が 2022 年に「条件付きオークション」に賛成することにより、再び制度化への検討が進んだことと辻褄が合う。つまり、既存、新規を問わず免許を受ける側の事業者の意向が、日本では周波数オークション導入の鍵であった。

　なお、2011 年のイー・アクセスや 2022 年の楽天モバイルのように、移動体通信市場への新規参入者は既存事業者（免許人）以上に周波数オークションに反対してきた。アカデミズムでは鬼木甫博士をはじめとする研究者が長らく周波数オークションの導入を提唱してきたが[27]、移動体通信事業者などの見解を変えるには至らなかった。

第 5 節　放送事業者の見解

　前節と同じ時点での、周波数オークションに関する放送事業者の見解を以下で記載する。

1）1995 年　郵政行政に係る規制緩和等に関する意見・要望

　　・オークション制度の慎重な検討・導入の反対（日本民間放送連盟）

2）2011 年　「周波数オークションに関する懇談会　報告書(案)」に対して寄せられた意見

　　・公共放送 NHK の放送用周波数をオークション制度の対象とすることは、なじまない。(NHK)[28]

　　・「放送」および「放送事業用」はオークションの対象から除いていただきたい。(日本民間放送連盟)[29]

3）2017 年　規制改革推進会議　投資等ワーキング・グループ

　　・放送事業者が使用する放送用／放送事業用周波数を対象とすることは、放送の公共性や継続性が損なわれる恐れがあり、なじまない[30]。(NHK)

　　・周波数オークションによる入札金額の多寡で放送事業者を選定することは、

……重要な前提を危うくしたり、崩しかねないのではないか[31]。（日本民間放送連盟）

4）2022 年　「新たな携帯電話用周波数の割当方式に関する検討会取りまとめ」（案）に対する意見募集の結果及び意見に対する考え方

＊携帯電話用周波数が対象だったので、放送事業者からの意見表明はなかった。

　2011 年と 2017 年に NHK が表明した「なじまない」との見解こそが、放送業界が 30 年に渡って抱き続ける、周波数オークションへの変わらぬ認識だろう。

　なお、上記 3）において民間放送連盟は「諸外国においても、放送局の再免許時に周波数オークションを実施した事例はないものと認識しており、……」「日本において、テレビ放送用周波数のインセンティブオークションの実施は現実的でない」と言及していた。

　ところで、イギリスでは放送のハード・ソフトが分離されているため、周波数オークションに該当しないが、放送免許に関するオークションは以下のように 1990 年代前半に制度化され、実施された[32]。結果は 4 つの放送局が退出し、同数の放送局が新規に参入した。

1990 年 11 月	1990 年放送法が成立
1991 年 10 月	競争入札により ITV の 16 局中、4 局が免許を喪失
1992 年 12 月	既存 4 局が放送停波
1993 年 1 月	新規参入 4 局が放送開始

　ハードとソフトが分離していれば、周波数の割当を受けるのは無線局を運用する免許人であり、放送事業者は制作と編集に特化することとなる。放送事業者としてのライセンスを受けた者は放送用周波数の割当を受けた無線局に送信を委託するのみであり、周波数の割当や無線局の運用とは無関係である。つまり、ハード・ソフトが分離していれば、制作と編集に特化することとなる放送事業者は、周波数オークションから影響を受けない。放送用周波数のオークションが放送事業者に与える影響は、ハード・ソフトの一致か分離かによって大

きく異なる。

　イギリス、フランスは制度がハード・ソフト分離であり、ハードが長らく公有であったことなどもあり、ハードとソフトは別の主体が担ってきた。同様にドイツは制度がハード・ソフト分離であり、またケーブル、衛星による受信が大部分であって、地上放送のハードの役割が極めて小さい[33]。他方、アメリカでは制度はハード・ソフト一致であるが、高いケーブルテレビの普及が実態としてのハードとソフトの分離を形成してきた。なお、ハード・ソフト分離の制度下では放送免許のオークションを実施しても、先のイギリスでの例のように伝送を担う無線局が変わるわけではない。

　他方、日本では地上放送ネットワークの整備、運営と地上放送番組の制作、編成が一体であり、米英仏独と地上放送の事業形態は大きく異なる。例えば、2014 年に公表された日本民間放送連盟の資料[34]によれば、地上放送の信号を日本では約半数の世帯が直接受信しているが、アメリカでは約 1 割の世帯が受信しているにすぎない。このような差異を踏まえて、日本民間放送連盟はインセンティブオークションに対して、2017 年に「対価を得るために、民放事業者が周波数を自主返納することは想定できません」と言及した。

　周波数割当の観点からは、この見解は放送用周波数の需要が供給を大きく上回っていた状況では合理的である。歴史的には、ラジオ放送が始まって以来、周波数資源への放送による需要は旺盛であった。特に、高度成長期に広告費が増大した後の日本では、テレビ放送に関する周波数需要は非常に大きかった。なお、地上テレビ放送のデジタル化では割当周波数は 62 ch の 370 MHz から 40 ch の 240 MHz に圧縮されたが、受信可能なチャンネルが減少したわけではなかったし、放送事業者の周波数需要が減少したわけでもなかった。

　2022 年に「ブロードバンド代替」に関する総務省の検討会[35]が設置され、コスト負担軽減の観点から、ミニサテライト局による地上テレビ放送をブロードバンドで代替する制度の検討が開始された。この検討は小規模中継局などにも適用可能なものであり、地上放送のブロードバンド代替が進むならば、放送用周波数の利用密度（人数×時間）は低下する。加えて、オンデマンドメディアの普及や SNS の進展により、放送の視聴時間はさらに減少することが予想される。この点からも放送用周波数の利用密度は低下する。もちろん、当分の

間は民間放送事業者が割り当てられている周波数を自主的に放棄することはないであろうが、放送用周波数の利用密度の低下は周波数の再編と結びつく。

　言わずもがな、周波数は有限希少な資源である。周波数帯によって、伝搬特性が異なるため、国際電気通信連合（ITU）は帯域による用途を定めてきた。各国は国際的に定められた範囲内で周波数の割当ルール（原則）を決定して、個別に無線局へ免許を付与する。このプロセスを通じて、周波数の有限希少性は新規参入者にとっては障壁となり、既存の免許人にとってはある種の権益になってきた。

　放送用周波数の利用密度が減少する将来に向けた参考として、次々節からは2010年代にアメリカで制度化されたインセンティブオークションを紹介する。それに先立ち、次節では周波数オークション導入までの経緯を振り返る。

第6節　アメリカにおける周波数割当の変遷

　アメリカでも1980年までは、先願主義（first-come, first-served basis）を原則として、競願の場合に比較審査（Comparative Hearings）によって免許を付与してきた。しかし、比較審査は申請者と規制機関であるFCC（連邦通信委員会：Federal Communications Commission）の双方に多大な時間と労力を強いた。特に、最初期のセルラーフォン（携帯電話）に関しては、FCCは数百に上る申請者のそれぞれ1,000頁に及ぶ書類を審査する必要があった。このため、申請から審査終了までに2年以上を要した[36]。そこで、1981年に抽選（lottery）により免許を付与する条項が連邦通信法へ加えられた。

　単純な抽選によって免許が付与されるのであれば、時間も労力もかからない。しかし、実際に導入された制度は、FCCが抽選前にスクリーニング審査を行うものであり、要件を満たした申請者が抽選に臨む方式であった。結果として、初期のセルラーフォンの周波数割当では、FCCによるスクリーニング審査に1年が費やされた。

　1987年になって、FCCはスクリーニング審査を廃止して、すべての申請者を対象に抽選を行うことにした。これによって、当選後の転売で利益を得ようとする者が抽選に加わることになり、無線局免許を転売する二次流通市場が活

　況を呈した。サービスを提供しようとする事業者が二次流通市場で免許を手に入れるには1年以上を要する事態となった。結果として、セルラーフォンのサービス開始はしばしば大幅に遅れた。

　セルラーフォンに対する比較審査は平均で2年を要したが、抽選から転売を経てサービスが開始されるまで3年を要した。比較審査も抽選も、FCCと申請者の双方にとって、時間と労力を無駄にする制度であったとFCCは総括する[37]。割当方式に関する1980年代の試行錯誤を経た後、1993年に連邦通信法が改正されて、周波数オークションが制度化された。アメリカでは周波数オークションは、比較審査や転売の諸問題を解決して、オークションのコストによって投機をなくし、国庫収入を増やすことを目的とする制度であった。同時に、周波数価値を最大に評価する者が早期に事業を開始できる環境を整備する制度であった。

　1994年からアメリカでは周波数オークションが実施された。先述のPCSにおける失敗を除けば、マーケットデザインを行ったFCCと周波数割当を受けた移動体通信事業者の双方が概ね満足する結果を得てきた。1990年代には合計27回の周波数オークションが実施されて、新たな周波数割当方式として定着した。2024年までにはアメリカでは合計100回以上の周波数オークションが実施されている[38]。

　アメリカで地上放送のデジタル化が始まったのは、1998年11月であり、2009年6月にアナログ放送が終了して、デジタル放送に移行した。日本よりも開始は5年早く、終了は2年早かった[39]。

　アナログ放送が終了した翌年の2010年3月に早くもFCCがNational Broadband Planを公表し、インセンティブオークションの導入を提唱した[40]。従前は放送用の周波数であった700 MHz帯が、移動体通信用の周波数として再編された直後にインセンティブオークションの導入が提唱されたため、NAB（National Association of Broadcasters）は放送用周波数の再割当を求める内容であって、自発的でない（強制的な）ものだと懸念を表明した[41]。

　その後、連邦議会で審議が行われ、2012年2月の連邦通信法改正により、インセンティブオークションは法定された[42]。FCCの規則制定手続の主な流れは次のとおりである。

①規則制定提案告示（NPRM: Notice of Proposed Rule Making）

②利害関係者からの意見書提出（Comment/Reply Comment）

③報告及び命令（R&O: Report and Order）

法改正を踏まえて、2012 年 10 月に①が行われて[43]、②を経て、2014 年 6 月に③ R&O[44] が制定された[45]。

これに対して、NAB は 2014 年 8 月に③ R&O に関する提訴を行った。縮小される帯域におけるリパッキング（周波数の再編及び割当変更）がテレビ局の視聴率を大幅に低下させる結果につながるなどとの主張であった[46]。続いて2015 年 9 月には、オークションの基本設計を変更することがない範囲で再審議を求める請願を NAB は FCC に行った[47]。これらによって、インセンティブオークションの実施は遅れることとなったが、最終的には NAB も FCC へ協力的なステートメントを発出した[48]。

第 7 節　インセンティブオークションの概要

インセンティブオークションとは、the broadcast television spectrum incentive auction（Auction 1000）が正式名称である。テレビ放送周波数インセンティブオークションと訳せよう。インセンティブオークションは、放送周波数の使用権を放棄するリバースオークション（Auction 1001）と、600 MHz 帯の移動体通信用の免許を獲得するフォワードオークション（Auction 1002）の 2 つのオークションからなる。インセンティブオークションの手続きは、2016 年 6 月 29 日に開始された。

次節以降でリバースオークション、フォワードオークション、それらに続くリパッキングと呼ばれる周波数再編と割当変更について論述するが、その前に2017 年 4 月 13 日に公表されたインセンティブオークションの主な結果を記載する[49]。

リバースオークション

100.5 億ドル　　放送局全体のオークション収入

84 MHz　　　　オークションにより再割当可能となった帯域幅

175 局　　　　　オークションで応札した放送局の数
3.04 億ドル　　最大応札額
30 局　　　　　VHF 帯域へ移行した放送局の数
36 局　　　　　1 億ドル以上で応札した放送局の数

　フォワードオークション
198 億ドル　　総収入　＊*当時としては FCC 史上、二番目に高額な入札規模*
73 億ドル　　連邦財政への繰入額
70 MHz　　　移動体通信事業者へ再割当した周波数帯
14 MHz　　　ワイヤレスマイクや免許不要無線局へ再割当した周波数帯
0.93 ドル　　国民一人当たりの 1 MHz 単位のオークション収入
50　　　　　　入札者数

　2017 年 4 月に周波数オークションは終了して、**図 8・3** 下段にあるとおり、従来のテレビチャンネル 38 〜 51（614 〜 698 MHz）が再編されて、70 MHz が移動体通信事業者に割り当てられた。リバースオークションが開始された直後の 2016 年 6 月には、アメリカの放送局は 1,780 局であった。通常出力のテレビ局と同等の地位を有する、Class-A と呼ばれる低出力放送局は 418 局であり、アメリカのテレビ局数は概ね 2,000 と表現されるが、この 2,000 以上の放送局を対象とする周波数再編がインセンティブオークションであった。

　インセンティブオークションがそれまでの周波数オークションと異なるのは、需要のみならず供給の面でオークションを用いることであった。通常の周波数オークションでは、オークションが開始される前に取引される周波数の帯域幅は決定されている。他方、インセンティブオークションでは周波数帯域を売却するためのリバースオークションが実施されて、リバースオークションの合計額が続いて実施されるフォワードオークションの合計額を下回らない場合、取引される周波数帯域が削減されて、次のオークションステージへと進む。リバースオークションの参加者である放送局が周波数の売り手となり、フォワードオークションの参加者である移動体通信事業者が買い手となる。両者の入札を通じた需要と供給が、取引される周波数帯の価格のみならず量を決定する。

図 8・3　インセンティブオークションの構成と周波数再編

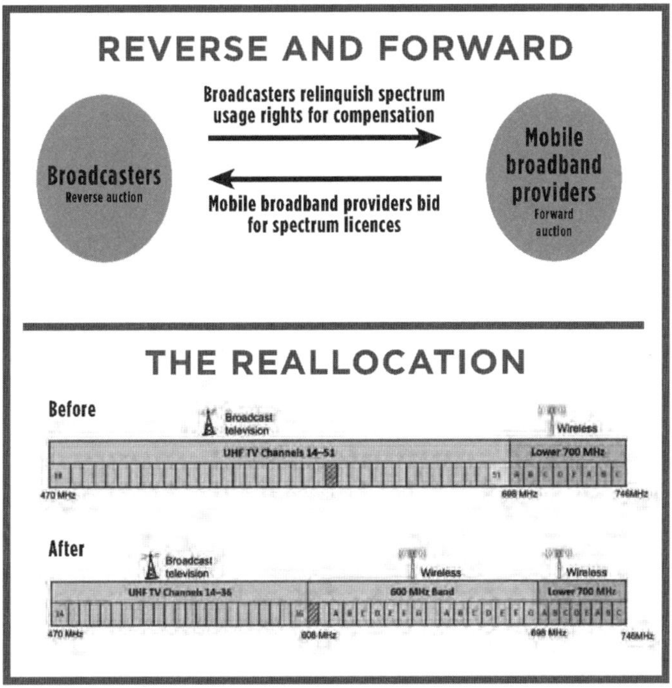

出典：https://www.iicom.org/wp-content/uploads/im-jan2018-lessons-1.pdf

　実施されたインセンティブオークションでは、各ステージで取引される周波数帯が定められ、リバースオークションのラウンドが進行して、その終了後にフォワードオークションのラウンドが進行した。第 1 ステージで需給が満たされなければ、図 8・4 の上部から下部へと入札される周波数帯を削減して、次のステージに進むことになる。実際のインセンティブオークションでは、図 8・4 の上から 3 段目の 126 MHz から始まり、84 MHz を対象とするステージ 4 で終了した。

　図 8・5 はインセンティブオークションにより再編された 600 MHz の周波数を表したものである。

　先述のとおり、需要面だけでなく供給面でもオークションが実施されること

図 8・4　オークションステージごとの周波数の割当計画

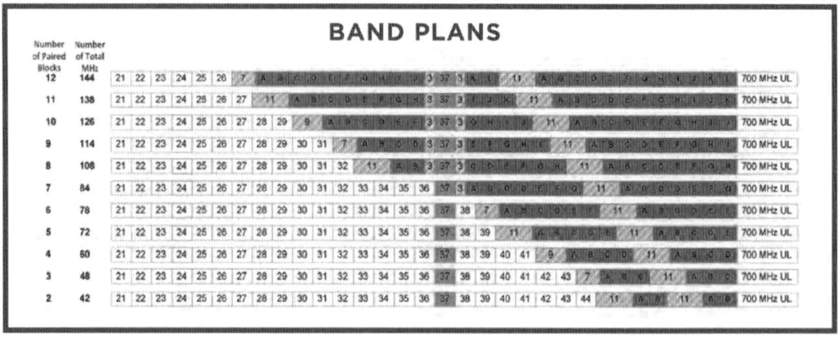

出典：https://www.iicom.org/wp-content/uploads/im-jan2018-lessons-1.pdf

図 8・5　インセンティブオークションによる周波数再編の結果

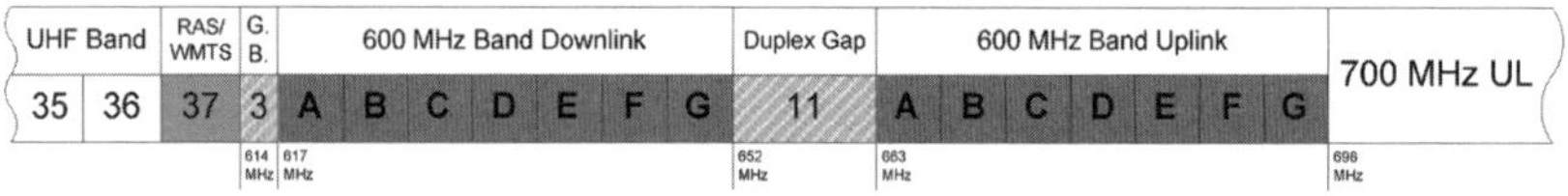

出典：https://docs.fcc.gov/public/attachments/DA-17-314A1.pdf, p. 8.

により、インセンティブオークション全体で取引される周波数帯域の総量が決定される。価格に着目すれば、リバースオークションとは放送局が自発的に周波数使用権を手放す価格を決定するものであり、フォワードオークションとは移動体通信事業者が周波数を利用するために自ら支払う金額を決定するものである。

第8節　リバースオークションとインセンティブオークション

　インセンティブオークションの成功には、リバースオークションに参加する放送局の理解が必要であった。FCC は放送局の参加を促すべく、周波数オークションとしては最大規模の周知活動を行った。FCC はオークションへの参加資格を有する放送局および所有者に対して情報提供を行い、FCC 職員は全米の 30 都市を周り、数百の放送局に向けた説明会を開催した。

表 8・1　インセンティブオークションのステージと期間

ステージ	リバースオークション	フォワードオークション
1	（2016）5/31 ～ 6/29	8/16 ～ 8/30
2	9/13 ～ 10/13	10/19
3	11/1 ～ 12/1	12/5
4	12/13 ～ 1/13（2017）	1/18 ～ 2/10

　放送局が参加するリバースオークションでは、オンラインワークショップが2015 年 12 月から開始された。また、2016 年 5 月にリバースオークションの参加者向けガイドやチュートリアルビデオが公開された。これらはリバースオークションの概要、入札手続や入札画面遷移を詳細に説明するものであり、現在も FCC のウェブで視聴可能となっている[50]。

　フォワードオークションは、一般に想起されるオークションのように競り上げ式で提示価格が段々と高くなっていくが、リバースオークションは競り下げ式であり、高値から始まりラウンドが進むにつれて価格が下落する。放送局は売却してもよいと考える価格よりも競り下げられる価格が高い間はオークションへの参加を続けて、売却してもよいと考える価格を下回った時にオークションから退出する。

　インセンティブオークションは時計オークション方式によって当初は 126 MHz、21 チャンネルを再編するべく開始された。表 8・1 のとおり、ステージ 1 ではリバースオークションが 2016 年 5 月 31 日に開始された。これを踏まえたフォワードオークションが同年 8 月 16 日に開始された。ステージ 2 では帯域を減少させて 114 MHz、19 チャンネルに関して、リバースオークションが同年 9 月 13 日に開始された。ステージ 3 では 108 MHz、18 チャンネルを対象に、同年 11 月 1 日に開始された。最後のステージ 4 では 84 MHz、14 チャンネルを対象に同年 12 月 13 日に開始された。

　インセンティブオークションは最終ステージに 2 つの基準を課していた。一つ目は、一人当たり 1 MHz の価値が 1.25 ドルを超えることであり、二つ目はフォワードオークションの入札総額がリバースオークションの応札総額、周波数移行費用、国庫納付金、行政事務費用の合計を上回ることであった。この 2

図 8・6   リバースオークションにおける入札総額

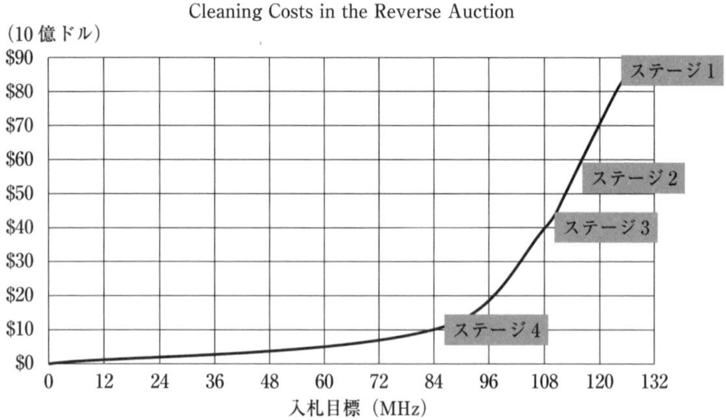

Cleaning Costs in the Reverse Auction

出典：http://obaranov.com/docs/Ausubel-Aperjis-Baranov-Incentive-Auction.pdf, p. 12.

つの条件を満たしたので、ステージ 4 が最終ステージとなった。そして、翌年の 2017 年 4 月 17 日に FCC はインセンティブオークションを終了し、結果を告示した。

　インセンティブオークションを開始するにあたって、先述のとおり FCC は移動体通信に利用できる周波数帯を 126 MHz、21 チャンネル分と計算した。その上で、

　　・アップリンクとダウンリンクのガードバンド

　　・放送と移動体通信のガードバンド

　　・電波天文等に使用されるチャンネル 37 の前後のガードバンド

を設定したため、移動体通信用に割当可能な周波数は 126 MHz のうちの 100 MHz であった。

　その後、ステージ 2 では 114 MHz、ステージ 3 では 108 MHz、ステージ 4 では 84 MHz へと周波数帯域は削減された。図 8・6 のとおり、ステージが進むごとに、リバースオークションの収入総額は 320 億ドル、140 億ドル、300 億ドルずつ減少した。フォワードオークションでは 10 MHz 幅ごとにライセンスが提供されるため、ステージ 1 では 10 ライセンスが、ステージ 2 では 9 ライセンスが、ステージ 3 では 8 ライセンスが、ステージ 4 では 7 ライセンスが提

図8・7 インセンティブオークションのステージ毎の結果

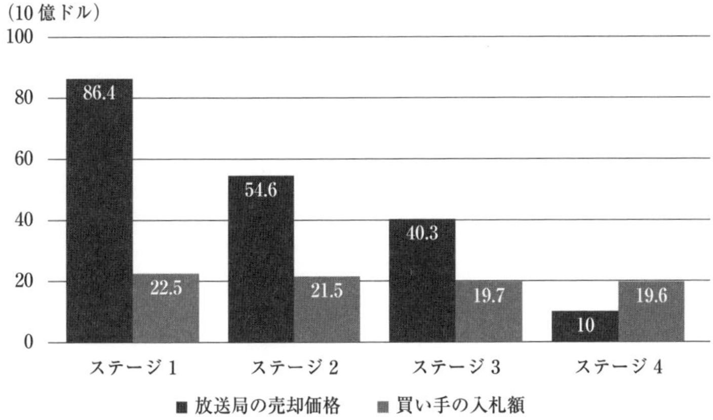

出典：https://www.analysysmason.com/globalassets/x_migrated-media/media/analysys_mason_quarterly_philip_bates_july20172.pdf, p. 2.

供された。

　フォワードオークションの地域単位は全米でなく、入札対象地域は416の分割されたエリア（PEA: Partial Economic Areas）であった。なお、PEAのうち高収益が見込まれる40地域で需要が供給を上回らない場合はオークションが終了することとされた。これによって、次のラウンドに早期に進むことが可能となった。

　フォワードオークションでは、アメリカの4大モバイルキャリア（移動体通信事業者）のうち、オークション終了までに入札を続けていたのは、Tモバイルだけだった。スプリントは不参加を表明して、ベライゾンは実際の入札に参加せず、AT&Tはステージ1の途中に離脱した。

　フォワードオークションでは、エリアとカテゴリー（人口カバー率により2つのカテゴリーに分かれる）で定められる複数免許が入札対象であった。入札者には値上がりしていない商品への応札量を減らしてはいけないこと、価格の動きを様子見することができないこと、預託金により前払いすることの3つの制約が課せられた[51]。

　繰り返しになるが、フォワードオークションからの収入はリバースオークシ

ョンの費用だけでなく、オークション運営費用、放送を継続する放送局の周波数移行費用などを賄わなければならない。図8・7が示すように、ステージ4において、ようやくこの条件を満たすことができ、インセンティブオークションは終了した。

　なお、アメリカがインセンティブオークションを終了して、600 MHz を移動体通信用に周波数再編したことを受けて、カナダとメキシコも同様の周波数再編を行うこととなった。

第9節　周波数再編による無線局の移行

　インセンティブオークションの後に、リパッキング（周波数の再編および割当変更）が 39 か月にわたって実施された。

　第7節で記載したように、リバースオークションで応札した放送局は全部で175 局であった。図8・8 の FCC Incentive Auction Dashboard では入札状況、応札結果、関連統計のほか、各放送局の応札状況などが詳細かつ網羅的に公表されている。

　リバースオークションにおいて入札資格を有した放送局は 1,030 であり、その 17% の 175 局が落札した。175 局のうち、145 局が放送を停止して、補償金（reimbursement）を得た。また、13 放送局が V-High 帯（174 〜 216 MHz）に移行して、17 局が V-Low 帯（54 〜 88 MHz）に移行した。

　フォワードオークションでは 62 事業者が入札資格を有して、50 事業者が落札した、70 MHz の帯域に対して 198 億ドルが総収入であった。残りの 14 MHz は免許不要無線局の帯域として割り当てられた。フォワードオークションの主な結果は以下のとおりである。

T-Mobile	80 億ドル	1525 ライセンス
Dish	62 億ドル	486 ライセンス
コムキャスト	17 億ドル	73 ライセンス
AT&T	9 億ドル	23 ライセンス
US セルラー	3 億ドル	188 ライセンス

図 8・8　インセンティブオークションのダッシュボード

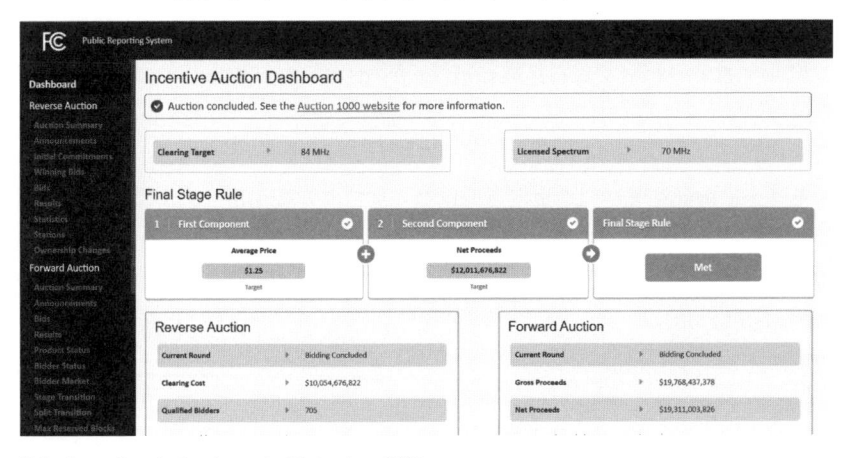

出典：https://auctiondata.fcc.gov/public/projects/1000

　なお、ベライゾンは入札せず、スプリントはオークションに不参加だった。
　インセンティブオークションの後に実施された周波数の再編および割当変更、すなわちリパッキングでは、自発的にオークションに参加した放送局だけでなく、オークションに参加しなかった放送局も周波数が変更された。リパッキングとは周波数の再編と、オークションの参加者と非参加者による周波数移行の総体である。リパッキングの過程で、FCC はチャンネルを再編する計画を策定した。あわせてオークションに参加していない放送局に対して移行に要する費用を補塡する基金を設立した。なお、リバースオークションで応札した放送局は基金によらずに、再割当された周波数へ自費で移行する必要があった。
　周波数再編と移行にあたっては、なるべく多くの放送局が既存の周波数に留まること、干渉を最小化すること、高い移行費用を必要とする放送局の再編を避けることが考慮された。具体的な周波数の移行は、再編される 38 ～ 51 チャンネルの放送局だけでなく、チャンネル 2 ～ 36 で割当を受けていた放送局でも実施された。VHF 帯に移行する放送局、オークションに参加したが競り負けた放送局、オークションに参加しなかった放送局も周波数再編の影響を受けた。

　周波数移行は 10 のフェーズに分けて実施された。フェーズ 1 は 2018 年 11 月 30 日に終了し、その後、順次フェーズが進展して、最終のフェーズ 10 は 2020 年 7 月 3 日に終了した。移行に伴う費用の償還は 2023 年 7 月まで可能であった。

　リパッキングでは、987 局の放送局に新たなチャンネルが付与された。リパッキングで影響を受けた地上放送局は次のいずれかの運用を行った。

①停波

②周波数共用

③VHF 帯移行

④新チャンネル割当

⑤既存チャンネル継続

　②の周波数共用とはチャンネルシェアとも呼ばれる。地理的な置局を調整することなどによって、同一の周波数を複数の放送局が使用することを指す。なお、地上放送を直接受信するユーザーの負担は、周波数移行後にチャンネルをスキャニングするのみであった。

▍第 10 節　インセンティブオークションの評価と日本における推計

　理論的には、インセンティブオークションとは自発的な周波数使用権の放棄と再編された周波数の免許取得を、マーケットメカニズムを通じて調和させる制度である。

　実際には、放送局（UHF 局と V-High 局）にとってインセンティブオークションとは、より低い周波数に移行するためにインセンティブ（動機）が付与された入札であった。従来の周波数オークションでは、再編される周波数の既存免許人（licensee：免許を有する者）は財政的なインセンティブを与えられずに、周波数再編と割当変更に従わなければならなかった。もちろん、放送局もその他の無線局免許人もアメリカでは連邦政府から周波数の使用権をライセンスされてきたことに違いはないが、通常の周波数再編と異なり、インセンティブオークションでは免許を放棄する放送局は補償金を得ることができた。Symons and Milgrom（2018, p. 26）は、周波数再編と移行に関して、反対する既存放送

局の同意を得るための政治的な答えがオークションを通じた補償であったと指
摘する。

　インセンティブオークションへの批判には、実施期間が長期にわたったこと、
行政コストが高額であったことなどがある。また、公共放送の比重が高い国で
は導入が限定されるのではないかとの意見や、多くの国では既に VHF 帯での
テレビ放送が終了しており、VHF 帯への移行ができないなどの指摘もある。
さらに、アメリカのように地上放送の直接受信率が低くなければ、放送局と視
聴者の理解が得られず、インセンティブオークションの導入が容易ではないと
の指摘もある。確かに、インセンティブオークションが終了した 2017 年にお
いて、アメリカでは 13% の世帯しか地上放送の信号を直接受信しておらず[52]、
周波数再編後にチャンネルをスキャンしなければならない視聴者も限定的であ
った。

　次に、アメリカのインセンティブオークションの結果から、日本における周
波数の経済的価値を算定してみる。2013 年に作成され、2017 年の規制改革推
進会議でも報告された「我が国における周波数価値の算定」（野村総合研究所）
によれば、周波数価値の算定には 3 つの代表的な方法がある。比較法、アドミ
ニストレイティブ・プライシング法、ディスカウントキャッシュフロー法であ
る[53]。以下では、簡易に推計が可能な比較法を用いた。

　アメリカのインセンティブオークションでは、国民一人当たり 1 MHz 単位
のオークション収入は 0.93 ドルであった[54]。インセンティブオークションが
終了した 2017 年時点では IMF 統計によれば、アメリカの一人当たり GDP は
60,290 ドルであり[55]、日本の一人当たり GDP は 38,900 ドルであった[56]。名目
値による推計ではあるものの、2017 年当時の一人当たり GDP から算出すると、
600 MHz 帯における一人当たり 1 MHz の価値は約 0.6 ドルになる。当時の人
口の 1.267 億人を乗ずると約 0.76 億ドルであり、アメリカと同様に 84 MHz の
うち 70 MHz をフォワードオークションの対象とするならば、約 53.2 億ドルと
なる。インセンティブオークションが終了した 2017 年 4 月の為替レートであ
る 1 ドル 113 円[57]をこの金額に乗ずると約 6,000 億円になる。したがって、
2017 年当時の日本における 600 MHz 帯の 70 MHz に関する価値は約 6,000 億
円と推計される。

　鬼木（2009, p. 8）によれば「電波価値は人口と平均所得に比例する」もので
あり、単純化すれば周波数帯の価値は GDP に比例する。先述の IMF 統計によ
れば、2017 年のアメリカの GDP が 19.6 兆ドルで、日本が 4.9 兆ドルであった。
実際のフォワードオークション総収入が 198 億ドルであり、日本での収入を
GDP 比で算定すれば 49.5 億ドルになる。先述の為替レートによれば、5,593 億
円にあたる。先の推計である 6,000 億円と概ね近似だ。

　ちなみに、日本民間放送年鑑によれば、地上民間放送の有形固定資産は
2017 年で 9,703 億円であった。

第 11 節　オークションとチャンネルプラン

　第 1 節で記したように 1990 年代以降、移動体通信の拡大により周波数需要
は世界的に大きく変化した。現在も固定地点向けの放送から、移動地点向けの
通信に周波数需要がシフトし続けている。

　これからの周波数計画、いわゆるチャンネルプランはこの周波数需要のシフ
トを踏まえなければならない。あわせて、電波資源の開発による供給拡大も考
慮しなければならない。この需要と供給の変化に対するマーケットデザインか
らの有力な回答こそが、インセンティブオークションである。もちろん、イン
センティブオークションは放送用周波数帯域の再編に限定されるものでなく、
それ以外の帯域でも導入可能である。特に、5G や 6G に利用可能な周波数帯域
であれば、周波数需要は相当な規模であり、補償を通じて既存免許人に利益を
もたらすインセンティブオークションは周波数再編を促進する。なお、導入に
あたっては国や地域や大陸のそれぞれで、電波環境を踏まえたマーケットデザ
インが適正になされなければならない[58]。

　インセンティブオークションにおけるリパッキング段階での放送局の周波数
移行は、地上デジタル放送の導入における周波数移行と同様の工程であり、周
波数再編という目的も同一である。地上デジタル放送の導入における周波数移
行の経験はインセンティブオークションにおけるリパッキングに寄与する。両
者の違いは、免許放棄の有無とそれに伴う補償である。

　先述のとおり、総務省検討会では小規模中継局等をブロードバンドで代替す

る検討が進んでいるが、これは無線による一斉同報が地域によっては有線による単一送信の総和よりも、高コストになったことを示すものである。無線による一斉同報の相対的な高コスト化は人口減少地域では、今後ますます進展する。

　また、近年、特に都市部ではコネクテッドテレビの普及が急速である。コネクテッドテレビの普及とともに、テレビは双方向性を有することとなり、放送局は視聴データを収集、加工して、マーケティングに利用することとなる。しかし、一斉同報のみではテレビは視聴データを収集できない。この点でも、放送の周波数需要が拡大することはない。

　日本でも 2020 年代中盤には、移動体通信用の周波数割当においてオークション制度が導入されるであろう。その先の 2030 年代には、移動体通信への需要がさらに拡大し、同時に放送のコネクテッド化とブロードバンド代替により、放送用周波数の需要減少が如実になる。地上放送の社会的価値と無関係に、日本でも 600 MHz 帯の周波数再編は現実的な課題になりうる。

　その時、強制的かつ無償の周波数移行よりも自発的かつ部分的ながら有償の周波数移行であるインセンティブオークションは、有力な政策オプションである。アメリカと異なり、地上放送を直接受信する世帯は日本では半数にのぼる。また、ヨーロッパ各国と異なり、ハード・ソフト一致の免許制度を原則とする日本では、周波数割当は放送局の経営に直接の影響を及ぼす。これらの事情により、日本におけるインセンティブオークションの導入は容易ではない。しかしながら、社会資本としての放送ネットワーク、ナショナルミニマムとしての地上放送を維持することへインセンティブオークションが寄与する可能性があるなら、少なくとも検討に値する。

　周波数割当の在り方として、今後は特に
　・自営無線網の縮小と公衆無線網の拡大
　・AI を利用する動的な周波数割当と周波数共用
　・公共私（パブリック、コモンズ、プライベート）のバランスがとれた利用
などを勘案しなければならない。2020 年代後半は 2030 年代に向けて新たなチャンネルプランを策定し、周波数再編を検討するべきタイミングである。

注

1)　平成 11 年版通信白書, https://www.soumu.go.jp/johotsusintokei/whitepaper/ja/h11/html/B1Z20000.htm

2)　電波産業調査統計（2023 年度版）, https://www.arib.or.jp/image/johoshiryo/statistics/2023/2023statistics-annex.pdf

3)　平成 7 年版通信白書, https://www.soumu.go.jp/johotsusintokei/whitepaper/ja/h07/html/h07a02020502.html

4)　次の URL は関連する「規制緩和推進計画の再改定」に係るもの。
https://www.soumu.go.jp/main_sosiki/joho_tsusin/pressrelease/japanese/sonota/970328j903.html

5)　衆議院通信委員会第 4 号平成 6 年 6 月 3 日, 34, 199 頁, 自見庄三郎衆議院議員, https://kokkai.ndl.go.jp/simple/dispPDF?minId=112904816X00419940603#page=34

6)　26/28 GHz 帯を含めて、ミリ波と記述されることも多い。

7)　https://www.soumu.go.jp/main_content/000146432.pdf, p. 1.

8)　https://www.oecd.org/publications/developments-in-spectrum-management-for-communication-services-175e7ce5-en.htm

9)　Milgrom（2004, p. 37）によれば、an auction is a mechanism to allocate resources among a group of bidders であり、オークションは入札者間で資源を配分するメカニズムとされる。

10)　ミルグロム（2007, 391 頁）。

11)　https://www8.cao.go.jp/kisei-kaikaku/suishin/meeting/wg/toushi/20171011/171011toushi02.pdf

12)　両者は 2020 年にノーベル経済学賞を受賞した。

13)　http://obaranov.com/docs/Ausubel-Aperjis-Baranov-Incentive-Auction.pdf, p. 5

14)　https://www.soumu.go.jp/main_content/000780366.pd, p. 9 は、同時複数回オークション方式のデメリットに組み合わせ時計オークションは対応すると述べる。

15)　砂田（2023, 3 頁）。

16)　鬼木（2002, 238 ～ 239 頁）。

17)　ミルグロム（2007, 15 頁）。

18)　「電波法の一部を改正する法律案」（第 180 回国会閣法第 61 号）。

19)　https://www.soumu.go.jp/main_sosiki/joho_tsusin/pressrelease/japanese/sonota/1129j901.html

20)　https://www.soumu.go.jp/main_content/000139835.pdf

21)　https://warp.da.ndl.go.jp/info:ndljp/pid/11385308/www8.cao.go.jp/kisei-kaikaku/suishin/meeting/wg/toushi/20171117/171117toushi04.pdf

22)　https://warp.da.ndl.go.jp/info:ndljp/pid/11385308/www8.cao.go.jp/kisei-kaikaku/suishin/meeting/wg/toushi/20171025/171025toushi02.pdf

23)　https://warp.da.ndl.go.jp/info:ndljp/pid/11385308/www8.cao.go.jp/kisei-kaikaku/suishin/meeting/wg/toushi/20171025/171025toushi03.pdf

24)　https://warp.da.ndl.go.jp/info:ndljp/pid/11385308/www8.cao.go.jp/kisei-kaikaku/suishin/meeting/wg/toushi/20171025/171025toushi01.pdf

25)　https://www.soumu.go.jp/main_content/000847094.pdf

26)　https://warp.da.ndl.go.jp/info:ndljp/pid/11385308/www8.cao.go.jp/kisei-kaikaku/suishin/meeting/wg/toushi/20171117/171117toushi04.pdf

27)　鬼木（2002）第Ⅲ章や、鬼木甫（2017）規制改革推進会議・投資等 WG「電波資源の利用に市場制度の導入を（意見表明）」, https://warp.da.ndl.go.jp/info:ndljp/pid/11385308/www8.cao.go.jp/kisei-kaikaku/suishin/meeting/wg/toushi/20171116/171116toushi12.pdf など。

28)　https://www.soumu.go.jp/main_content/000118957.pdf

29)　https://www.soumu.go.jp/main_content/000118958.pdf

30)　https://www8.cao.go.jp/kisei-kaikaku/suishin/meeting/wg/toushi/20171025/171025toushi04.pdf

31)　https://www8.cao.go.jp/kisei-kaikaku/suishin/meeting/wg/toushi/20171025/171025toushi05-2.pdf

32)　簑葉（1992）。

33)　2020 年にはドイツの地上放送による直接受信は 4% 程度である。菊池（2022, 18 頁）。

34)　https://www.soumu.go.jp/main_content/000284190.pdf, p. 12.

35)　https://www.soumu.go.jp/main_sosiki/kenkyu/digital_hososeido/index01.html

36)　https://wireless.fcc.gov/auctions/data/papersAndStudies/fc970353.pdf, pp. 6–8. THE FCC REPORT TO CONGRESS ON SPECTRUM AUCTIONS

37)　https://wireless.fcc.gov/auctions/data/papersAndStudies/fc970353.pdf, p. 8.

38)　https://www.fcc.gov/auctions-summary

39)　日本はデジタル化の開始が 2003 年 12 月であり、2011 年 7 月に東北 3 県（岩手県、宮城県、福島県）を除く 44 都道府県でアナログ放送が停波された。東北 3 県は 2012 年 3 月にデジタル放送に移行した。

40)　https://transition.fcc.gov/national-broadband-plan/national-broadband-plan.pdf, pp. 81–82.

41)　https://nab.org/documents/newsRoom/pressRelease.asp?id=2219

42)　https://www.govinfo.gov/content/pkg/PLAW-112publ96/pdf/PLAW-112publ96.pdf, TITLE VI —PUBLIC SAFETY COMMUNICATIONS AND ELECTROMAGNETIC SPECTRUM AUCTIONS

43)　https://www.fcc.gov/document/broadcast-television-spectrum-incentive-auction-nprm

44)　https://www.fcc.gov/document/fcc-adopts-rules-first-ever-incentive-auction

45)　インセンティブオークションに関する Orders & NPRMs のすべては以下を参照。https://www.fcc.gov/about-fcc/fcc-initiatives/incentive-auctions/resources

46)　https://nab.org/documents/newsRoom/pressRelease.asp?id=3483

47)　https://nab.org/documents/newsRoom/pressRelease.asp?id=3783

48)　https://nab.org/advocacy/issueNews.asp?id=2025&issueID=1003

49)　https://docs.fcc.gov/public/attachments/DOC-344398A1.pdf

50)　https://www.fcc.gov/auction/1001 の Education ページ

51)　大規模事業者による周波数の集中を防止するための競争措置も採用された。

52)　http://obaranov.com/docs/Ausubel-Aperjis-Baranov-Incentive-Auction.pdf, p. 2.

53)　https://warp.da.ndl.go.jp/info:ndljp/pid/11385308/www8.cao.go.jp/kisei-kaikaku/suishin/meeting/wg/toushi/20171116/171116toushi10.pdf, p. 2.
「比較法は、他国の周波数オークションでの落札価格を参考に、自国でオークションが行われた場合、どの程度の価格になるか推定する」、「アドミニストレイティブ・プライシング法は、周波数の新規割り当てを『受けた場合』と、『受けなかった場合』で、同じ水準のサービスを提供する場合、ライセンス期間中の設備投資、運営費などのコストを算定する」、「ディスカウントキャッシュフロー法は、周波数の割り当てを受けた際の、毎年の売上、コスト等から毎年のフリーキャッシュフローを推定する」

54)　https://docs.fcc.gov/public/attachments/DOC-344398A1.pdf
なお、上位 40 のエリア（PEA: Partial Economic Areas）では 1.31 ドルであった。

55)　https://www.imf.org/external/datamapper/NGDPDPC@WEO/USA?zoom=USA&highlight=USA

56)　https://www.imf.org/external/datamapper/NGDPDPC@WEO/JPN?zoom=JPN&highlight=JPN

57)　https://www.boj.or.jp/about/services/tame/tame_rate/syorei/hou1704.htm

58)　Symons and Milgrom（2018, p. 29）。

参考文献

Ausubel, Lawrence M., Aperjis, Christina, and Baranov, Oleg (2017) *Market Design and the FCC Incentive Auction*, http://obaranov.com/docs/Ausubel-Aperjis-Baranov-Incentive-Auction.pdf

Congressional Research Service (2023) *The Federal Communications Commission's Spectrum Auction Authority: History and Options for Reinstatement*, https://crsreports.congress.gov/product/pdf/R/R47578

FCC Auction 1000, https://www.fcc.gov/auction/1000

FCC Wireless Telecommunications Bureau (1977) *THE FCC REPORT TO CONGRESS ON SPECTRUM AUCTIONS*, https://wireless.fcc.gov/auctions/data/papersAndStudies/fc970353.pdf

Milgrom, Paul (2004) *Putting Auction Theory to Work*, Cambridge University Press.

Milgrom, Paul (2017) *Discovering Price*, Cambridge University Press.

OECD (2022) *Developments in spectrum management for communication services*, https://www.oecd.org/publications/developments-in-spectrum-management-for-communication-services-175e7ce5-en.htm

Symons, Howard and Milgrom, Paul (2018) *Lessons from the US Incentive Auction*, 2018 vol 45 Issue 4: Inter MEDIA, pp. 25-29, https://www.iicom.org/wp-content/uploads/im-jan2018-lessons-1.pdf

鬼木甫 (2002)『電波資源のエコノミクス』現代図書.

鬼木甫 (2009)「電波オークション・電波利用料 および独立規制委員会に関する一問一答」, https://www.osaka-gu.ac.jp/php/fumihom/Kenkyu/Kyodo/oniki/noframe/download3/200907atxt.pdf

菊池尚人 (2002)「社会資本としての放送ネットワークとナショナルミニマムとしての地上放送」民放連研究所客員研究会編『デジタル変革時代の放送メディア』勁草書房, 3-36 頁。

砂田篤子 (2023)「周波数オークション導入をめぐる議論」『調査と情報— ISSUE BRIEF — No. 1217』国立国会図書館。

野村総合研究所 (2013)「我が国における周波数価値の算定」, https://warp.da.ndl.go.jp/info:ndljp/pid/11385308/www8.cao.go.jp/kisei-kaikaku/suishin/meeting/wg/toushi/20171116/171116toushi10.pdf

ミルグロム, ポール (2007)『オークション—理論とデザイン』川又邦雄・奥野正寛監訳, 計盛英一郎・馬場弓子訳, 東洋経済新報社。

簔葉信弘 (1992)「免許入札制の実施とイギリスの商業放送」『NHK 放送文化調査研究年報』37 集, 107-117 頁。

第9章
ドイツにおける公共放送の制度改革議論について

林　秀弥

第1節　はじめに：本章の対象

2024年1月18日に、ドイツの州放送委員会が設立した「公共放送の将来のあり方に関する諮問委員会」（Rat für die zukünftige Entwicklung des öffentlich-rechtlichen Rundfunks、以下、原則として「公共放送諮問委員会」または単に「諮問委員会」という）は、ドイツにおける公共放送制度の改革のための報告書[1]（Bericht des Rates für die zukünftige Entwicklung des öffentlich-rechtlichen Rundfunks[2]）を公表した（以下、「報告書」という）。これは、ドイツ国内で待望された公共放送制度の改革案として注目すべきものである。この答申は、2024年中に州際協定の改正に盛り込まれることを目指している。ドイツは全国サービスである公共放送局「第2ドイツテレビ」（ZDF）と、ローカル放送をベースとしてドイツ公共放送連盟（ARD）に結集している放送事業者の二層構造をもち、それらが日本の受信料に類似した放送負担金制度をもっている点で（ただし、後述のように細部はかなり異なる）、その紹介は日本においても裨益するものと考えられる。本章は、報告書の内容を紹介・検討し、わが国における示唆を考えたい[3]。

第 2 節　報告書の背景と提言

2・1　ドイツにおける公共放送の憲法的位置付け

　まず、ドイツにおける公共放送の位置付けを確認しておく必要がある。ドイツの憲法に当たるボン基本法は、5 条 1 項 2 文において、放送の自由とともに、民主主義（20 条 1 項および 2 項）と社会的一体性に奉仕しなければならない公共放送を保障している[4]。放送の自由[5]は、民主主義に「奉仕する自由」（dienende Freiheit）であるとされ、1960 年代に遡る連邦憲法裁判所の判例法によれば、これは主に市民の政治的自己決定（politische Selbstbestimmung）の促進を目的としている。そこから公共放送の「機能的使命」（Funktionsauftrag）がもたらされ、公共放送の存立と発展そして財源確保が保障されている。

　公共放送はドイツ全土に広範な視聴覚の「基本サービス」（Grundversorgung）を提供する使命を負う。その使命は、自由で民主主義的な基本秩序の枠組み内で、社会の多様性とその中で代表される言論を適切に反映していなければならない。このようにドイツ基本法（ボン基本法）は公共放送を制度として要請している[6]。

2・2　提言の出発点：第 4 次改正メディア州際協定

　報告書による記述の基礎となっているのは、（第 4 次改正）メディア州際協定（Vierter Medienänderungsstaatsvertrag）[7]である（2024 年 1 月 1 日発効）。同 26 条は次のように規定する。「公共放送の使命（Auftrag）は、そのサービスの制作と送信を通じて、自由な個人および公共の意見形成のプロセスにおける媒体および要素として機能し、それによって社会の民主的、社会的および文化的な需要を満たすことである。公共放送は、そのサービスの中で、生活のすべての主要分野における国際、欧州、国内、地域の出来事に関する包括的な視点を提供しなければならない。公共放送は、これを通じて、国際理解、欧州統合、社会的一体性（Zusammenhalt）、および連邦および州レベルでの全体的な社会的対話を促進すべきである。公共放送は、すべての者に対して総合的なサービスを提供する使命をもつ。公共放送は、サービス形成において、放送負担金の

財源から生じる機会を活用し、独自の視点からイニシアチブを取り、メディア・サービスの多様性に貢献すべきである。すべての社会層は情報社会に参加できるようにされるべきである。その場合、すべての年齢層、特に児童、青少年、若者、障害のある人々の利害と家庭の関心が適切に考慮されるものとする。公共サービスは文化、教育、情報、アドバイスを提供しなければならない。公法上の性格に対応した適切な娯楽も使命の一部である。これらの使命は、自らの番組表の最初の選択レベルで、かつ番組のあらゆる時間帯で全体が分かるようにされるべきである」（1項）。また「公共放送は、憲法上の使命遂行において、またジャーナリズムの基準を遵守する特定の形で、独立した、客観的で真実で包括的な情報と報道、及び個人の権利の尊重を保障する義務を負う。さらに、公共放送は、公法上の性格に対応した客観性と不偏不党の原則を尊重し、そのサービスにおいて可能な限り幅広いテーマと意見をバランスよく代表させるべきである」（2項）。ここに出てくる公共放送の使命という言葉（Auftrag）は報告書のキーワードでもある。のちほど検討する。

2・3　報告書の提言

　報告書では、次の10項目を提言している。これはこの報告書のエッセンスともなっている。

　（1）　公共放送諮問委員会は、重要な側面において公共放送の使命を強化し、さらに発展させることを勧告する。民主主義と共通善（公益）への志向（Demokratie-und Gemeinwohlorientierung）[8]は、公共放送が民主主義への理解と、社会の「共通基盤」の形成への寄与に対してより責任を果たすことを実現するために、明確かつ強調的に形成されていくべきである。

　（2）　公共放送は、人々を結び付ける番組と機会を提供しなければならない。このことは公共放送のミッション（Angebotsauftrag）においていっそう明確に示されなければならない。

　（3）　ドイツ国民にのみ焦点を当てるのは時代遅れである。公共放送はドイツに継続的に居住し将来の有権者となりうるすべての者のために存在すべきである。

　（4）　公共放送のミッションにおいては、社会とそのアクターのデジタル参

加の可能性も考慮に入れなければならない。ノンリニアの提供形式[9]は、社会の自己理解に貢献するのに特に適している。

　（5）　本報告書には、公共放送のサービス提供に関するいくつかのコメントが含まれている。それらは、諮問委員会の観点から、公共サービスの提供において特に重要な側面である「自律性と独自性」（Eigenständigkeit und Unterscheidbarkeit）、「独立性」（Unabhängigkeit）、および「均衡性」（Ausgewogenheit）という見出しの下に含まれている。これらの側面において公共放送の使命を強化することができる。

　（6）　将来のARD（ドイツ公共放送連盟）[10]、ZDF、ドイツラジオのために、諮問委員会は、多元的なメンバーにより構成される、公共放送のミッションの遂行を監視する「メディア評議会」（Medienrat）、専門家を中心に構成される、戦略的能力と監督機能の強化のための「管理評議会」（Verwaltungsrat）と、合議制の執行部を新たに設立することを提案する。既存の機関は置き換えられる。

　（7）　諮問委員会は、作業部会（Arbeitsgemeishaft）に代わり中央管理を行うARD機構（ARD-Anstalt）の設立を勧告する。当該ARD機構は州放送事業者の統括組織（Dachorganisation）となる。それは、ARDの全国規模の業務およびすべての中核的業務とサービスに関する戦略的・管理的、財務的、組織的な事項にかかわる処理権限を一元的に有する機構となる。州の放送事業者は、中央との調整作業から解放され、地域における基本サービスの提供と地域の視点という自らの使命によりいっそう集中できるようになる。このモデルは、組織化された地域性（organisierten Regionalität）、すなわち、中央のことは中央で、地方のことは地方でという考え方に沿っている。

　（8）　デジタル化を迅速かつ円滑に、そして合理的なコストで進めるために、諮問委員会は、ARD、ZDF、ドイツラジオに対して共通の技術プラットフォームの開発と運用を行う会社（共同子会社）を設立するよう勧告する。この共同子会社は、すべての公共放送のデジタル・プラットフォームに技術システムを提供する。当該会社自体は、コンテンツの制作を行わない。三社は、コンテンツ制作に関しては自律性を保持する。

　（9）　公共放送は、局の内部から変革する意欲を増進させていかなければならない。この目的を達成するために、諮問委員会は、経営の専門性を高め、研

修を改善し、より多くの外部人材を呼び込むための一連の方策を勧告する。優れた番組提供には優れた人材が必要である。最初から低い給与を目指す「給与ポピュリズム」（Gehaltspopulismus）は何の役にも立たない。むしろ必要なのは役割に見合った給与である。

　（10）　諮問委員会は、公共放送における財源調達プロセスの改革を勧告する。公共放送財源需要審査委員会（KEF: Kommission zur Überprüfung und Ermittlung des Finanzbedarfs der Rundfunkanstalten）による事前評価を、改革後の KEF による、ミッション遂行への評価度合いを基にした事後評価に置き換えるよう勧告する。対応する評価基準は州際協定で定められるべきである。日本における NHK（日本放送協会）の受信料に相当する放送負担金の水準[11]については、諮問委員会は、ミッションの遂行度合いと物価指数を組み合わせたモデルを想定しており、本提案に基づく改革によって中期的には大幅なコスト削減が図られる。そのようなコスト削減分を放送負担金の引き下げの原資とするか、あるいはより良いミッションの遂行のために充てるかは、各州の判断に委ねられる。

　ここに書かれている報告書の提言は公共放送のデジタル化への対応やガバナンス改革といった方向性を示しており、わが国の公共放送制度改革とも一致するものである[12]。以下では報告書の内容を紹介・検討する。

第3節　公共放送の使命と目指すべき方向性

3・1　メディアをとりまく変化

　近年、フェイクニュースが大きな問題になっており、各国の選挙においてはフェイクニュースが選挙の結果に影響を与えうる可能性も指摘されている。なぜ人はフェイクニュースを信じ、そして拡散させるのか。この背後には新しい情報メディア（ソーシャルメディアなど）の特性と、情報に接する人間の認知や情動の仕組みといった要因が複雑に絡み合っている。フェイクニュースは、インターネット上でのコミュニケーションの「質」の低下という、より一般的な問題の一事例と考えられる。もちろん問題はフェイクニュースだけではない。ネット上でのヘイトスピーチ、「フィルターバブル」（検索エンジンやニュースメディア、ソーシャルメディアの推薦アルゴリズムによって、ユーザーが目に

する情報に偏りが生じる現象）や「エコーチェンバー」（同じ意見をもったユーザーだけでコミュニケーションをすることによって、異なる意見、自説に都合の悪い情報に接する機会がなくなる現象）、炎上、ネットいじめ、なりすまし、「プランクビデオ」（加害的な行為、過激でセンセーショナルな行為の動画）などの問題が世界各国で社会問題となっている。このように、インターネット上に流通する情報の「質」、あるいは情報流通の「質」の低下とともに、そして情報にとって最も本質的な価値の一つである「真実性」さえもが今や重要ではなくなっている。これが昨今「ポストトゥルース」と称される状況である。現在、急激に発展するビッグデータと人工知能によって、情報の収集と生成・ランク付け・選択的配信のプロセスはますます自動化されており、このことはその状況をさらに深刻化させることが予想される。

　そうしたなか、報告書では、社会の自己理解のための共通の基盤、すなわち、「Common Ground」としての公共放送の重要性を指摘する。多くのジャーナリズムの品質基準を持たないグローバルなソーシャルメディアのプラットフォームは、公共空間を感情的なものにしている。それらの民主主義を無視したアルゴリズムは、偽情報、過激化を促進している。外国の反民主主義的なアクターはこれをプロパガンダ目的で利用している。こうした問題を指摘した上で、報告書は、こうした問題に対峙するために、信頼性が高くアクセスしやすいジャーナリズムが不可欠であるとしつつ、その一方で優れたジャーナリズムは採算がとれない可能性があるため、ARD、ZDF、ドイツラジオの提供する番組・報道の重要性はますます大きいと指摘する。

　そのためには、公共放送はサービスのデジタル化・オンデマンド化に積極的に取り組んでいかなければならないとしている。報告書は、デジタル化は、公共放送による双方向型ないし参加型による、視聴者との、あるいは視聴者間の現代的な形式の対話を可能にする新しい機会をもたらしているとする。

　上述のようにメディアの利用態様が変化し、情報の流通形態も変化している。リニア方式による番組提供は基本的なサービスとして今後も継続していかなければならないが、しかし若年世代は主にオンデマンドで視聴覚サービスを利用しており、したがって、将来的には、主にノンリニア方式でのメディア利用に焦点を充てていかなければならないとしている。報告書はこれを少なくとも

「世代間の衡平性」の問題だとしていることが注目される。

3・2　ドイツ公共放送が抱えるリスク

　報告書は、公共放送は国民の信頼を受け続けているとしつつも、報道のスタンス、政治との距離、財源に対する疑義等、各方面からの増大する批判に以前にも増して直面し、ARD、ZDF、ドイツラジオの使命の適切な遂行が以前にも増して問われていると指摘している[13]。ここでいう公共放送の使命とは、「民主主義と共通善への志向（Demokratie- und Gemeinwohlorientierung）」[14]、「社会の自己理解への貢献（Beitrag zur Selbstverständigung der Gesellschaft）」[15]、「対象の拡大」[16]、「教育的使命」[17]、「ノンリニア形式とデジタル化に向けた機会創出」[18]である。

　上述の批判は——たとえ矛盾しているように見え、またそれが的を射ているかどうか、どの程度根拠付けできるかどうかに関係なく——公共放送にとって重大なリスクをはらんでいると報告書は指摘する。公共放送は放送負担金の支払者から広く受け入れられ、利用され、理想的には、好感を持たれる場合にのみ、その使命が果たされる。したがって、そういったかたちで受け入れられることを強化することが重要であると報告書は指摘する。社会的・文化的な変化およびメディアの激変を考慮すれば、それには、何よりも政治的な決断力と、公共放送側での赤字を認識した上で改革する意欲が必要である。しかし、現状では依然として、保守的な姿勢と不十分な動きが目立っていると報告書は懸念する。

　また報告書では、公共部門（公共放送）と民間部門（民間のメディア）との間でサービス（番組）の差別化がしばしば不十分である点も指摘する。サービスの独自性が欠如していることは短期的には視聴率にプラスになる可能性もあるが、長期的には視聴者からの受け入れを弱めることにつながる。放送負担金で賄われている公共放送は、営利目的の民間メディアと異なり、市場の圧力を受けないで済む代わりに、独自のサービスを提供することが義務付けられている。公共放送にとって、この独自性はこれまで以上に注目されなければならないと報告書は指摘する。そして、報告書が強調するのは、これらの課題は、既存の構造では克服できず、公共放送には根本的な変革が必要であるという点で

ある。これまでのところ、多くの取り組みがあったものの、各州が地元の利害でそれぞれ対立し、政治的考慮も各州で異なったことから、公共放送を包括的に現代化することに成功してこなかったと報告書は指摘する。

3・3　公共放送の要件

　報告書では、伝統的なリニア方式での放送サービスの提供だけでなく、ノンリニア方式での提供においても、公共放送には以下の要件が必要だと指摘する。すなわち、「自律性と独自性」、「独立性」、「衡平性」である。

(1)「自立性と独自性」(Eigenständigkeit und Unterscheidbarkeit)

　これは、公共放送は市場の論理から解放され、民間メディアとは明確に異なる独自のサービスを制作できるのであり、またそうしなければならないということを指す。公共放送は、社会的注目度の高い番組を提供することによって、また営利目的のメディアにとって興味の薄い多くの小規模で特定の視聴者にサービスを提供することによって、幅広い支持を獲得する必要があるとする。また、報告書では、総合的な意味での文化は公共放送サービスの核心であり、重要な独自性を決めるものであるとする。そのような番組はニッチ的な枠や非主流の位置に配置されるのでなく、ノンリニア方式では見つけやすい場所に配置され、またリニア方式ではゴールデンタイムに定期的に放送されるべきものであるとしているのが興味深い。また報告書では、スポーツ・イベントの番組は、社会的なつながりとして機能する可能性があるとして、公共放送は、主要イベント（ワールドカップ、オリンピック、パラリンピックなど）以外のスポーツにも枠を与えることで、その独自性を強調することができるとしている。そうすることで、社会全体に共感を生み出す機会が生まれる。そうすれば、多様性は、スポーツのジャンルを絞りこむ民間メディアよりも、はるかにうまく反映できる。このような背景から、スポーツ放映権への投資は、公共放送の任務・使命を果たすために貢献しているかという観点から、継続的に見直されなければならないと報告書は指摘している。

(2) 独立性 (Unabhängigkeit)

　報告書は、公共放送は、知的にもまた政治的にも、また構造的にも財政的にも独立していなければならないと指摘する。これはいうまでもなく、国の内外を問わず、公共放送の要件として最も重要な要件の一つであろう。この独立性は、制作者がいつでもどこでも認識していなければならないものである。これを報告書は、自由を感じる者だけが、「頭の中のハサミ (Schere im Kopf)」を使わずに仕事を進めることができると形容する。この比喩は次のことを含意している。すなわち、自分の仕事がマイナスの結果をもたらす可能性があると考えるだけでも、品質基準の妨げになるかもしれない。影響力を行使しようとする試みは、政治だけでなく社会的勢力によっても行われるかもしれない。脅迫、威嚇、世論の反発への恐怖など、これらはすべて独立性に影響を与える。そこで、諮問委員会は、職員を保護し独立性を強化するための手続きとメカニズムをもっと整備するよう勧告している。

(3) 衡平性 (Ausgewogenheit)

　報告書は次のように述べる。ARD、ZDF、ドイツラジオは、偏った印象を打ち消す多元的な報道に努めなければならない。それには、特別な配慮とジャーナリズム活動の基準に対する明確な方向性が必要である。国民の間でニュースを避ける人が増えている。これは、ネガティブな内容が支配する報道に対する反応として理解できる。デジタルの世界では、アルゴリズムの使用により、こうした状況がいっそう深刻になっている。公共放送はこうした状況において断固として代替案を開発すべきである。市場メカニズムに対抗する建設的なフォーマットを試し、科学的なエビデンスに基づく未来志向のトピックの設定をすべきである。

第4節　公共放送制度改革

4・1　改革の方向性

　上記で措定した公共放送の使命を実現するために、報告書では3つの制度的改革を提唱している。第1は、組織改革であり、具体的には、ARD 機構の設

立である。第2は、経営・ガバナンス改革、第3は、放送負担金制度改革である。順に報告書の内容を紹介する。

4・2　ARD 改革

(1)　問題の所在

　報告書は、ARD の現状を次のように手厳しく非難している。① ARD は目標に沿ったかたちで運営されておらず、効果的に管理されていない。② ARD 会長は、1 年か最長でも 2 年の任期でかつ自らの理事会サークルから選出されるため、せいぜい象徴的役割を果たすに過ぎない。このことは ARD の戦略的能力や品質管理能力を低下させている。③ ARD には、大局的に物事を見据える任務を負っている部署が著しく少ない。ARD は州放送事業者との調整業務にかなりの時間を費やしている。④ ARD には統一されたシステムや報告がほとんどなく、組織としての透明性に欠ける。多くのガイドラインや組織内手続きも調和されておらず、非効率な多重構造となっており、変化するメディアの世界では、今日の ARD は組織として時代遅れになっている。⑤放送負担金収入全体の 70% が ARD に配分されていることから、これらの問題は看過できない。

(2)　改革案：ARD 機構の三層構造

　改革案の目玉としての ARD 機構が、前述の州際協定を設置根拠とし、9 つの州放送事業者の統括組織として設立されるものである。州放送事業者は ARD 機構に統合されるが、その州内での基盤はなお保証される。ARD 機構は集中的な管理権限を持ち、すなわち、全国的なノンリニアとリニアでのサービスについて、またすべての中核的な業務とサービスについて、戦略、管理、財務および総務の権限を一元的に有するものであり、具体的には、「ARD メディア評議会（ARD-Medienrat）」、「ARD 管理評議会（ARD-Vervaltungsrat）」、「合議制の執行部（kollegiale Geschäftsleitung）」から構成される。

　ARD メディア評議会は、ARD 機構の任務遂行を監督する。同評議会は、例えば、各州議会によって選出された 16 名の代表者（すなわち各州 1 名）と、政治に関与していない広範かつ多様な市民社会の代表者 32 名で構成される。この組織は州間メディア協約（Medienstaatsvertrag）に明記される。

　ARD 管理評議会は、ARD 機構に対する最終的な戦略的責任を担い、その運営管理を監督する。同評議会は、関連する専門知識と経験を備えた独立した者で構成され、そのうち、3 名がメディア部門から、2 名が経営管理職の経験者から、4 名が公共放送のミッションに精通する学識経験者から選ばれるものとする。

　実際の経営マネジメントは合議制の執行部が担う。これまでは会長 1 人が広範な権限を持っていたが，会長を含めた複数の執行役からなる合議体による経営体制への移行が提言された。これは、会長の他に、コンテンツ、技術、制作、財務、管理などのいくつかの部門を含む。公共放送のミッション遂行および公衆との対話に関する部門においては、民主主義と共通善を特に重要視する。そのため、これらの部門の責任者が副会長を兼任することが多い。合議制の執行部は、今日の複雑な意思決定過程を踏まえて現代的な経営マネジメント文化を推進する。執行部は通常、合議で意思決定を行うが、最後の手段としては、会長が最終決定を下す権利を持つ。

　ARD 機構と州放送事業者の調整は、拡大役員会議（erweiterten Geschäftsleitung）の任務となる。その構成員には、ARD 機構の執行部および州放送事業者の役員が含まれる。

(3)　ARD 機構の任務

　報告書によれば、ARD 機構は以下の任務を負う。

　① ARD のすべての超地域的な（überregionalen）メディア・ライブラリ、オーディオ・ライブラリまたはプラットフォーム、およびすべての超地域的なコミュニティ番組の編成。

　② ZDF、ドイツラジオ、その他の国内外の公共放送事業者および民間メディアとの協力。

　③ Phoenix や、3Sat、Arte、Kika、Funk など、ARD が関与する超地域的な放送サービスの調整。

　④以下の中核的な業務の実施。全国におけるミッションの遂行、ARD 機構の戦略立案、全国的なプラットフォームの構築とその番組戦略、プラットフォーム企業と連携したプラットフォームおよびストリーミング技術の開発・推進、

ARD メディア・ライブラリの運営、制作、配信技術とそれに関する手続、財務・会計業務、ARD 機構の予算策定、各州放送事業者への財源配分、ARD 全体の所掌分担、ARD の組織全体に関わるガイドラインおよびコンプライアンスガイドラインの策定、全国的なマーケティングの策定・実施、子会社に関する業務策定。

　⑤以下の中核的なサービスの提供。人事、総務、給与、料金、団体交渉、不動産管理、法務、ライセンス業務、スポーツの権料業務、購買、広報。そして、これらの分野に関する戦略・ガイドライン・説明書の策定。

　⑥ ARD 機構は、海外と首都の支局の特派員を担当する。

(4) 州放送事業者の任務

　州放送事業者は州の法律に基づいて存続するが、州際協定により ARD 機構に統合される。州放送事業者は依然として放送負担金から財源を受ける権利を持ち、その割合は州際協定の規定によって決定される。このように、報告書によれば、州放送事業者は、全国向けのサービス提供業務から解放され、州放送事業者は地域の基本サービス、すなわち、放送対象地域向けのサービスに経営資源を集中することができるとする。これにより、各地域では、各局には現在よりも大きな責任が与えられ、民主主義への奉仕において模範となる役割が与えられることを報告書は期待する。

　州放送事業者は ARD 機構の要請があれば、ARD 機構の業務を引き継ぐことができる。ARD 機構の要請に従って、州放送事業者はその能力と特別なノウハウの範囲内で、共同番組と超地域的プラットフォームに貢献し、それについて ARD 機構から対価を受け取る。このようにして、フィクション、ドキュメンタリーその他の分野を問わず、州各局の強みを将来的に ARD のサービス全体に組み込むことができると報告書は期待する。

4・3　デジタル化へのシフト

　報告書が ARD の改革と並んで大きく頁を割いているのが、公共放送のデジタル化推進のための取り組みである。公共放送のメディアおよびオーディオのライブラリは、特に技術とユーザー・エクスペリエンスの面で最高水準にある

国際的なプロバイダーと競争しているとし、しかるに公共放送の技術システムは一貫した相互運用性に欠けている点を問題視している。その上で、デジタル化を迅速かつ円滑に進め、必要な技術インフラを合理的なコストで保証するには、規模の経済を活用することが不可欠である。したがって、すべての公共デジタル・プラットフォームにおいて、統一された技術インフラが必要であると指摘している。

　その上で諮問委員会は以下の点を勧告している。第1に、デジタル・プラットフォームやストリーミング等番組配信にかかわる技術の開発を効率よく行うために、ARD、ZDF、ドイツラジオは、共同会社を設立すべきである[19]。この共同会社が設立されたとしても三者はコンテンツに関しては引き続き独立性を保つ。当該共同会社は、すべての公共デジタル・プラットフォームに技術システムを提供する。同社は、プレーヤー、アルゴリズム、レコメンデーション機能、検索、ログイン、パーソナライゼーション、メタデータといったデジタル技術を開発し、または外部から導入する。これにより、すべての公共放送事業者で技術プラットフォームが統一される。ただし ARD、ZDF およびドイツラジオは、合理的であると判断した場合に、一定のコスト水準を超えない限り、デザインと配置を変えてもよい。したがって、今後、メディア・ライブラリの分野において ARD、ZDF、ドイツラジオによる個々の独立した技術開発は行われなくなり、この会社に一元化される。他方、この会社はコンテンツを制作しない。ARD、ZDF およびドイツラジオは、共通技術に基づいて、どのプラットフォーム、メディアまたはオーディオライブラリにコンテンツを配信するかは自らの責任で行う[20]。

　中期的には、メディア・ライブラリ、オーディオ・ライブラリ、モバイル・アプリケーション、その他のストリーミング・サービスの数を整理することが、公共放送の基本的な利益となるとしている。そして最終的には、ドイツのすべての公共放送にとって標準化されたサービスを提供する単一のプラットフォームとなるかどうかは、ユーザーが決めることになるとし、報告書はその可能性に含みを持たせている。さしあたり現在の優先事項は、配信プラットフォームに関する技術を標準化し、技術的にも内容的にもサービスを改善することであるとする。

図9・1　放送負担金決定の三段階プロセス

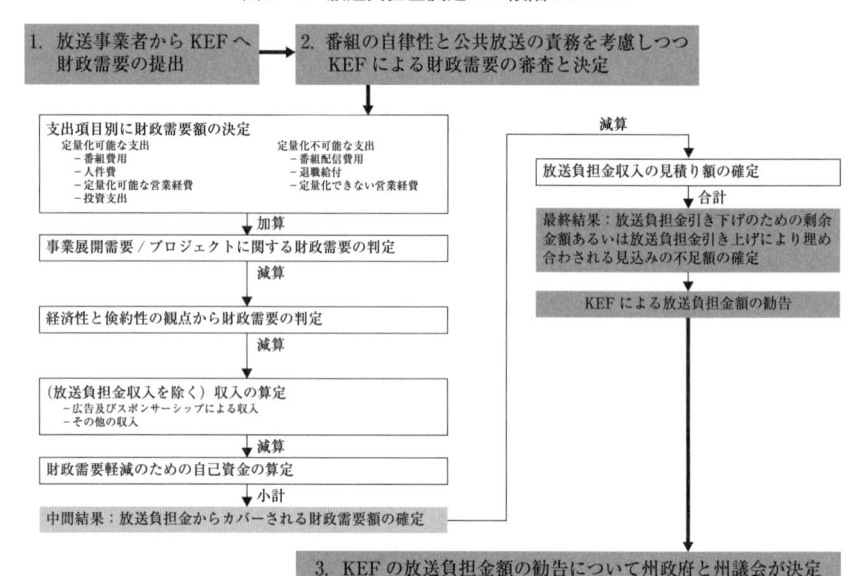

出典：https://kef-online.de/kommission/zur-arbeit-der-kommission をもとに筆者作成。

4・4　放送負担金改革

　最後に、諮問委員会が提言するのが放送負担金改革である。諮問委員会の提言を見る前に、放送負担金制度について概観する。

(1) 放送負担金の決定手続

　放送負担金の決定プロセスは次のようにまとめられる（図9・1）。KEF の算定額は、提出された額と比べて、支出を減額し、収入を増額している。それでも、4 年間で 8.17 億ユーロの赤字が出るとして、放送負担金の引き上げを勧告している（図9・2参照）。また、KEF による放送負担金額見積りの推移を示したのが図9・3である。これによると、各事業者の報告する額に対して、KEF の調整額――すなわち、介入額――が非常に大きいことが見て取れる（ただ事業者の予測が過大なのか、それとも KEF の介入が過大なのかは数字だけではわからない）。

図 9・2　2025-2028 年期における放送負担金額の見積り

	ARD	ZDF	DRadio	合計
放送事業者（単位：百万ユーロ）				
報告された支出予測	− 30.204,6	− 11.209,4	− 1.189,3	− 42.603,4
報告された収入予測	27.089,4	10.198,4	1.075,0	38.362,8
そのうち放送負担金額収入	24.002,6	8.801,6	1.007,9	33.812,1
カバーされない粗予測額	− 3.115,2	− 1.011,1	− 114,3	− 4.240,6
報告された自己資金（2021 年から 2024 年期間の余剰金）	1.035,9	231,7	62,3	1.329,9
その中の特別積立金Ⅲ（追加保険料収入 2021 年〜 2024 年）	748,2	188,0	22,0	958,2
その中のその他の適格な自己資金	287,7	43,7	40,3	371,7
カバーされない純予測額（自己資金で埋めた額の残り）	− 2.079,3	− 779,4	− 52,0	− 2.910,7
KEF による報告財政需要の修正（単位：百万ユーロ）				
支出調整額	579,3	322,9	48,1	950,3
収入調整額	506,5	97,0	10,4	613,9
その他の調整額（特に適格自己資金）	176,5	96,9	1,0	274,4
KEF による調整額合計	1.262,3	516,8	59,5	1.838,6
KEF の確定額（単位：百万ユーロ）				
総支出の確定額	− 29.625,3	− 10.886,5	− 1.141,2	− 41.653,1
総収入の確定額	27.595,9	10.295,4	1.085,4	38.976,7
適格自己資金確定額	1.212,4	328,6	63,3	1.604,3
カバーされない財政予測額	− 817,0	− 262,6	7,5	− 1.072,1
放送負担金額（€）				
月額負担金額の増減	0,43	0,14	0,00	0,58
必要月額負担金額	13,22	4,83	0,53	18,94

出典：https://kef-online.de/kommission/zur-arbeit-der-kommission をもとに筆者作成。

(2)　放送負担金をめぐる法的係争

　前述のように放送負担金を決定するのは独立機関の KEF であり、公共放送をまかなう費用を審査検討した上で放送負担金の額を勧告する。勧告された額は、各州の議会において審議され、最終決定となる。この点、2020 年、KEF が勧告した放送負担金額がザクセン・アンハルト州により承認されない事態が生じた。翌 2021 年 7 月に連邦憲法裁判所がザクセン・アンハルト州の否決が、KEF 勧告を無効とするものではないとする判決を下し[21]、新放送負担金は遅れたものの、実施されることになった。背景には、放送負担金制度の信頼性の問題があった。

　この事件の背景には、KEF は第 22 次報告書（2020 年）[22]で、2021 年 1 月 1

図9・3　KEF による放送負担金額見積りの推移

（単位：百万ユーロ）

期間	項目	ARD	ZDF	DRadio	合計
2025-2028 年	事業者報告のカバーされない純予測額 （自己資金で埋めた額の残り）	△ 2.079,3	△ 779,4	△ 52,0	△ 2.910,7
	KEF の調整額の規模	1.262,3	516,8	59,5	1.838,6
2021-2024 年	事業者報告のカバーされない純予測額 （自己資金で埋めた額の残り）	△ 1.575,6	△ 353,0	△ 73,9	△ 2.002,5
	KEF の調整額の規模	1.075,7	484.6	17,7	1.577,9
2017-2020 年	事業者報告のカバーされない純予測額 （自己資金で埋めた額の残り）	△ 142,4	△ 63,6	△ 2,3	△ 203,7
	KEF の調整額の規模	644,8	91,3	12,1	748,2
2013-2016 年	事業者報告のカバーされない純予測額 （自己資金で埋めた額の残り）	△ 898,3	△ 434,5	△ 103,5	△ 1.436,3
	KEF の調整額の規模	696,9	371,0	56,8	1.124,7

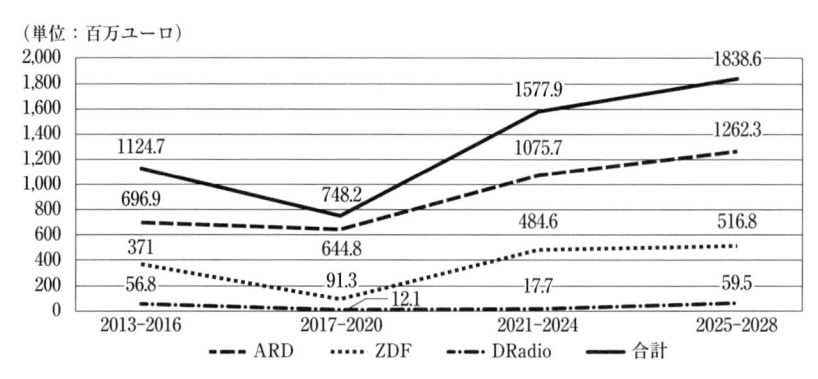

出典：https://kef-online.de/kommission/zur-arbeit-der-kommission を参考に筆者作成。

日から放送負担金を月額 17.50 ユーロから 18.36 ユーロに引き上げることを勧告したことがあった。連邦各州の首脳は、この勧告を「第一次改正メディア州際協定」（Ersten Medienänderungsstaatsvertrag）に盛り込んだ。しかしザクセン・アンハルト州が改正州際協定を批准せず、したがって放送負担金の値上げに同意しなかったため、公共放送事業者（öffentlich-rechtlichen Rundfunkanstalten）は連邦憲法裁判所（Bundesverfassungsgericht）に憲法違反の訴えを起こした。彼らは、ザクセン・アンハルト州が批准しなかったことは、ドイツ基本法 5 条

1項2文に基づく放送の自由に対する侵害に該当するとして、機能的に適切な財源（funktionsangemessene Finanzierung）を受ける権利を侵害したと主張した。

連邦憲法裁判所は2021年7月20日の判決で、同日から州間協定の各条項が発効するまで、KEF勧告に沿った2021年から2024年までの月額18.36ユーロの放送負担金額の暫定的有効性を認めた[23]。このようにKEFの勧告は非常に重い意味を持っている。

(3) 放送負担金に関する報告書の提言

報告書では、諮問委員会は、公共放送に対する現在の財源調達プロセスの改革を勧告している。すなわち、これまでのKEFによる事前評価を、公共放送のミッションが適切に遂行されているかの観点に基づく事後評価（Ex-post Bewertung）に置き換えるべきであるとする。放送負担金の額については、諮問委員会は公共放送に関するミッション遂行の事後評価と「指数化」を組み合わせた手続を想定している。このような改革の背景には、前出（2）で見たように、財源の決定の「非政治性」は、損なわれつつあるという諮問委員会の懸念がある。

先に言及した「指数化」とは、パラメータの利用を指す。すなわち、KEFは、適切なパラメータを使用して、個々の公共放送事業者がそのミッションをどの程度遂行し、利用可能なリソースをどの程度効率的に使用したかを2年ごとに評価することを目的とする。もしミッションが完全に遂行されたとKEFが判断した場合、放送負担金収入からの財源は変更なく割り当てられる。これとは逆に、公共放送がそのミッションを完全に遂行していないと判断した場合には、詳細に重み付けされ、その分、財源の配分が減額される。この提案されたスキームにおいて、放送事業者は事前に財源需要をKEFに提出する必要はない。

また報告書では諮問委員会はKEFの改革も謳っている。すなわち、KEFは、いかなる指示・介入にも従わない専門機関としての独立した地位を継続する。ただしその業務範囲は拡大される。一定の基準に従って公共放送事業者のミッション遂行を評価する必要があり、それに関連して技術的な評価も行う。したがって、その構成員には、デジタル技術、コミュニケーション科学、経営管理、監査などさまざまな分野の専門家が含まれなければならないとする。

(4) 改革の利点

　このような改革提案について、報告書は下記のようにいくつかの利点を挙げている。①サービス提供と効率性の双方の観点から、公共放送事業者に対して整合的にミッションを遂行するインセンティブを与える。不十分な遂行にはペナルティが課せられるからである。②公共放送事業者により多くの自由とより多くの責任が与えられる。現在とは異なり、公共放送事業者は適切な財務計画に基づいて、KEF への事前の財源需要の提出なしに、ほとんどのことを独立して決定し、実行できるようになる。③財政的な官僚主義の視点に左右されず、ニーズに応じた施策や事業を実施できる。④適切かつ効率的な支出に対する責任は、各公共放送事業者の委員会および経営陣に課される。責任者が任務を遂行しない場合、それにはペナルティが課せられる。⑤従前の官僚的な制度では、KEF の高いレベルの能力にもかかわらず、誤ったマネジメントと透明性の欠如を防ぐことができない。本改革提案により ARD 内または放送事業者間で統一され比較可能な報告システムを確立することができる。⑥放送負担金の決定過程における政治性を排除することができる。放送負担金収入の適切な使用がより確実に保証されることになる。⑦この新しいプロセスにおいても、放送負担金徴収システム自体を変更する必要はない。従来通り、世帯単位で引き続き放送負担金の支払義務を負い、放送負担金を租税化するのとは対照的に、国からの独立性がより確実に保証される。

第5節　まとめにかえて

　欧州主要国の公共放送における受信料制度が近年揺らいでいる。わが国においてもこのことは他人事ではない。その背景、新たな試み等を探ることは日本のあるべき制度を考えるにあたっても必須である。EBU（欧州放送連合）加盟 56 か国中 22 か国（39％）がわが国の受信料制度と類似したライセンス・フィー（LF）を徴収している。これに対して、ノルウェー（2020）、スウェーデン（2019）、ベルギー・フランス語圏（2018）、ルーマニア（2017）、北マケドニア（2017）がライセンス・フィー制度を廃止してきている。2022 年には、デンマーク、フランス、トルコがライセンス・フィー制度を廃止した。ライセン

ス・フィー制度を継続している国において徴収方法を見ると、北欧3国は公共サービス税により徴収し、フィンランドは2013年に政府財源の外に位置付けられる特別な所得ベースの税を導入し、またスウェーデンは2019年から個人の所得をベースにした税として、ノルウェーは2020年から政府の財源内に含まれる所得ベースの税として、あるいはデンマークは2019年から2021年までLFを段階的に廃止し、2022年から政府財源から配分を受ける形を採用した[24]。このように、欧州では、2010年代半ばから受信料類似制度をとらない国が出現している。極めつけがフランスである。2022年6月の公共放送財源改革答申において[25]、金額設定や財源保証の仕組みがわかりにくいこと、複数年にわたる財源が考慮されてこなかったことなどから、「公共視聴覚負担金」という既存の財源制度を廃止することを決定した。

　本章では、諮問委員会の提言に焦点を当てることで、ARD制度を中心に、公共放送におけるそのミッションと財源確保に関してドイツが積極的な改革姿勢を示していることを紹介・整理した。本章の残された課題として、2024年に成立となった欧州メディア自由法[26]との比較や日本法[27]との比較を行う必要がある。それらは今後の研究課題としたい。

※　本章は（公財）放送文化基金2023年度研究助成（「欧州における放送受信料に関する新たな取り組みに関する調査研究②：欧州メディア自由法案と日本関連法制への示唆」）に基づく研究成果の一部である。

注
1)　諮問委員会は、法学、ジャーナリズム研究等を専門とする学識経験者や法律実務家、ジャーナリスト等からなる8名の委員で構成されている。https://rundfunkkommission.rlp.de/rundfunkkommission-der-laender/zukunftsrat（2024年5月31日閲覧、以下同じ。）
2)　原文は以下のURLを参照。https://rundfunkkommission.rlp.de/fileadmin/rundfunkkommission/Dokumente/Zukunftsrat/ZR_Bericht_18.1.2024.pdf
3)　本章執筆にあたり、以下の書籍から全般的に有益な示唆を得た。Christian Schepers, Das öffentlich-rechtliche Programm und seine Finanzierung Reformbedürfnisse und -anstrengungen vor dem Hintergrund der gescheiterten Beitragserhöhung im Dezember 2020 Schriften zu Kommunikationsfragen (SKF), Band 52 2023. 366 S.
4)　ドイツ基本法5条1項は「何人も、言語、文書および図画をもって、その意見を自由に発表し、および流布し、ならびに一般に入手できる情報源から妨げられることなく知る権利を有する。出版の

自由ならびに放送および放映の自由は、保障される。検閲は行わない」。同20条は、1項「ドイツ連邦共和国は、民主的かつ社会的連邦国家である」、2項「すべての国家権力は、国民より発する。国家権力は、国民により、選挙および投票によって、ならびに立法、執行権および司法の特別の機関を通じて行使される」と定める。訳出にあたっては、高田敏＝初宿正典編訳『ドイツ憲法集〔第6版〕』（信山社、2010年）および http://www.fitweb.or.jp/~nkgw/dgg/ を参考にした。

5)　放送の自由については、西土彰一郎『放送の自由の基層』（信山社、2011年）参照。

6)　もっとも、ARD、ZDF、ドイツラジオは組織として、いかなる存続の保障を受けているわけではない。

7)　Medienstaatsvertrag（MStV）in der Fassung des Vierten Staatsvertrags zur Änderung medienrechtlicher Staatsverträge（Vierter Medienänderungsstaatsvertrag）in Kraft seit 01. Januar 2024.

8)　公共放送の基準となるのは公益（Gemeinwohl）であり、利益をあげることではないという点は報告書で強調されている。

9)　リニア方式とは、テレビ放送など、決められた時間の流れに沿ってコンテンツを閲覧する方式であるが、ノンリニアな形式とはオンデマンド配信（VOD: Video on demand）など、視聴者側の要求に応じてコンテンツが配信される方式をいう。

10)　ARD定款により、9の州放送協会と国際放送（ドイチェ・ベレ）が加盟して共同で設立された団体である（ARD自体は法人格を持たない）。

11)　放送負担金額の決定手続については、「放送財源州際協定」において、KEFが答申を出すこととなっている。具体的なプロセスは以下のとおりである。① ARD、ZDF、ドイチラジオはKEFに対し、2年ごとに4年間の財源必要額を申請する。② KEFは、申請を精査の上、4年間の財源額を確定し、受信料値上げの必要性、その額と時期について州政府に答申する。③各州首相が答申に合意、各州議会で批准することで放送負担金額が決定される。徴収した放送負担金は「放送財源州際協定」に従い、ARDに70.1465％、ZDFに25.1813％、ドイチラジオに2.7733％、州メディア監督機関に1.8989％に分配される。ARDの各州放送協会への配分も、それぞれの地域の負担金支払者の数に応じて分配される。負担金額の水準は年額210ユーロである（数字はいずれも2019年の数字）。https://www.soumu.go.jp/main_content/000697727.pdf

12)　2022年9月以降、総務省・「デジタル時代における放送制度の在り方に関する検討会」の傘下にある「公共放送ワーキンググループ」において、二元体制の一翼を担う公共放送NHKがデジタル時代にどのような役割を果たすべきか、そして、これに対応したNHKのインターネット活用業務のあり方（放送制度の中でどのように位置付けていくべきか、規制はどのように課されるべきか）、また、デジタル時代のNHKの事業運営を支える財源はどのような形であるべきか、といった点について計13回の会合を開催して検討を行い、2023年10月18日に取りまとめ（「第1次取りまとめ」）を公表した。第1次取りまとめにおいては、「NHKの役割」として、「民間放送との二元体制の下で、従来から時代や技術の変化に適切に対応しながら放送全体の発展に貢献してきたことの延長線上にあるものとして、NHKは、放送コンテンツのプラットフォームとして放送番組の流通を支え、二元体制を基本とする我が国の放送全体の発展に貢献していく役割を担うべきと考えられる。」としている。詳しくは「公共放送ワーキンググループ第2次取りまとめ」（2024年2月28日）を参照。https://www.soumu.go.jp/main_content/000943329.pdf

13)　ドイツ公共放送に向けられる批判は、「左傾的である」あるいは少数派に焦点を当てすぎであるなど、一面的なものとして理解されるものの、「番組調和に固執している」、あるいは「ポピュリストの意見反映に奉仕している」、さらには「政治と密接すぎる」との指摘もある。またARD、ZDF、ドイツラジオ（の提供するサービスの価格）は高すぎる、退屈だ、無駄であると考える者もいる。さらに、公共放送とその財源について全般的に疑問視する声もある。

14)　報告書は次のように指摘する。市民は、支配者や他の権力者から独立した批判的媒体を通じて確実に調査された情報と議論に簡単にアクセスできることに、これまで以上に依存している。混沌とした時代には整理された情報が必要である。社会の変化、絶え間なく新たな社会的、経済的、技術的な課題、緊迫した世界情勢、これらすべてが人々にストレスを与え、重くのし掛かるかもしれない。そのため、特に情報の分野では、より多くの事実とより多くのコンテクストが求められる。それらにより理解と信頼がもたらされる。どちらも民主主義にとって不可欠なものである。したがって、公共放送はまず自分たちを冷静な説明者（unaufgeregte Erklärer）と見なすべきである。また科学との架け橋を構築するべきである。諮問委員会は、公共放送が民主主義の理解と共通基盤の構築に貢献することをさらに専念できるようにするため、その任務において民主主義と共通善をより明確にかつ強く焦点を当てることを提言する。

15)　報告書は次のように指摘する。公共放送は自らを民主的な言論の擁護者としていっそうの認識をもち、民主主義における事実に基づいた知識指向の理解を提供する場とならなければならない。公共放送の情報番組は意見を主張するものではなく、意見を形成し、民主的な議論を促進する役割を果たすべきである。これは、先入観に捉われない客観的で専門性のある良心的で公正な報道によってのみ達成できる。このことは、主張と捉えられる解説やオピニオン記事、あるいはインフォテインメント形式による番組を排除するものではない。社会がより細分化され、多様性が増し、都市とルーラル地域、老齢者と若者、教育レベルにより大きな格差が生じているため、メディアの提供が都市部一辺倒となってはならない。小さな町やルーラル地域に加え、見落とされがちな人口グループにも居場所を与えるということが重要である。人々の多様な生活実態があますところなく反映されるべきである。公共放送は、誰一人取り残さないようなサービス提供を行うべきである。しかし現在の主な視聴者ターゲット層は依然として社会の中間層に留まっている。公共放送の重点は、メディア教育とニュース・リテラシーの教育と普及に置かれるべきである。ジャーナリズムの変化のスピードが早ければ早いほど、ジャーナリズムは自ら、その基準、職業倫理、仕事の進め方、コミュニケーションの条件について、より意識的に繰り返し説明すべきである。そこにおいて、公共放送が重要な役割を果たすことができる。公共放送は、人々を結び付けるサービス提供や機会を作り出さなければならない。これは公共放送の任務の中でいっそう明確に示されるべきである。それは社会との永続的な対話に関係している。したがって、公共放送は将来的に自らを「対話機関」（Dialoganstalten）とみなすべきである。

16)　報告書は次のように指摘する。ドイツに住む外国人の多くは中長期的にドイツ国籍を取得するであろう。公共放送は、ドイツに永住し、将来の有権者とみなされるすべての者のために存在すべきである。

17)　報告書は次のように指摘する。事実と虚構を区別できることがますます重要になっている現在、公共放送の教育的使命も、すべての番組でますます重要になっている。これは特に学校教育の補完に当てはまる。ARD と ZDF は子供向けチャンネルで、すでに価値ある貢献をしている。これをさらに拡大し、ノンリニアとリニアの両面での認知度を高めるべきである。そのためには、公共放送が提供する番組を児童や少年、若者に紹介する効果的な戦略が必要である。

18)　報告書は次のように指摘する。公共放送の任務では、社会とその成員のデジタル参加の可能性も考慮しなければならない。ノンリニア形式は、社会の自己理解に貢献するのに特に適している。自由への奉仕には、例えば、ユーザー作成コンテンツの厳選された提供、市民社会やその他の関連主体からの貢献、議論の組織化やモデレーションを通じて、デジタル・コミュニティを創出する作業も含まれる。これは、メディアの供給が不足している地域においては特に当てはまる。

19)　ちなみに、ドイツでは、ライブストリーミングコンテンツを認可が必要な「放送」とみなす判決が出る一方で、新たな「メディア州際協定」において認可なしに配信可能なストリーミング・コンテンツの範囲が拡大している。詳しくは、杉原周治「ライブストリーミングと放送認可―2019 年 9 月 26 日のベルリン行政裁判所判決の分析を中心として―」情報通信政策研究第 5 巻 2 号（2022 年）を参

照。https://www.soumu.go.jp/iicp/journal/journal_05-02.html

20） もっとも異なる放送事業者のサービス間の相互参照は必要であると報告書は指摘する。例えば、ZDF では ARD とドイツラジオへの参照があり、その逆もしかりである。コンテンツの交換も重要であるとする。

21） https://www.bundesverfassungsgericht.de/SharedDocs/Pressemitteilungen/DE/2021/bvg21-069.html

22） https://kef-online.de/berichte/details/946

23） BVerfG B.v. 20.7.2021 -1 BvR 2775/20, 1 BvR 2777/20. 憲法裁判所は、大要次のように判示している。公的機関による不作為は、憲法上の不服申し立ての対象となりうる。その前提条件は、基本法から対応する作為義務が導き出されることである。このような作為義務は、放送の自由に基づき、個々の州に対しても生じる。公共放送の適切な財源確保に対する国家の保障義務があり、これは公共放送の財源確保に対する憲法上の権利に相当する。基本法 5 条 1 項 2 文に基づく国家の財政保障義務は、連邦各州に課され、各州は共同責任を負う。連邦州が放送の資金調達に関する立法権を持つという特別な特徴に基づいているが、現在の放送の組織と資金調達のシステムでは、第 5 条第 1 項第 2 文の基本的権利の保護を実現できるのは、州際規制だけである。他の合意がない場合、拠出金調整に関する州際協定の規定の発効には、現在、すべての連邦州の同意が必要である。放送の財源を共同で確保する責任共同体として、連邦各州は、具体的な憲法上の作為義務がある。ザクセン・アンハルト州が第 1 次改正メディア州際協定を承認しなかったことは、公共放送の機能的に適切な資金調達という点で、基本法 5 条 1 項 2 文に基づく原告らの放送の自由を侵害する。

24） EBU, Licence Fee and Household Charges 2022（public version）, Nov. 2022

25） Réforme du financement de l'audiovisuel public par Inspection générale des finances et Inspection générale des affaires culturelles, Juin 2022. および https://www.publicsenat.fr/actualites/politique/une-part-de-tva-pour-remplacer-la-redevance-tv-le-senat-denonce-une-copie#:~:text=une%20%C2%AB%20copie%20b%C3%A2cl%C3%A9e%20%C2%BB-,Une%20part%20de%20TVA%20pour%20remplacer%20la%20redevance%20TV%20%3A%20le,chance%20de%20passer%20au%20S%C3%A9nat.

26） これについては少しずつではあるが研究を進めている。林秀弥・佐々木勉「欧州メディア自由法案について（1）（2）（3）」『名古屋大学法政論集』301 号、302 号、303 号（2024 年）。

27） これに関する筆者自身の研究としては、林秀弥「情報空間の秩序形成に向けた公共放送規律――NHK のインターネット活用業務の必須業務化をめぐって」『法律時報』1202 号、39 頁（2024 年）参照。

第10章
フランスの映画産業政策
—— 批判的再検討の試み

河島伸子

第1節　はじめに

　わが国の放送政策、放送行政において、そのコンテンツの中身およびそれを制作する人々、業界に関心が向けられることはあまりない。関心の中心は、伝送路、いわばハードな構造であり、学問上も放送やメディアは社会学やマスコミ論において中身を問うものが発達しているものの、その経済、産業政策としての視点には弱い（内山, 2020, 27頁）。しかし、この構造を作る、「ソフト」すなわちコンテンツ制作に関わる産業を作るいくつかの重要な要素——例えば人材、資金、技術——がどのような状況であるかにより、結局、ハードである放送の伝達事業の質が大きく影響を受けることは間違いない。すなわち映像制作におけるビジネス環境およびこれの発展を推進する政策がどのような状況であるかは重要な視点である。

　このような視点はわが国では長らく研究（および実践の現場）の関心外に置かれてきたといってよい。それは、アニメを除いては、伝送路を握るテレビ局が番組制作に直接関わっており、テレビ局とは別企業となっている制作会社も数多くあるものの、あくまでもテレビ局の下請け的機能を中心としていること、また、第二次世界大戦中の検閲、戦意を鼓舞する映画の推進、などの過去への反省から、映像制作という文化的事業への国家的関与を極力避けてきた歴史があるためである。

　しかしながら、コロナ禍を経て、フリーランスとして働く人々の労働条件等

が正規雇用されている人々に比べて極めて不利であることが問題視されるようになり、特に映画業界にはフリーランスがかなり多いこともあり、映像産業における制作環境、制作会社とテレビ局との契約のあり方に新たな関心が集まった。一方、日本芸術文化振興会における、映像作品「宮本から君へ」への助成金交付取消という事態とそれに続く裁判があった[1]ことをきっかけに、劇場用映画という領域への公的助成に対する社会的関心も高まった。

　こうした中、映画監督の是枝裕和を中心に、フランスにおける映像産業政策への関心が高まり、その優れた点を取り入れるべきであるという運動が起こり、「action4cinema 日本版 CNC 設立を求める会」[2]の設立に至った（action4cinema 日本版 cnc 設立を求める会）。実は日本の独立系、アート系の映画人はフランスの公的支援を何らかの形で受けて作品制作に携わった経験を持ち、その支援の手厚さを肌身で感じている。それに比べて日本では映画、映像を公的支援の対象として見ることがほとんどないため、少しでも日本の状況を改善していきたいという機運が高まったわけである。特に会の名前にも含まれる CNC については、日本で長編映画助成金を出している日本芸術文化振興会が映像制作業界の振興にあたる特定非営利活動法人映像産業振興機構（以下、VIPO）に調査研究委託を行い、400 ページ以上にものぼる、CNC についての詳細な報告書を公表したところでもある（VIPO, 2021）。後に詳述するが、確かにフランスは、世界一映像産業振興策に熱心な国だと言ってよく、CNC の規模一つをとっても、年間助成金額合計（テレビドラマ等、マルチメディア作品も含む）で 715.8 百万ユーロ（2023 年、CNC, 2023）もあり、これ単体で日本の文化庁全体の予算をはるかに上回る規模である。また CNC の財源は独特の特徴を持ち、フランスではテレビと劇場公開用映画との間で「有機的な連携」ができているとも評される（湧口, 2009、191 頁）。さらに支出用途もユニークで、経済発展が遅れている第三世界の映画制作を積極的に支援し、世界の映画文化の発展への貢献をも目指すものもある（Jäckel, 2007）。

　そもそも一般に文化政策、映画振興に力を入れているヨーロッパ諸国の中でも、フランスは群を抜く存在であり、日本との違い、差はあまりに大きく、CNC のような映像振興のための国家的機構は見本としての地位を通り越しているといってもよい。上述した報告書（VIPO, 2021）においても賛美されるよ

うに、確かにきめ細かい支援とそれを可能にする莫大な資金は日本にとっては
うらやましい限りだと見える。

　しかし、こうしたフランスの映画政策も、完璧なものとはいえず、本国では
いくつもの問題、矛盾を抱えていると指摘され、社会的論争を呼ぶことが多い
と言われる（Nacache, 2016, p. 166）。特に社会科学系の研究者の間では、フラン
スの映画政策に批判的な意見が聞かれるのだが、こうした点に言及する日本の
研究は極めて少ない（日本に限らず、フランス国外では、このような批判があ
ることはあまり知られていない）。今後、フランスをある種の目標、ベンチマ
ークとして映像振興を検討するのであれば、どのような批判があるのかにも注
目し、中立的な目で見直していく必要があると思われるのである。

　本章の目的は、こうした視点から、フランスの映画・映像政策を再検討し整
理することにある。映画・映像政策というものがほとんど存在しないわが国に
とって、その正反対であるフランスについて、それも批判的な視点から詳細に
紹介したところで、今後の日本にとっての示唆が容易に得られるものではない。
しかし、わが国から見て長所、美点と思われる部分を仮に取り入れることがで
きるとしても、その結果起こり得る、意図せざる悪影響を知らないわけにはい
かない。本章では、フランスが、映像産業にとってよかれと考えて積み上げて
きた手厚い映像政策にもいくつかの問題があることを既存の研究から抽出し、
論じていく。これを通じて、今後の日本における映像政策構築に向けた参考資
料を提供したいと考えるものである。

　以下、フランスの映画・映像政策の中から特に 3 点を取り上げていく。

　第一は、個別の具体的な制度というよりは、フランスの映画・映像政策全体
を支える根拠の問題である。他国から見ると莫大な資金が映画・映像業界に対
して補助されているのであるが、一方で、世界各国で、映像ロケ撮影を自国外
から誘致するために、金銭的なインセンティブを与える仕組みが高度に発達し
ており、今や国際的な競争となっている中、フランスもこれを度外視すること
はできなくなり、Film France CNC という組織においてこれを推進している。
これは基本的には自国の映画制作を奨励することとは別の目的の制度であるが、
ロケが自国に来ることは映像産業における雇用を生み出し、宿泊・飲食等の産
業への波及効果もあると考えられている。しかし結局のところ、この制度は、

海外（特にアメリカ）のプロデューサーに恩恵をもたらすものであり、自国の映像産業の発展への貢献は少ないという批判がある。従来からの CNC の助成金制度と合わせて見てみると、フランスにおける映画政策が果たして文化政策なのか、産業政策・経済政策なのかわかりにくいものとなる。元々、CNC における助成金制度だけをとっても、文化政策とは言い切れない部分があることは確かであるが、それが一層混乱していることは明らかである。映画、映像への公的関与には、文化政策、産業政策、地域経済政策という 3 つの側面があるのだが、これらが果たして併存可能なものであるか、相互に矛盾が生じていないか、といった疑問が生じるのである。

　そもそも文化政策の領域であったとしても、これは正当化が難しく、誰もが納得できる理由、根拠づけをすることは難しいという根本的な課題を抱えている。一方、産業政策として見た場合には、それが効果を生んでいるのか、と厳しい視線にさらされることになる。特にヨーロッパでは映像業界への公的関与が始まって 70 年あまりの間に、さまざまな変遷を経てきており、こうした 3 つの側面の相対的重要性も変化してきているが、今後はどこに向かっていくのか。そして、文化政策上あるいは産業政策上、どのような結果、効果を生み出しているか、という点も問題となる。

　第二には、フランスに特有の「アンテルミタン」（Intermittent du Spectacle）という、映像業界（および舞台芸術業界）で働くフリーランスの人々に適用される失業保険制度に注目する。これは、1960 年代以来存在する制度で、この 2 つの業界における仕事が時期的に不均一であることに鑑み、一定程度この業界で働いた実績がある人々（＝アンテルミタン、俳優等および技術者、マネジメント従事者にも適用される）に対して、仕事の端境期には、国が徴収している失業保険から保険金の給付があるというものである。アンテルミタンと認定されると、仕事が途切れた時に保険金として一日あたり数十ユーロがもらえるため、生活が安定し、例えば次の創作活動に向けた準備に従事できるというメリットがあるものである。日本（および大多数の国々）のフリーランス映像産業従事者からすると、夢のような制度であるが、これは逆に、フリーランス労働者を必要以上に増やす効果があり、失業の慢性化を助長しているという指摘がある。

　第三には、フランスにおける自国制作映像を保護する制度であるテレビ放送におけるクオータ制と各種ウィンドウへの作品公開に関する規制（劇場公開から何か月後でないと配信プラットフォームに出してはいけない、といったもの）を検討する。一般には、これは映画とテレビ業界のエコシステムを形成していると肯定的に評価される内容の一つであるが、その分テレビ局への補助金率が高まっており、公的な資金をこの業界に注ぎ込んでいるわりにはフランス映画自体の観客者数が増えてはいない、そして観客の一層のテレビ離れを促進しているという指摘がある。

　本章では以下の各節においてこれらの制度の概要、特徴を簡単に解説し、問題点をあげていき、最後にこれらを総括して、映画政策に独特の「文化と経済」の相克を再考してみたい。

第 2 節　フランスにおける映画政策

2・1　概要

　フランスは、長年にわたり映画産業振興に力を入れており、この点、ヨーロッパの中でも特に「別格級」の国である（Murschetz and Teichmann, 2018, p. 29）。映画産業振興政策は製作・制作、配給、興行の各面にわたることはもちろんのこと、フィルムの保存、映画人の育成、映画鑑賞教育など多岐にわたる。これらを統括する団体は CNC と呼ばれ、フランス文化省からは独立した公設法人という組織である。1959 年に設立された文化省に先立ち、戦前の 1946 年から活動している。先述したように毎年莫大な予算を持っており、職員も 479 名（うちフルタイム雇用が 451 名、VIPO, 2021, p. 50）にものぼる。特徴的であるのは、この予算の大部分が、国家予算から配分されるものではなく、映画館、テレビ局（さらに近年はオンデマンド映像配信サービス業者）に対してその売り上げの一部（基本的に一律 5.15%）を税金（TST と呼ばれる）として徴収し、それを CNC に自動的に充てることにしていることである。これらの業者においては、映画作品を上映、放映、配信することにより利益を得ているから、その利益の一部を映画業界に還元することは当然であるという考え方に基づく。この目的税とも言えるものこそが、映画製作助成金の財源のほとんどを占めて

いる。集められた資金は、行政費用を除き、映画（制作・配給・興行および保存、教育など各方面へ）、テレビ（番組制作）、マルチメディア作品制作（ビデオゲームが含まれる）にあてられていく。

　CNC の活動の中でももっとも重要であるのは、製作への助成および融資の制度であり、年間 311.2 百万ユーロ（2023 年、CNC, 2023）もの金額を、フランスのプロデューサーによる一定の基準を満たした映画プロジェクトに支出している。

　この製作費補助を受けるためには、まず「フランス映画」（共同制作を含む）であるという CNC の認定を受けていることが必要であり、商業的成功の実績がなければならない（条件さえ満たせば、競争なく資金を受けられるため「自動」援助と呼ばれる）。これは同じ映画製作者・会社による次の作品製作を可能にすることを目的とする。これが何といっても映画への援助のもっとも大きなもので、CNC における助成費用総額の 6 割以上を占めている。2023 年には 128 の作品に対して、一件あたり平均 600,000 ユーロを交付している（CNC, 2023, p. 97）。もっとも、この助成金は映画製作側から見ると、資金源として 10 ％程度を占めるに過ぎない（VIPO, 2021, pp. 19-20）（**表10・1**参照）。

　まだ駆け出し中の、実績がないプロデューサーは、別の制度（「選択的」援助と呼ばれる）により、計画中のプロジェクトの審査を経て、やはり助成金をもらえる。ここにおいては、前者の制度とは異なり資金がもらえるかどうかは、映画プロジェクトの文化的質の高さによる。この場合、実は助成金というよりは、「興行収入の前金」という位置付けであるため、商業的成功を収めればそれに応じて返金しなければならないことになっている。この恩恵を受けるのは応募案件の一部（採択率は 10 〜 20％）に過ぎないと言われるが、2023 年には 139 作品が 1 作品当たり平均 94,800 ユーロの助成金を受け取っている。返金ができるのはこの助成を受けた映画の 10％に過ぎず（ほとんどの作品は商業的にペイしないため）、実質的には補助金として機能している。短編映画、ドキュメンタリー、アートとしての映画などは、マーケットでの競争力が限られているため、芸術文化としての映画作品の製作を国が支援するというわけである。

　このように資金的に潤沢な支援策があるのは、ハリウッド映画の流入への対抗、という目的が基本的にある。もっとも、これをあからさまにするものでは

表 10・1　2023 年におけるフレンチ・イニシアティブ作品の最終資金調達割合

資金源	比率（％）
フランスのプロデューサーによる出費	14.2
税額控除	11.5
SOFICA	3.8
公的助成（CNC の自動支援・選択支援、地方機関からの助成）	17
テレビ局による出資	30.8
フランスにおける権利料	13.9
その他のフランスでの資金調達	1.2
海外での資金調達	7.6
合計	100

資料：CNC（2023, p. 97）.

なく、公式的な表現としては「映画の多様性」が目標とされている。すなわち、ハリウッド映画がフランスで多くの人に観られることを否定するものではないが、それ以外の多くのタイプの映画が並存することが、映画文化の健全な発展には必要であるという理屈である。

　いずれにせよ、ハリウッド映画に真に対抗することは難しい。まず予算規模が大きく異なる。ハリウッドのメジャー系が製作する大型映画作品は今や一本当たり最低でも 100 百万ドル規模の予算をかけてつくられている。これに対して、ヨーロッパ映画またフランス映画であっても平均製作費用は数百万ユーロ程度に過ぎず、大型作品で 15 百万ユーロ以上のものがあるとはいえ、やはりハリウッド映画とは比較にならない。2016 ～ 2020 年にヨーロッパ各国で制作された映画作品の調査によれば、サンプルとなった作品の 3 分の 2 は 3 百万ユーロ以下の予算だったという（European Audiovisual Observatory, 2023）。実際、かねてよりヨーロッパ内ではアメリカ映画の市場占有率が高いことが問題となっており、フランスも長らくこの問題に悩んできていた。2023 年では、ヨーロッパ全体では映画興行市場の 7 割以上がアメリカ映画で占められている。フランスは健闘しているものの、それでも自国映画の比率は 4 割であり、半分にはなかなか届かない（European Audiovisual Observatory, 2024）。フランス映画政策は、このように対ハリウッドを目指した内向き志向・クローズドなシステムだと批判されがちであるが、必ずしもそうではなく、1988 年以来、CNC が

表10・2　ヨーロッパ映画製作費

（単位：百万ユーロ）

	調査対象本数	平均	中間値
ヨーロッパ全体	651	3.14	2.07
フランスを除くヨーロッパ全体	477	2.47	1.7

　認定する「フランス映画」（すなわち公的補助の対象となりうるもの）が、世界市場に受け入れられるよう、英語を主要言語としていてもよいとまで緩和された。また、第三世界の映画製作にも支援をすることは先述したとおりである。

　CNC の枠組みの外にはなるが、フランス映画・映像政策を特徴づける重要な制度として、テレビ局による映画製作への投資（事前購入や共同製作の形をとる）がある。これはテレビ局、テレビ番組配給会社に法律上義務付けられたものである。テレビ界との相互依存関係は、ヨーロッパ全体で見られるが、フランスにおいても、これは映画界にとって有効な手段であったと言われる（例えば中川, 2003）。これは先述の TST というテレビ局等に課された目的税（＝CNC の財源になる）とは別のものであり、テレビ局、テレビ配給事業者、映画専門チャンネルの事業者などは、二重に映画製作への負担を強いられていることになる。2019 年には、地上波テレビ局および映画専門チャンネルから合計で 228.3 百万ユーロが映画制作資金として支払われていたという（VIPO, 2021, p. 19）（表10・1参照）。

　また、表10・1の中で 10％以上もの割合を占めている「税額控除」も興味深い。これは、フランスのプロデューサーが国に対して、本来納めなければならない所得税が免除されるというものである。なぜここまでしなければならないのかというと、それは次に述べる国際税額控除の措置と関係する。

　もう一つの大きな映画関係の産業政策として、国際共同制作へのインセンティブ制度がある。これは CNC の一部に入った Film France CNC（フランス・フィルムコミッション）により 2009 年より運営されており、24 か国以上の国により、制作の一部がフランス国内で行われた 350 以上の映画作品、テレビ番組に対して認定されてきた。これはフランス特有の制度ではなく、むしろフランスは出遅れて始められた。カナダのモントリオール、トロント、バンクーバー、ヨーロッパのイギリス、ドイツ、東欧諸国、あるいはアジアのマレーシア、韓

国、アフリカのモロッコ、南アフリカなど世界各国、各都市ではハリウッドの映像撮影プロジェクトを誘致するのに躍起になっており、この国際競争は実は年々熾烈さを増している。アメリカのカリフォルニア以外の州における各都市、地域も競争に加わっている一員である。ヨーロッパではイギリスが最もこれに熱心であり、自国内の映画製作の助成という公的支援もないわけではないが、この税制優遇措置により海外のプロダクションに対して出している補助金の方がはるかに金額的には大きい。例えばハリー・ポッターや 007 のシリーズは、イギリス国内で撮影され、このメリットを受けて、「イギリスとの共同制作映画」として認定されている。なお、ここでは Tax Rebate という言い方を受けて税制優遇措置と呼んでいるが、もともとは該当国内に設立した会社と海外のスタジオとで共同製作を行い、国内に設立してある会社が税制優遇措置を受けるものとして発展してきたが、この方式は現在では衰退している。実は、今日では、純粋に補助金と呼べるものを、映像制作を行う海外企業に対して支出している。この支出を担当するのが、映画振興策にあたる国や地方の組織ではなく、税金関係の部署から出されるため、これをもって、「税制優遇」などと呼ぶのだが、もともと課税対象でもない国外企業への補助金であり、この呼び方はミスリーディングだという指摘がある（Castendyk, 2018）。

　こうした競争があるのは、必ずしも映像を通じて地域のイメージアップや広報効果を狙ってのことではなく、雇用が創出され、地域にお金が落とされるという経済効果が最大の目的である。いわば企業誘致であるが、その地で恒常的に活動する企業の誘致ではなく、映像プロジェクトという、地理的流動性が高くどこに立地するか未確定であるが経済効果が大きいと思われる経済活動を誘致し、地域の経済振興を図るものである。誘致のためには、英語ができる、映像技能の高いスタッフが豊富であること、特殊な風景があることなども売り材料であるが、何よりも金銭的メリットをプロデューサーに打ち出す必要がある。一定以上の現地人雇用があり、撮影プロジェクトにより現地にお金を落としてくれるのであれば、かかった費用の何十パーセントかをキャッシュバックします、というキャンペーンには事欠かない。実際、プロデューサーに訴求するため、ロケに使えるイメージ画像のデータベースを公開するフィルム・コミッションも多くある。また、脚本にしたがって、実際にどこで撮影すべきかをプロ

デューサーに提案したり、公園、一般道などの公共空間を使うために必要な許認可を無料で代行して取得するサービスが含まれることも多い。

　この仕組みにより、国内の映像産業に仕事が回るという大きな経済的メリットがあるとされる。また、自国内でロケ撮影があり、ハリウッドのプロダクションと共同で仕事をすることで自国の映像産業とはスケールの違う撮影に取り組むことはよい経験となるかもしれない。国際会計法人 EY の調べによれば、1 ユーロの国際税額控除に対して、誘致したロケ撮影により大きな経済波及効果があり、結果として 2.7 ユーロの租税および社会収益につながるという（VIPO, 2021, p. 384）。

　このような目的で映像プロジェクトの誘致を進める国、都市、地域は先述したように世界中に広がっている[3]。アメリカ国内の 30 以上の州でも同じような競争が進んでいるが、これには、実は「よく言われるような経済効果は長期的にはない、むしろ非常に裕福なハリウッドのプロデューサーをさらに潤すに過ぎず、税金の無駄遣いだ」という批判も多くきかれる（例えば Christopherson and Rightor, 2010）。しかしながら、フランスのように自国映像文化に誇りをもち、アメリカに抵抗する文化政策をとってきた国ですら、今では自国への映像ロケに熱心に取り組まないわけにはいかない。2009 年にこの制度を作ったが、この優遇措置が手厚くなく国際的競争力をもたないとされたことから、2016 年には認定基準を緩和し、税額控除を強化した。この結果、いくつかの要件付きであるが、フランス国内での撮影、ポストプロダクションその他にかかる製作経費の 30％分、上限 30 百万ユーロが、フランスにおいて製作総指揮を担う会社（ただし、外国企業によって開始したプロジェクトである）に対する税額控除となる。プロデューサーの側では、資金計画を立てる際に、世界中の制度を調べて、移動や滞在のコスト、得られる特有の風景、現地スタッフの技術能力などを、提供される金銭的メリットや無料サービスという特典と慎重に比較検討して決めている。フランスのプロデューサーも当然同様のことを始めており、フランス以外の国で撮影した方がコスト削減になるとして、映像プロジェクトを国外に流出させる危険がある。そこで、先述のような国内の税額控除制度を始め、これを防ごうということになったわけである。

2・2　フランス映画政策への批判

　上述した自動援助と選択的援助を中心とする制度は、フランスに限られたも
のではなく、ヨーロッパの多くの国に見られるものであるが、その規模が群を
抜いて大きいことから、フランス国内においてもしばしば議論を呼んできてい
る。例えば Club des 13 という名称で集まった関係者たちにより、フランスの
映画政策の不備、時代遅れとなっている点などを指摘する報告書がある。ここ
では、大型商業映画でもなく超小型の独立系作品でもなく、予算規模的には中
間に位置する、フランス映画の美的・文化的価値を代表するタイプの映画が危
機にあると論じている（Vanderschelden, 2009）。さまざまな批判より、以下、3
点を取り上げる。

　第一に、2012 年に Vincent Maraval という映画プロデューサーがメディア
（ル・モンド紙）に告発する形で論争となったのだが、フランス映画俳優へのギ
ャラが高すぎる、彼らは本来国際的映画作品の中でもらえるよりはるかに多く
のお金をとっている、というものである。この告発自体より、それが含意する
こと、すなわち、あまりに簡単に公的助成金が出ることから、フランスでは映
画製作費を無駄に押し上げている、その結果公的資金が無駄遣いされている、
という点が重要である。国際的映画作品のギャラより高いことをもって不適切
とするべきか、については疑問があるものの、フランス国内のメディアの間で
はこの問題が散々議論され、翌年度より CNC における助成費の基準に、主な
俳優への支払に関する上限が定められることとなった。

　第二に、このように豊富な資金助成を受けて作られるフランス映画というも
のの、市場競争力があまりにないという指摘である。フランス映画政策の目的
は、市場で多くの人から支持を受ける作品をより多く世に送り出すことに限ら
れないものの、フランス映画が市場で魅力（attractiveness）あるものと示され
ないのだとすれば、それはやはり無駄だという考えが強く打ち出されている。
この考えの筆頭論者である Messerlin（n.d.）は、10 年以上前の調査ではあるが、
フランス映画の「本当の補助金額」は 676 百万ユーロであり、この額がフラン
ス映画界で創出された付加価値に占める率は 31.6%（2011 年）にものぼると論
じている[4]。この補助金率は、全製作費に補助金が占める割合ではなく、製
作・配給・興行各場面において外国映画関係のプロジェクトを除いて「フラン

ス映画」に投下された公的資本が、この3つの各場面において生み出された付加価値と比較してどの程度の割合であるか、という観点から計算されている。2011年以前の同様の数値は入手できないものの、補助金の絶対額が2000年から3〜7割も増加し続けてきたことに鑑みて（Messerlin, n.d.）、フランス映画への観客動員数が増えたかという観点から、その効果は全くなく、フランス映画のフランス国内における人気度はほぼ一定して低迷していると述べている。一部では、フランスのこうした公的支援がアメリカ映画の市場支配に一定の抑制効果をもたらしてきたと信じられているが、フランス映画自体の人気度は特に変わらず、むしろフランスでもアメリカでもない映画のシェアが若干ではあるものの上昇気味にあると論じている。フランス国産映画がフランス国内で多くても3割程度しか市場を占有できないことは、以前よりよく知られていたものの、これを付加価値（すなわちGDP）との関係から「補助金率」を的確に捕捉している。比較の対象としては韓国が挙げられており、韓国では映画への公的支援が限られているにもかかわらず（2010年代以降、大幅に増加したものの、当該論文の執筆時点ではそれほどでもなかった）、興行的成績は伸びていて成功している、補助金が産業をよくするわけではない、と論じている。

　第三に、筆者として最も問題だと考えるのは、1・1で述べた一連の政策が果たして産業政策なのか、文化政策なのかよくわからないという点である。例えばオペラや演劇、美術といった文化政策の中心的対象である分野に対しては、内容的審査なしの自動援助というものは考えにくい。実際には、国立の美術館・博物館、劇場などは、ゼロから審査を受けるものではなく、いわば自動的に助成対象となっている（あるいは直接的に運営されている）ものの、それは第一にそこで展示・上演される文化の質が卓越したものであり、その存在は教育的、社会的価値等を持つ外部効果があることが大前提である。そして第二に、外部効果があることも考えるとその価値は市場経済における取引（この場合は、鑑賞者が支払う入館料やチケット代による収入を指す）のみではとらえきれない、公的援助なしに市場経済の中のみでは生き残ることが難しく、次世代に継承されていかない危険性が高い、すなわち「市場の失敗」があるという点も大前提にある。これが文化経済学の分野で理論化されてきた、文化政策を支える基本の考え方であり、筆者からすれば映画という芸術・文化もこの対象として、

美術や音楽に劣らず、十分であると考えられる。

　しかしながら、フランス（およびヨーロッパの多くの国）に根付いている映画政策のうち、選択援助は金額的には少ない。それでは自動援助は産業政策として位置付けられているのかというと、本当にそうであるのか、疑問が生じる。まず、産業政策だとしても、基本的に国家が特定の産業に税金を使って肩入れすることは理にかなわない。本来産業は市場経済の中で生成・成長するべきであり、それが何らかの理由で（例えば新たなテクノロジーが発達し、既存のものを不要なものにしてしまう、など）衰退するのだとすれば、それは仕方がないことである。この典型例としては馬車が考えられる。19 世紀までの西洋社会では馬車が交通手段として重要な役割を果たしてきたが、機関車や自動車の発明とともに、馬車には優位性がなくなり衰退していくしかなかった。しかし、どの国においてもこれをあえて保護しようという政策は見られなかった。産業政策が認められるのは、衰退を防ぐためではなく、その産業が大きな成長性を持っており、しかもそれが他の産業にも波及効果を持ち国全体の経済成長を促す力を持つからである。21 世紀になってからヨーロッパ各国をはじめ、世界の多くの国（オーストラリア、日本を除くアジア諸国、アフリカ中東地域の国々）が創造産業政策（クリエイティブ産業政策）を推進するのは、映画・映像、音楽、舞台芸術、美術、建築・デザイン、ゲーム、広告などの創造産業がもたらす付加価値も成長率も、それぞれの国の平均的数値を上回る、そしてこれらの産業が新しい発想と創造性に基づくものであり、イノベーションを起こすことに役立つと論じられてきたからである（Bakhshi et al., 2014）。また、ゲーム産業を思い浮かべるとわかりやすいが、これが IT や通信産業にもたらすプラスの影響は大きいと考えられる。新たな IT 技術を取り入れたゲーム開発が進み、消費者もそれを使いこなしていくようになるからである。

　映画産業にはこのような力があると信じられて、産業政策としての映画政策が発達してきたのであろうか。上述のような「クリエイティブ産業論」に先立つこと、戦前より映画産業支援策があったことと合わせても、どうもそうは思えないのである。例えば、映画はフランス（などそれぞれの国、地域）のアイデンティティ形成に欠かせないという。これはまさに映画が文化だと論じているわけである。また、戦前よりハリウッド映画がヨーロッパ市場を席捲してお

り、これに対抗したいことが本音としてあると思われるが、そうは言わず「映画文化の多様性」を保持することが重要だとよく言われている。ということはやはりまさに文化政策の論調と変わらない。また、EU 内で各国が自国産業を保護をするための国家補助（State Aid）は市場の均一性をゆがめることになるから、基本的には許されない。実際のところは、農業のように厚く保護される産業が存在することは間違いないが、映画（および放送）産業への国家補助は、これが「文化」だから、許されていることになっている。

　この理屈は映画を文化政策の対象と考える限りにおいては全く問題ないのだが、その支出方法の大部分が自動援助に向けられていることとは矛盾しているように思われる。自動援助は、既に実績のある映画プロデュース会社に向けられており、内容とその文化的・芸術的質を問わず、映画作品がとにかく作り続けられることが効果として狙われているのである。映画・映像研究者の間では、選択的援助には恣意性、政治性がある（ここでいう政治性とは職業的政治家の介入があるという意味ではなく、委員の価値観の違いが影響すること）、透明性・公平性に欠ける、などと不評である（例えば内山, 2014）。確かに質的な評価を審査委員会で行う限り、誰が審査委員となるのか、どのような評価基準が採用されているのか、などの点から、自ずと「カルチュラル・ポリティクス」が作用することは必然である。これが望ましいものではなく根本的な課題であることは間違いないが、映画以外の伝統的文化政策の分野でこれを大きく問題視することはあまりない。限られた資源を配分していくにあたり、助成先が高品質の文化・芸術を生み出すかどうかの判断を避けることはできない。映画を文化として保護・育成しようとする映画政策ならやはりこの審査という過程は必須であると思われるのである。

　そうでありながら、2・1 の最後に紹介したロケーション撮影誘致という政策は、ほぼ 100％、産業政策でありかつ国家・地域の経済政策であることは明らかである。他国、他地域から大型の撮影プロジェクトが来れば、自国の映画産業にも役立つとはいえ、制作される作品への質的コントロールはほぼなく、これを文化政策と呼ぶことは難しい。経済対策としてどの国・地域でも構想しており、税額控除などの名称をとるものの、実質的出費であることは間違いない。しかし、それを上回る大きな経済効果（特に雇用）があると各国政府では理解

されており、撮影プロジェクトを取り合う国際競争は過熱する一方である。

　これらをまとめると、結局、映画政策の総体として、産業政策なのか、地域経済政策なのか、それとも文化政策なのか、全くわからない。それぞれが並立するものとして合体しているのならそれでもよいが、映画政策として支出される大部分の費用が自動援助である点は大きな矛盾を抱えているように思われるのである。

第3節　フランスにおける映像産業雇用政策

3・1　失業保険制度

　上述の CNC を中心とする映像産業振興策とはまた別のものとして、フランスには映像産業（および舞台芸術一般）で働くフリーランスの人々への手厚い失業保険制度がある。1967 年にできた制度でそれなりの歴史を誇る。これは、映像産業や舞台芸術関係で働くフリーランサーにとって、仕事が入ってくる時期とそうでない時期との浮き沈みが激しく、年間を通じて収入が安定しないという問題があることを救うために生まれた失業保険である。これはフランス独自のものであり、ヨーロッパではよく知られているが、似たような制度は存在しない。

　映像産業で働くクリエイティブ人材および技術スタッフに適用されるが、まず直近 10 か月の間に 507 時間以上、映像の仕事に携わったことを証明する。そのことにより、しっかりとプロとして仕事をする人と認識されるため、失業保険上アンテルミタン（Intermittent）として登録され、以後、契約が途切れた期間には失業手当が支給される。507 時間というハードルは高いように思われないでもないが、例えば舞台芸術関係ではリハーサルの時間も算入できたり、本番では実際の公演時間の 2 倍相当の時間を算入するようである。またコロナ禍にあっては、仕事の途切れた期間があまりに長かったため、要件等が大幅に緩和されていた。

　アンテルミタン（および雇用主）は、映像関係のプロジェクトの仕事を委託されit従事している間は、雇用保険を支払うのだが、この仕事が終わって次の依頼が来るまでの間は失業手当金の給付を受けることができるのである。

この手当の正確な金額はわからないが、一日当たり、住むところがあれば食べるには困らないぐらいの金額であるという（住むところも、他の政策でアーティストなどは優遇されていて、極めて廉価の住宅に住んでいる例に事欠かない）。次の仕事が始まったら当然保険からの支給はなくなる。こうして、仕事による収入と失業保険受取りとの間で切れ目なく一年が過ぎていき、何とか生活はできるという制度になっている。

　実際、アンテルミタンは劇場用映画制作業だけで 73,707 名おり、正規雇用の 4,906 名をはるかに上回る（2023 年、CNC, 2023, p. 282）。2008 年から 2017 年にかけて CNC にフランス映画として登録されていた 1,403 の劇場用映画作品全体で合計約 23 万人強、1 作品当たり平均 408 名のアンテルミタンが働いていたという（CNC, 2019, pp. 286-287）。Messerlin and Vanderschelden（2018）によれば、映像関係については、CNC 関係で支出される 476 百万ユーロに加えて、このアンテルミタン支払いが 200 百万ユーロぐらいではないかと推測されており（2011 年）、映像関係の政策的対応として大きな金額にのぼるものである（もっとも、保険制度なので、税収からの支出とは異なる）。枠組みとして通常の失業保険制度と別になっているわけではなく、一つの大きな制度の中で支払われているため、失業保険制度を圧迫していると言われている。そのため 2014 年に、これを縮小しようという試みもあったが、アーティストらの猛烈な反対とスト行動につながり、結局、改革はできずに今日に至っている。それどころか、コロナ禍の時期には仕事が激減したため、措置を緩和し、アンテルミタンがより緩和された条件で給付を受け取ることができるようにされていた。

3・2　アンテルミタンへの批判

　フランス国内では、この制度が失業保険制度そのものを圧迫していることをもって批判がないわけではないが、それは所詮異なる業種で働く人々の間での政治的対立でしかない。より深刻な影響として、フランスを代表する労働社会学、文化社会学の研究者であるピエール・マンガー（Pierre Menger）の指摘が興味深い。それは、この制度が映像・舞台芸術関係者の救済のために設計されているにもかかわらず、実は彼らをますます正規雇用から遠ざける効果を生み出しているというものである。より安定した雇用はいわゆる正規雇用であるが、

雇用する側の映像制作会社等からすると、一時的なフリーランス労働者を時給ベースでは少々高く支払ってでも、その時々で雇い入れる方が、結局は安くすむものである。映像も舞台も、需要の予測が難しい中で経営していかなければならず、支出の多くを占める人件費については極力抑えたいところ、フリーランスという働き方が広まる中、これは経営上のチャンスと認識されてきた。また、芸術・文化の世界で重要な、イノベーションや新規性といった要素を取り入れるためにも、常時正規雇用をするよりは、その時々に才能ある人を雇い入れる方が可能性が広がることも影響している。この制度があるため、1986 年から 2007 年にかけてのデータを見る限り、フリーランスの芸術労働の仕事が増えたように見えるものの、各自が仕事に従事できる平均時間は減っており、年収の平均も減っているという（Menger, 2017; Benhamou, 2000）。ある時点で必要とするよりもかなり多くの働き手が市場に存在し、異なるプロジェクト間で流動性があるほど、雇う側には都合がよい。芸術の労働市場は、仕事の機会も増えたように見えるものの、失業も同時に増えるという動きを見せたわけである。雇用側では、フリーランスのアーティスト、技術者に、場合によっては労働時間を調整して、アンテルミタンになるよう取り計らいつつ、正規雇用せずとも失業保険があるから、と気楽に彼らの雇用を打ち止めする。いわばモラルハザードが起こり、より安定した正規雇用の増加が妨げられているという皮肉な結果が生まれていることがわかる。

第 4 節　テレビ局を通じた映画産業政策

4・1　テレビ局に課された義務

　戦前には映像として唯一の娯楽であった映画が、戦後テレビの発明により、観客をとられてしまい斜陽産業となったことは、いずれの国にも共通している。その後、アメリカにおいては大きなスクリーンでは特殊効果等を使った大型版劇場映画を、テレビの小さなスクリーンではそのサイズ感に適したドラマを作る、ただしそのドラマ製作にもハリウッド・メジャーが乗り出すという形で決着がついてきた。日本では、映画会社がテレビ局の製作作品に関わることを実質的に禁じ、監督、俳優等の人材流出を防いだが、これがかえって映画産業の

衰退を早めることとなり、テレビが成功を謳歌してきた。その後、逆に1990年代後半からフジテレビ等のテレビ局が劇場用映画作品の製作に乗り出し、テレビ風の技法、話法をもって映画界に刺激を与えることとなり、今ではテレビ局は映画制作において欠かせない存在となっている。

　フランスでは、テレビ局にいくつもの義務を課すことで映画振興を図ってきた。テレビに視聴者が集まり広告費収入が局にもたらされるのは、映画のおかげであるという論理が背景にはある。義務の第一は、基本的に、各テレビ局には売り上げの5.15%にあたる金額を税として国に納める義務があるが、これは目的税としてCNCに配分される（より詳しくはVIPO, 2021, p. 61以下を参照）。第二には、年に少なくとも52本の異なる映画作品を放映する放送事業者は、年間の売上高の3.2%を、その翌年、ヨーロッパ作品（このうち少なくとも2.4%はフランスオリジナル作品）に投資（放送権の事前購入、製作への直接投資などの形で）しなければならないと法律で義務付けられている（VIPO, 2021, p. 22以下）。この金額は、一般のテレビ局で合計121.6百万ユーロ、映画専門チャンネルで合計151.6百万ユーロにおよび、CNC自体からの助成金をはるかに上回る（2019年、VIPO, 2021, p. 19）。

　第三は、いわゆるスクリーン・クオータで、ニュース報道、広告等の時間を除いた放映時間中に、ヨーロッパ作品の放映に少なくとも6割、またフランス作品の放映が少なくとも4割は充てられていることと決めてきた（すなわち残り4割のみがヨーロッパ外の作品放映に充てられる）。これは、1989年に制定されたEU指令（国境なきテレビ指令、その後2007年に視聴覚メディアサービス指令に改正）を受けての、フランスの取り決めによる。フランスおよびヨーロッパでは、各国のテレビ産業自体を保護することも目的の一つとして、テレビを国単位でなく、ヨーロッパ内の他国においても新たな許認可なしに放映してもよい、ヨーロッパ全体を一つのテレビ放送市場とすることを決めた。この新たに生まれた大きな市場に魅力を感じる投資資金がヨーロッパに流れ込み、ARTEのようなアート系作品に強い特別のチャネルが仏独共同で生まれる、といった動きも見られ、テレビ市場は一気に活性化したと評価される。しかし同時に、ヨーロッパ映画界に対する保護を強めることも同指令上は設計され、少なくともテレビ放映可能な時間のうち少なくとも5割をヨーロッパ作品に充

てることと決めた。しかし、実際のところ、この基準を忠実に守る国はフランスぐらいであり、他の国々（当時ＥＵに加盟していたイギリスも含め）は、条文中の「可能な範囲でできるだけ」という部分を最大限活用し、より視聴率のとれる外国映画（すなわちアメリカ映画）を上映することに熱心であった。フランスではこの最低基準を上回る法律を制定したのである。

4・2　テレビと映画への影響

　このような規制がはめられたフランス・テレビ界においては、いくつもの問題が生じている。第一に、政府規制がないとすれば、より視聴者に人気のある映画作品を放映することでもっと広告収入を稼ぐこともできるところ、それができないという制約が大きい。また、CNC の財源となる目的税の支払いもあり、負担感は二重である。

　第二に、劇場公開後、テレビ放映に至るまでは何か月後にしか放映することができないように決められている。劇場で映画を見るという人々の習慣と興行館の経営を保護することが狙われているわけであるが、テレビ放映までの時間がかかるため、人々をテレビから遠ざける。また近年ではグローバルに展開する映像配信プラットフォームで鑑賞することに人々を駆り立てており、テレビ局の経営への悪影響をもたらしている（Parc and Messerlin, 2020, pp. 32-33）。

　また第三に、フランス国内の放送ではフランス映画作品の上映時間の割り当てが大きく、それによってアメリカ映画一色になることを防いできたつもりであるが、そこまで映画業界で良質の作品を制作するキャパシティがなく、その結果、質の低い作品が過剰に制作されることになる。結局、テレビ局は過去に人気のあった特定のフランス映画の放映を繰り返す羽目となる。その結果、ますます視聴者はテレビから遠ざかることになる（Parc and Messerlin, 2020, p. 32-33）。

　第四に、テレビ局が映画制作の内容面でも大きな権限を持つようになり、大衆的・商業的な作品が多くつくられるが、実験的なものには投資がなされにくいという批判もある（Vanderschelden, 2009, p. 247）。

第 5 節　結論

　本章においては、日本ではどちらかといえば憧憬の対象として語られてきた
フランス映画政策について、3 つの側面から批判的考察を加えた。後ろから順
に振り返ると、まずはテレビ局に対する多くの規制があり、テレビから人々を
遠ざける結果を生んでいる一方、映画界のためによかれと設計されたその規制
が必ずしも効果をもたらしていないことを論じた。そして第二には、これも映
像業界で働く、クリエイティブ、技術スタッフの両方を対象に、収入が時期に
より不安定である実情を鑑み、その平準化をはかるための特別な失業保険制度
を作ったことがある。こうしたものがない日本にとっては、夢のような制度に
思えなくもないが、実際はこうした人々を非正規雇用に固定することとなって
おり、しかも、制度の財政基盤が弱くもちこたえられないと言われている。フ
ランス人の好きなストライキを繰り返し、既存の利益を守る人々は消えないで
あろう。他の産業の保険金納付者たちからの突き上げが激しくなったとき、ア
ンテルミタンもしくは雇用側の拠出金額をあげるか、あるいは保険給付の条件
を悪くするか、の選択しかないであろう。すなわち、現状では、だましだまし
続けているものの、持続可能な制度といえるかどうかが不明なのである。

　そして何より問題にしたいのが第 1 節で述べた政策の性格付けである。そも
そもこれが産業政策なのか、地域経済政策なのか、それとも文化政策なのか、
その位置づけが不明瞭なことから、各種政策を統合する方向性が見えないこと
である。そのため、フランス映画という文化を保護する政策であるとすればと
らない手段がとられていて、矛盾をきたしている側面がある。市場経済にすべ
てを任せてしまうと、フランスのアイデンティティ、文化的威信の損失につな
がることを恐れるのであれば、それは文化政策として一応正当化できるもので
あるが、もともと商業主義、大衆文化として始まり栄えた歴史があるためか、
そうは振り切れないところにフランスおよびヨーロッパ全般の悩みがあるよう
に思われる。イギリスとなると極端にロケ撮影の税制優遇に徹底しており、文
化政策としての映画政策はむしろ小さな一部分になってしまっている。日本は、
こうした文化政策としての映画政策すらほとんどない国であり、潤沢な資金と

豊富な専門家ネットワークで文化振興をしているように見える CNC から学ぶことが多いと考えられている。しかし、そのフランスですら、国家間で繰り広げられる撮影ロケ誘致競争に巻き込まれており、多額をアメリカ等の海外のプロジェクト、それも豊富な予算を持つ大型プロジェクトに対して支出し、ハリウッドのコスト削減に貢献していることは皮肉である。

　わが国においては、この制度もほぼ存在せず、結果として世界から孤立した存在となっている。これは幸か不幸かわからないが、今後、日本の映像産業がこうした孤立した存在であり続けることは難しいと思われる。折しも日本の文化はマンガ、アニメ、ゲーム、食その他を含め世界中で大ブームとなっており、年々日本への海外からの観光客は増大している。この機をとらえ、海外市場への国際マーケティングを展開する、あるいは国際共同製作を通じて海外市場に入り込むといったビジョンも必要となってくるであろう。各国の映画産業政策、それもフランスのようにそれが高度に発達した国ですら、皮肉な結果を生んだり、政策の設計時には予測できなかった悪影響を及ぼしていることにも目を向けて、今後のわが国における映像政策のあり方を考えるべきであろう。

注
1)　同作品の主な出演者の一人である俳優のピエール瀧が麻薬取締法違反で有罪が確定したことにより、芸術文化振興会がすでに決定していた助成金交付の決定を取り消した。映画製作者側がこれを不服として訴訟に持ち込み、最高裁まで裁判が続いた。芸術文化振興会が交付取消理由とした「公益」が曖昧であり、表現の自由を委縮させる効果があるものとして、不交付の決定を取り消す判決となった。
2)　CNC とは Centrenational du cinéma et de l'image animée、フランス国立映画映像センターを指す。以下、本章では CNC。
3)　ちなみに、この競争に加わっていない例外的な国は日本である。新規に出されたクールジャパン戦略（2024 年）の中では、ロケ撮影への支援が言及されるようになったが、どれほどの規模になるかはわからない。円安の影響もあり、物価が相対的に安く専門スタッフの能力の高さが買われるかもしれないが、規制が多く、英語のコミュニケーションがスムーズに進まない日本で撮影をしたいというインセンティブは海外のプロデューサーにどの程度生まれていくかは未知数である。
4)　Messerlin の調査においては、日本の会計検査院にあたる、この業界への細かな監査、調査上からあがってきた統計数字が利用されている。かかる調査は稀であり、その後同様の調査は繰り返すことが困難となっている。

参考文献
内山隆・湧口清隆（2001）「経済政策としての映像ソフト振興策—フランスの事例—」『慶應義塾大学メディア・コミュニケーション研究所紀要』。

内山隆（2014）「創造性を重視した ICT 分野の国際競争力強化のための公的支援のあり方　映像コンテンツへの自動補助制度からの一考察」『総務省情報通信政策レビュー』8 号、E1-E24。

内山隆（2020）「コンテンツ政策論の一側面　〜映画・テレビ・ネット映像配信からみる垂直統合・分離政策、レイヤー間接続問題」『情報通信政策研究』3, 2, 25 〜 52 頁。

菅谷実・中村清編（2009）『映像コンテンツ産業とフィルム政策』丸善。

特定非営利活動法人映像産業振興機構（VIPO）（2021）『フランスにおける映画振興に対する助成システム等に関する実態報告』日本芸術文化振興会委託事業。

中川洋吉（2003）『生き残るフランス映画　映画振興と助成制度』希林館。

湧口清隆（2009）「フランスの映画・視聴覚産業への補助政策」菅谷実・中村清編（2009）『映像コンテンツ産業とフィルム政策』丸善。

Bakhshi, Hasan, Cunnigham, Stuart and Mateos-Garcia, Juan (2014) "Public Policy for the Creative Industries", in Jones, Candace, Lorenzen, Mark and Sapsed, Jonathan (eds.), *The Oxford Handbook of Creative Industries*, Oxford University Press.

Benhamou, Françoise (2000) "The Opposition between Two Models of Labour Market Adjustment: The Case of Audiovisual and Performing Arts Activities in France and Great Britain over a Ten Year Period", *Journal of Cultural Economics*, 24, pp. 301-319.

CNC (2023) *Bilan 2023*, Paris: CNC.

CNC (2019) *Bilan 2019*, Paris: CNC.

Castendyk, Oliver (2018) "Tax Incentive schemes for Film Production: A Pivotal Tool of Film Policy?", in Murschetz, Paul Clemens, Teichmann, Roland and Karmsdin, Msyyhisd (eds.), *Handbook of State Aid for Film. Finance, Industries and Regulation*, Springer.

Christopherson, Susan and Rightor, Ned (2010) "The Creative Economy as "Big Business": Evaluating State Strategies to Lure Filmmakers", *Journal of Planning Education and Research*, 29(3), pp. 336-352.

European Audiovisual Observatory (2023) *Fiction Film Financing in Europe. Overview and Trends*, European Audiovisual Observatory.

European Audiovisual Observatory (2024) *Focus 2024*, European Audiovisual Observatory.

Jäckel, Anne (2007) "The Inter/Nationalism of French Film Policy", *Modern and Contemporary France*, 15, 1, pp. 21-36.

Menger, Pierre-Michel (2017) "Contingent High-Skilled Work and Flexible Labor Markets. Creative Workers and Independent Contractor Cycling Between Employment and Unemployment", *Swiss Journal of Sociology*, 43, 2, pp. 253-284.

Messerlin, Patrick and Vanderschelden, Isabelle (2018) "France's Protected and Subsidised Film Industry: Is the Subsidy Scheme Living Up to Its Promises?", Murschertz, P.C., et al. (eds.), *Handbook of State Aid for Film*, Springer.

Messerlin, Patrick (n.d.) *The French Audiovisual Policy: An Evaluation*.

Murschetz, Paul Clemens and Teichmann, Roland (2018) "State Aid for Film: A Synoptic Overview of Current Issues", in Murschetz, Paul Clemens, Teichmann, Roland and Karmsdin, Msyyhisd (eds.), *Handbook of State Aid for Film. Finance, Industries and Regulation*, Springer.

Nachache, Jacache (2016) "Maravalgate and Its Debates: A year of debate of the funding of French cinema", *Studies in French Cinema*, 16, 2, pp. 165-178.

Parc, Jimmyn and Messerlin, Patrick (2020) "Overcoming the Incoherent 'Grand Maneuver' in the French Film and TV Markets: Lessons from the Experiences in France and Korea", *Global Policy*, 11, 2, pp. 31-39.

Vanderschelden, Isabelle（2009）"The 'Cinema du milieu'is Falling Down: New Challenges for Auteur and Independent French Cinema in the 2000s", *Studies in French Cinema*, 9, 3, pp. 243-257.

Vanderschelden, Isabelle（2016）"The French Film Industry: Funding, Policies, Debates", *Studies in French Cinema*, 16, 2, pp. 89-94.

索　引

執筆者略歴（50音順）

内山　隆（うちやま・たかし）　第7章
青山学院大学総合文化政策学部教授。専門は「映像コンテンツ産業の経営戦略と政府経済政策」。特定非営利活動法人映像産業振興機構理事、総務省情報通信政策研究所特別研究員、（一財）放送番組国際交流センター理事、（一財）デジタルコンテンツ協会理事、（公財）放送番組センター理事、（公財）情報通信学会会長、公益事業学会理事、映画倫理機構次世代への映画推薦委員会委員、等を兼任。

大塚時雄（おおつか・ときお）　第1章
秀明大学グローバルマネジメント学部※・教授。博士（国際情報通信学）。
秀明大学グローバルマネジメント学部学部長。前秀明IT教育センター長。
専門分野：情報通信経済論、情報社会とメディア。
（※英語情報マネジメント学部より名称変更準備中）。

奥村信幸（おくむら・のぶゆき）　第4章
武蔵大学教授。専門はジャーナリズム、デジタルストーリーテリング。上智大学大学院修了後、テレビ朝日入社。立命館大学産業社会学部教授を経て、2013年より現職。2002〜03年米フルブライト奨学金ジャーナリストプログラムでジョンズホプキンス大学客員研究員、2018〜19年フルブライト奨学金研究員プログラムでジョージワシントン大学客員研究員。

奥村倫弘（おくむら・みちひろ）　第6章
東京都市大学メディア情報学部教授。専門は「インターネットメディア論」。1992年読売新聞大阪本社入社。1998年にYahoo! JAPANに移り、Yahoo!ニュース・トピックスの編集長を長く務めた。2019年4月から現職。著書に「ヤフー・トピックスの作り方」（光文社、2010年）など。

春日教測（かすが・のりひろ）　第2章
東洋大学経済学部教授。横浜国立大学大学院博士課程修了。博士（経済学）。専門は企業経済学、産業組織論。著書に "East Asia," Ch23, in Economics and Management of Media and Communication,（2020, De Gruyter Mouton, Berlin）等。

河島伸子（かわしま・のぶこ）　第10章
同志社大学経済学部教授。PhD（文化政策学、英ウォーリック大学）、MSc, LLM（いずれもロンドン・スクール・オブ・エコノミクス）。専門は、文化経済学、コンテンツ産業論など。著書に「コンテンツ産業論」、共著に「クリエイティブジャパン戦略」, Film Policy in a Globalized Cultural Economy, など。文化経済学会〈日本〉元会長、国際文化政策学会学術委員、文化審議会委員などを歴任。

菊池尚人（きくち・なおと）　第8章
慶應義塾大学大学院メディアデザイン研究科特任教授。1993年慶應義塾大学経済学部卒業後、郵政省入省。École Supérieure de Commerce de Paris プログラム修了。2007年から慶應義塾大学にて研究。専門は公共政策、情報通信政策、コンテンツ政策。

宍倉　学（ししくら・まなぶ）　第2章
長崎大学経済学部教授。慶應義塾大学大学院商学研究科博士課程修了。博士（商学）。専門は公共経済学、情報メディア論。著書・論文に『OTT産業をめぐる政策分析』（共著、勁草書房、2018年）、「メディア市場における新規参入の影響——情報財の中立性と質」（情報法制研究、2018年）等。

宍戸常寿（ししど・じょうじ）　第4章
東京大学大学院法学政治学研究科教授。専門は憲法、情報法。国立情報学研究所客員教授。主著に『憲法裁判権の動態（増補版）』（弘文堂、2021年）、『憲法　解釈論の応用と展開（第2版）』（日本評論社、2014年）、『新・判例ハンドブック 情報法』（編著、日本評論社、2018年）などがある。

中町綾子（なかまち・あやこ）　第5章
日本大学芸術学部教授。専門はテレビ番組分析、テレビドラマ、脚本領域を中心とする。新聞各紙でのコラム、放送関連各賞の審査を通して番組批評を展開。主著に、「ニッポンのテレビドラマ21の各セリフ」（弘文堂、2007年）、『演劇年鑑2020・2021・2022・2023・2024』（小学館、2020〜24年、「テレビドラマ概況」を継続して担当）がある。

林　秀弥（はやし・しゅうや）　第9章
名古屋大学大学院法学研究科教授。専門は経済法、情報法。京都大学博士（法学）。現在、総務省「電波監理審議会」委員、日本経済法学会／日本国際経済法学会・各理事、情報通信学会評議員。『企業結合規制』（商事法務、2011年）、『オーラルヒストリー電気通信事業法』（共著、勁草書房、2015年）、『独禁法審判決の法と経済学』（共編著、東京大学出版会、2017年）等。

三友仁志（みとも・ひとし）　第1章
早稲田大学国際学術院大学院アジア太平洋研究科・教授。博士（工学）。International Telecommunications Society（ITS）副会長。（公財）情報通信学会前会長。総務省「デジタル時代における放送制度の在り方に関する検討会」座長。「公共放送WG」主査。専門分野：情報通信とメディアの政策・経済学、デジタル・ソサエティ論。編著に *Broadcasting in Japan: Challenges and Opportunities*（Springer, 2022）ほか。

渡邊久哲（わたなべ・ひさのり）　第3章
上智大学文学部教授。専門は世論調査、放送メディア論、社会心理学。東京大学大学院修士課程修了。修士（社会心理学）。TBSテレビマーケティング部、選挙本部等を経て2010年より現職。公益財団法人日本世論調査協会評議員、一般社団法人日本マーケティング・リサーチ協会外部理事。

拡大する情報空間と放送メディアの未来

2024 年 12 月 20 日　第 1 版第 1 刷発行

編　者　　民放連研究所
　　　　　客員研究員会

発行者　井　村　寿　人

発行所　株式会社　勁草書房

112-0005　東京都文京区水道2-1-1　振替　00150-2-175253
（編集）電話 03-3815-5277／FAX 03-3814-6968
（営業）電話 03-3814-6861／FAX 03-3814-6854
本文組版 プログレス・平文社・松岳社

https://www.keisoshobo.co.jp

民放連研究所 客員研究員会 編	デジタル変革時代の放送メディア	A5 判	3,850 円
民放連研究所 客員研究員会 編	DX 時代の信頼と公共性 放送の価値と未来	A5 判	3,850 円
三友仁志 編著	大災害と情報・メディア レジリエンスの向上と地域社会の再興に向けて	A5 判	4,400 円
実積寿也・春日教測 宍倉 学・中村彰宏 高口鉄平	OTT産業をめぐる政策分析 ネット中立性、個人情報、メディア	A5 判	†4,070 円
山口 仁	メディアがつくる現実、メディアをめぐる現実 ジャーナリズムと社会問題の構築	A5 判	4,950 円
畑仲哲雄	ジャーナリズムの道徳的ジレンマ	A5 判	2,530 円
飯田 豊	メディア論の地層 1970 大阪万博から 2020 東京五輪まで	四六判	3,300 円
キャス・サンスティーン 伊達尚美 訳	＃リパブリック インターネットは民主主義になにをもたらすのか	四六判	3,520 円

＊表示価格は 2024 年 12 月現在。消費税は含まれております。
†はオンデマンド版です。